# 迷你黏土食物手作教程 好想一口吃掉呀！

circle 编著
爱林博悦 主编

人民邮电出版社
北京

图书在版编目（CIP）数据

迷你黏土食物手作教程 ：好想一口吃掉呀！ / circle编著 ; 爱林博悦主编. -- 北京 : 人民邮电出版社, 2021.8
ISBN 978-7-115-56494-8

Ⅰ. ①迷… Ⅱ. ①c… ②爱… Ⅲ. ①粘土－手工艺品－制作－教材 Ⅳ. ①TS973.5

中国版本图书馆CIP数据核字(2021)第079902号

## 内 容 提 要

美食可以让人心情愉悦，迷你物件会“萌化”你的心，那“迷你”加“美食”会怎样呢？这本好玩又好看的迷你黏土食物制作教程会给你答案。

本书共6章，第1章介绍制作迷你黏土食物所需的工具与材料；第2章介绍制作迷你黏土食物需要掌握的上色、调色、混色、配色技巧，5大基础手法及7种食物特殊质感的制作方法，为后期案例的学习打下了坚实的基础；第3章至第5章为迷你黏土食物的案例教程，主题分别为“一周的幸福早餐计划”“一整年都要甜甜的”“聚在一起的日子”，从美好的早餐到幸福的甜点，再到聚会时的丰盛食物，案例由简到难、循序渐进，非常适合新手进行系统性的学习；第6章介绍如何用黏土制作餐具及其他容器，方便大家使用这些容器来盛放制作好的迷你黏土食物。

本书案例可爱精致、图文并茂、讲解细致，适合黏土手作爱好者阅读。

◆ 编　　著 circle
主　　编 爱林博悦
责任编辑 宋　倩
责任印制 周昇亮

◆ 人民邮电出版社出版发行　　北京市丰台区成寿寺路 11 号
邮编 100164　　电子邮件 315@ptpress.com.cn
网址 https://www.ptpress.com.cn
北京富诚彩色印刷有限公司印刷

◆ 开本：700×1000 1/16
印张：9.5　　2021 年 8 月第 1 版
字数：243 千字　　2021 年 8 月北京第 1 次印刷

定价：59.80 元

读者服务热线：(010)81055296　印装质量热线：(010)81055316
反盗版热线：(010)81055315
广告经营许可证：京东市监广登字 20170147 号

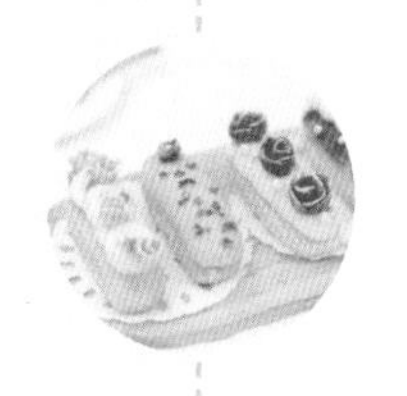

# 写在前面

我可以用黏土制作小巧可爱的马卡龙、巧克力、雪糕、棉花糖、奶油蛋糕、面包……黏土的可塑性很强，稍用技巧就会有奇妙的变化。我喜欢将爱吃的食物制作成迷你的尺寸，用工具表达食物质感，用颜料绘制色泽，做出真实感，感觉就像在迷你国，经营着一家梦幻的美食小屋。愿本书能将这不可思议的美好的迷你黏土食物制作方法分享给更多人。

本书主要介绍了我在制作迷你黏土食物时常用的工具与材料，以及根据我的制作经验，总结出来的一些技巧与方法。结合本书的作品案例，初学者也能轻松制作自己的迷你黏土食物。迷你黏土食物没有固定的造型和色泽，大家在制作时，也不必完全依照作品案例。如果没有书中使用的工具与材料，大家也可以用其他品牌的黏土以及造型、质感相似的东西代替。本书主要帮助大家学习技巧，大家可以灵活运用，尽情发挥想象，自由创作。让我们一起带着轻松愉快的心情，制作美食吧!

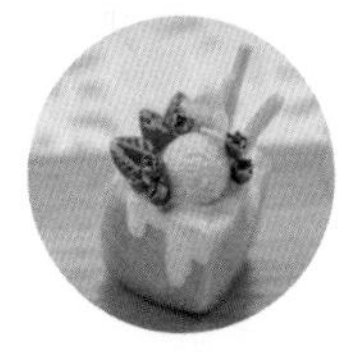

# 目录 Contents

## 第1章

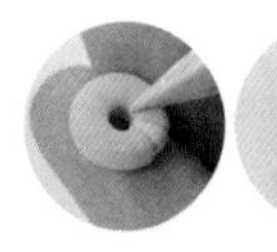
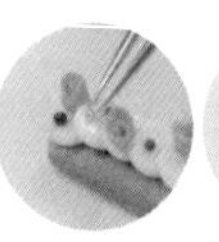
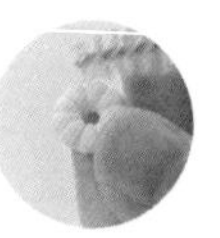

## 制作迷你黏土食物所需的工具与材料



## 第2章

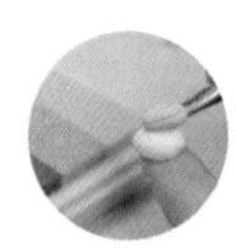
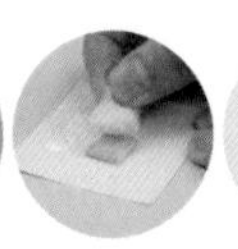

## 制作迷你黏土食物的基础技法及窍门

## 第3章

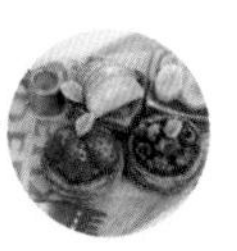

### 一周的幸福早餐计划



## 第4章

### 一整年都要甜甜的！



## 第5章

### 聚在一起的日子



## 第6章

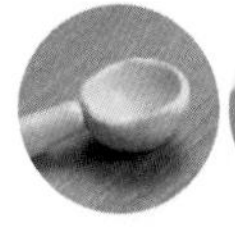

### 餐具及其他容器的制作

pop
corn

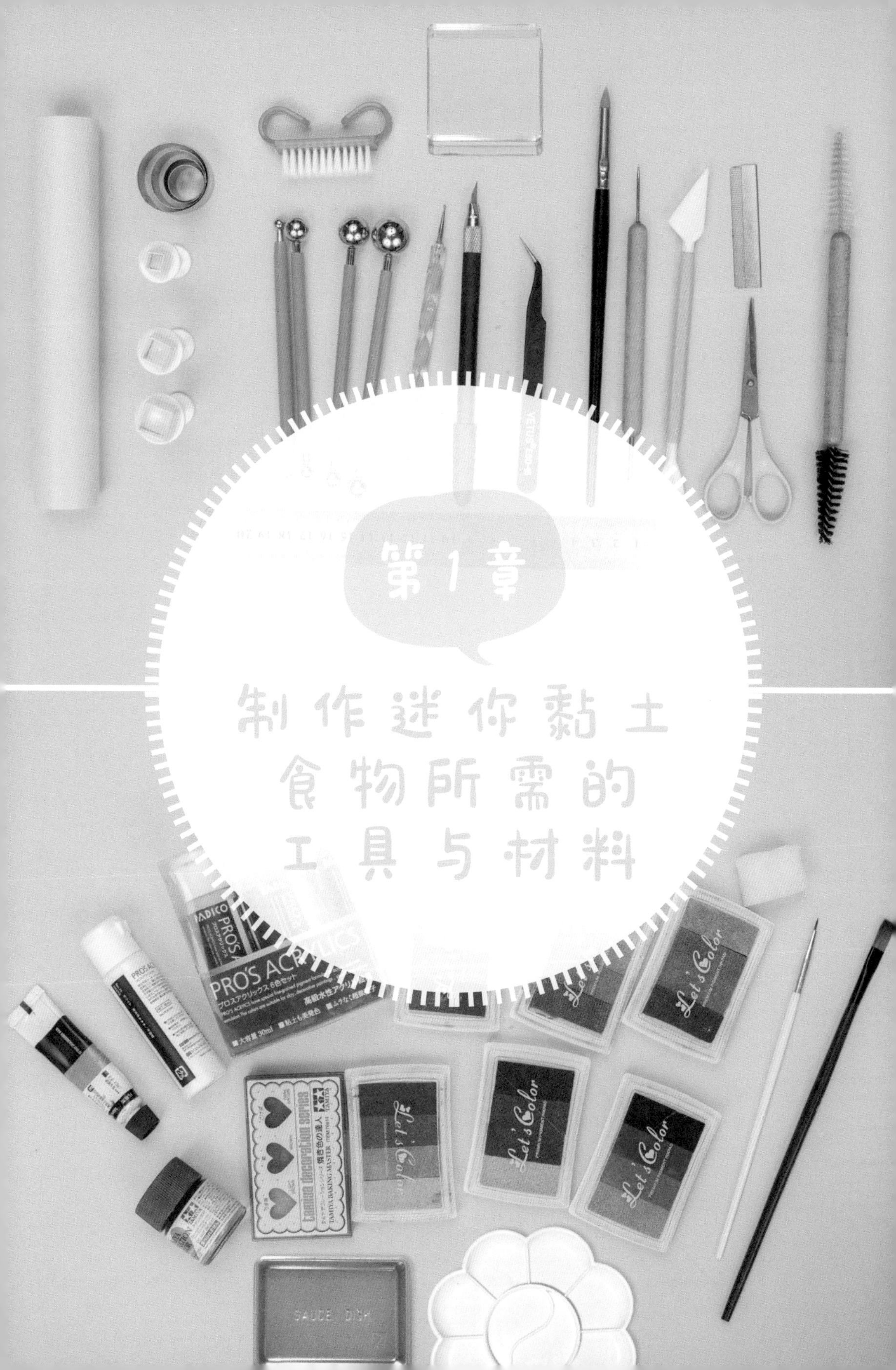

# 第1章

# 制作迷你黏土食物所需的工具与材料

# 制作迷你黏土食物的黏土

## 本书使用的黏土

黏土品牌众多，本书使用了4种树脂黏土。它们又可分为3类，分别是轻量树脂黏土、半透明树脂黏土、彩色树脂黏土，都属于风干型黏土，完成塑形后可于空气中自然干燥。

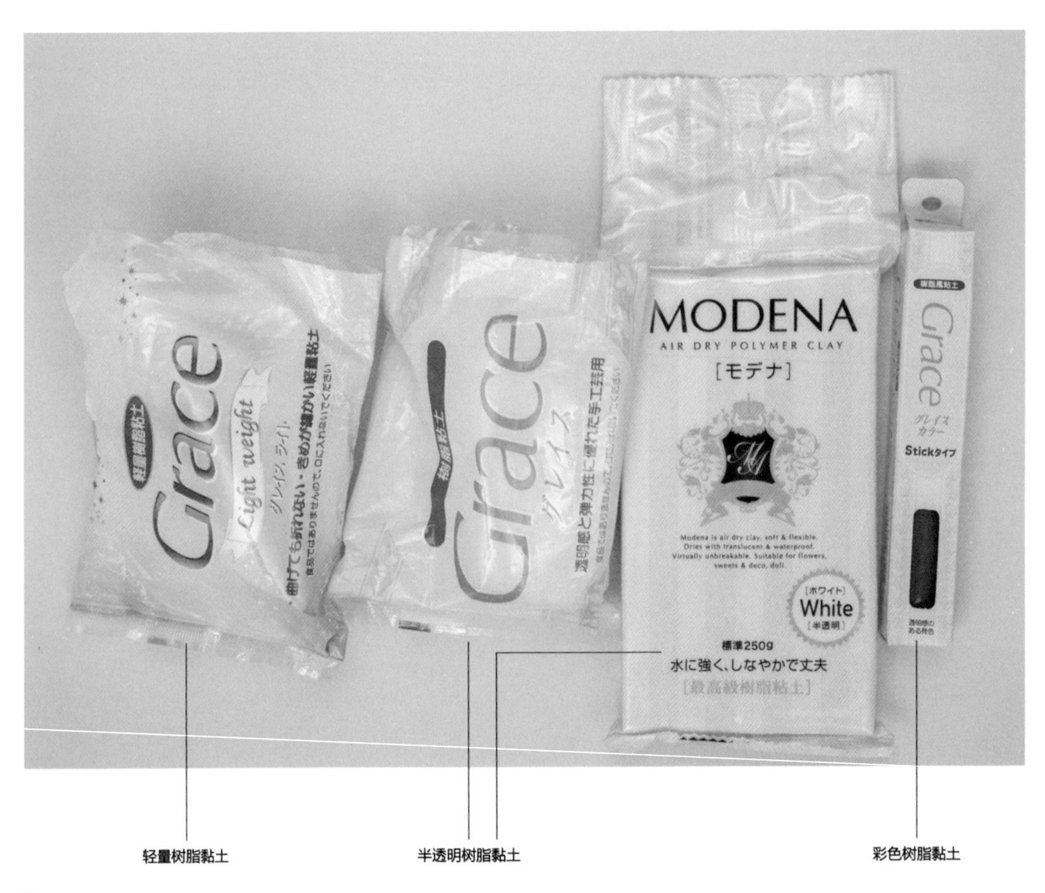

## 各类黏土的特征

### 彩色树脂黏土（日清Grace color系列）

黏土特征：全9色树脂黏土，包含红色、黄色、蓝色、绿色、黑色、白色、褐色、玫红色、土黄色等，颜色鲜艳丰富，质地柔软，纹理细致，有光泽。

黏土用途：适合用于制作颜色鲜艳的黏土食物；也可通过混合两种或多种颜色，改变黏土颜色。

使用方法：如想作品呈现鲜艳度较高的颜色，可直接取用；如想作品呈现鲜艳度较低的颜色，可与同系列或其他白色树脂黏土混合，以降低鲜艳度。

### 半透明树脂黏土[帕蒂格（PADICO）MODENA系列]

黏土特征：干透后有透明感，与日清Grace系列相比，此款黏土质地较硬，透明度较低，纹理细致。

黏土用途：适合用于制作质地较硬的黏土食物；或与质地柔软的黏土混合，中和黏土的整体质感。

使用方法：如想作品呈现半透明质感，可直接使用；或与颜料、彩色树脂黏土混合调色使用。

### 半透明树脂黏土（日清Grace）

黏土特征：透明感较高的树脂黏土，与帕蒂格MODENA系列相比，此款黏土质地较柔软，透明度更高，纹理细致，有光泽。

黏土用途：适合用于制作透明感较强的水果，如橘子片、柠檬片等。

使用方法：通常加入少量颜料混合调色使用。

### 轻量树脂黏土（日清Grace）

黏土特征：白色实色，干透后轻盈有弹性，质地较蓬松，与日清Grace color系列彩色树脂黏土相比，纹理较粗，无光泽。

黏土用途：适合用于制作面包、蛋糕坯、甜点饼底等质感松软的黏土食物。

使用方法：可直接用于制作白色实色质感的作品；或与颜料、日清Grace color系列彩色树脂黏土混合调色使用。

# 塑形工具

## 本书使用的塑形工具

1 黏土擀棒
2 圆形压模
3 方形压模
4 钢尺
5 羊角刷
6 丸棒
7 压泥板
8 压痕笔
9 雕刻刀
10 镊子
11 硅胶软头笔
12 细节针
13 黏土刀
14 刀片
15 细节剪刀
16 笔状刷

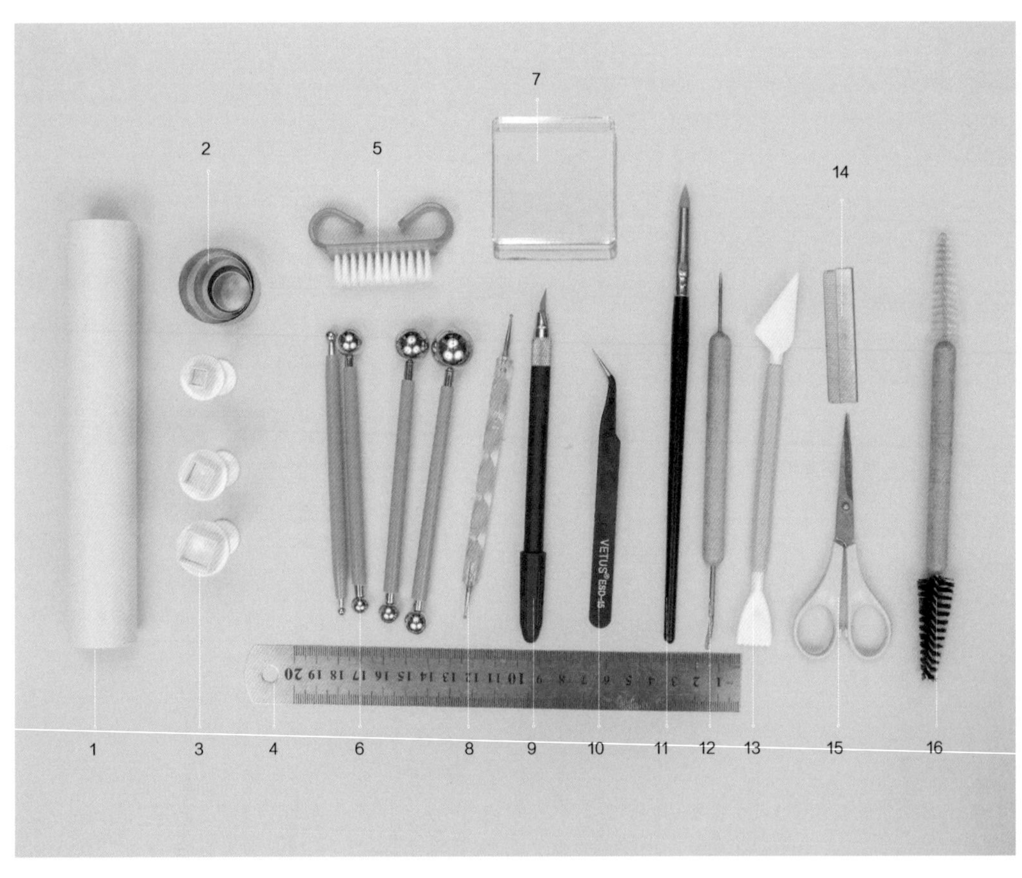

# 塑形工具的使用方法

黏土擀棒

用于将黏土擀成均匀的薄片，薄片的厚度由擀动的力度和次数控制。

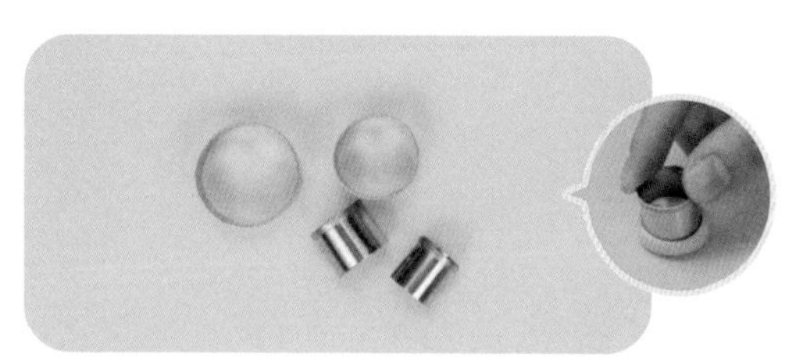

圆形压模

用于将黏土切出规整的圆片或圆柱，可根据所需制作作品的大小，选择合适的尺寸（常用尺寸：1.5cm直径）来取形。

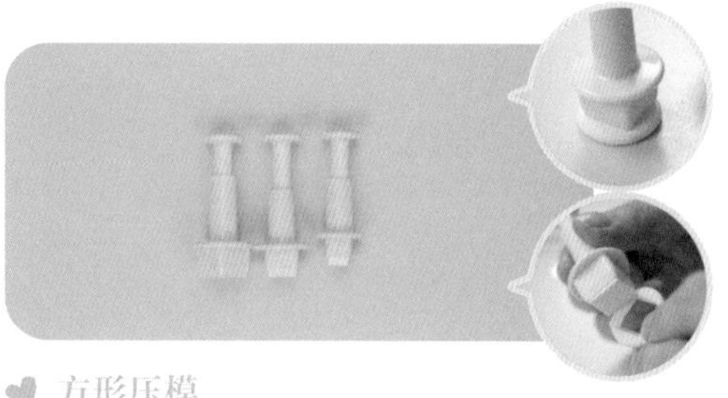

方形压模

用于将黏土切出规整的方片或方块，可根据所需制作作品的大小，选择合适的尺寸。（常用尺寸：1.3cm边长）来取形。

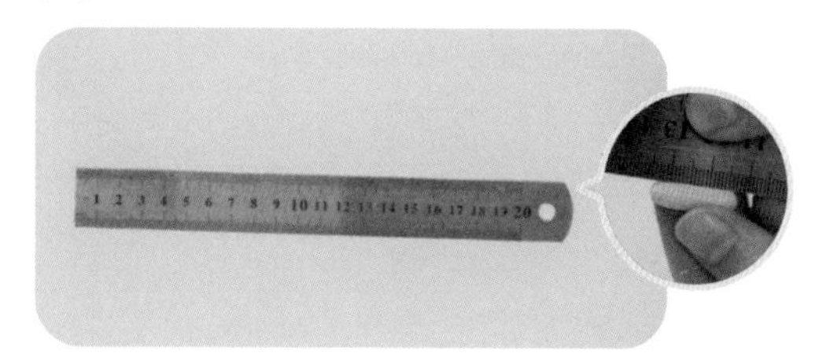

钢尺

用于压制长而直的压痕。

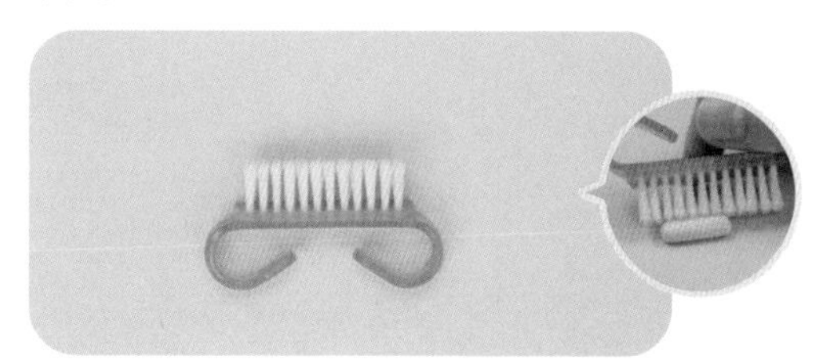

羊角刷

用于为黏土表面增加粗糙的质感。

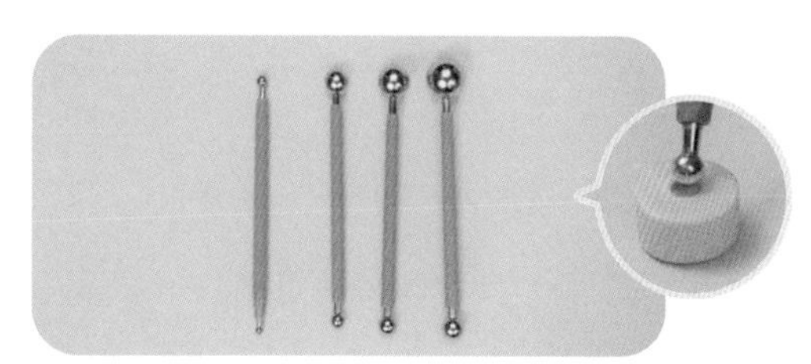

丸棒

用于在黏土上压出圆形凹陷。

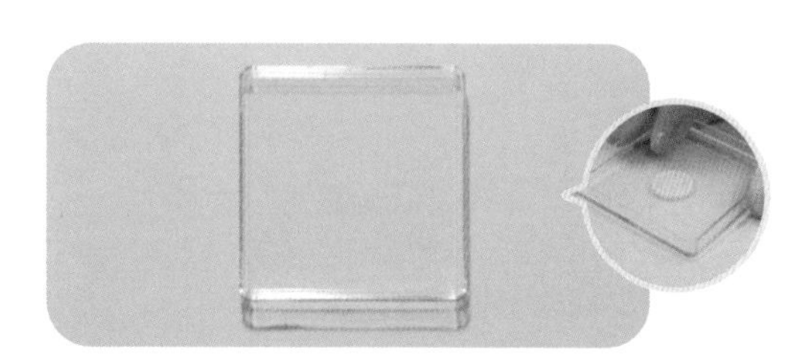

压泥板

用于按压黏土，使其延展成均匀的厚度；或用于将黏土搓成长条。

压痕笔

用于在黏土上压出点状凹陷；或通过转动笔头在黏土上制作不规则压痕；或用于调整黏土的外形细节。

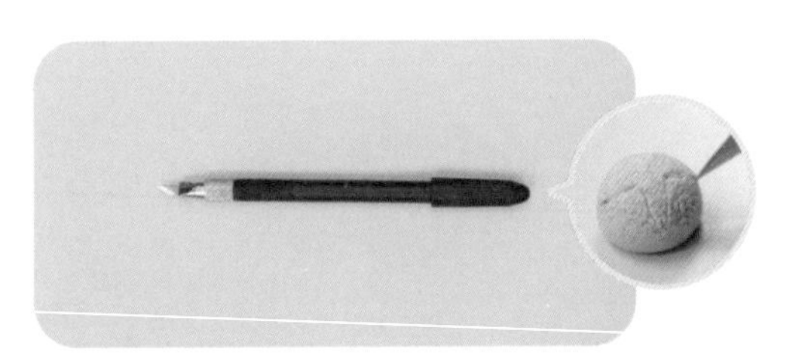

雕刻刀

用于在黏土上雕刻花纹。

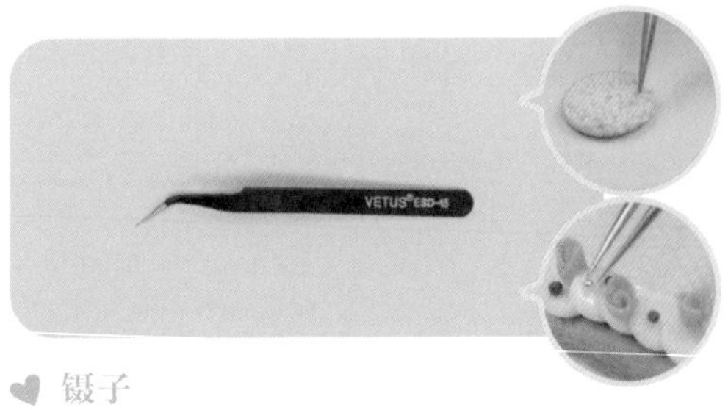


镊子

用于夹取体积较小的物件；或用于捏夹黏土，以增加其质感、纹路、夹痕。

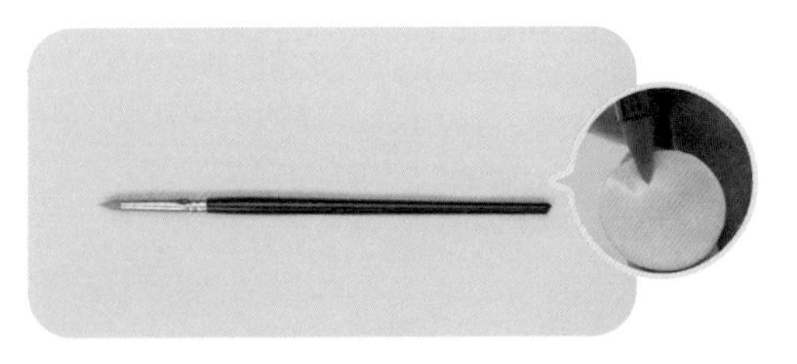

硅胶软头笔

用于调整黏土的细节部分；或用于在黏土上压制褶皱、花纹。

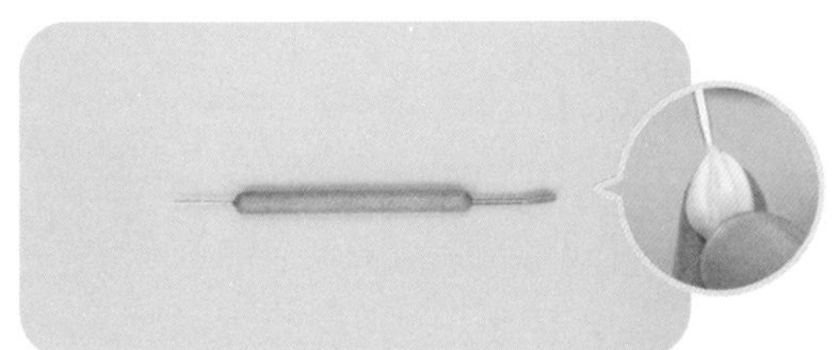

细节针

用于整理黏土的细节形状、在黏土上戳孔（也可用牙签）。

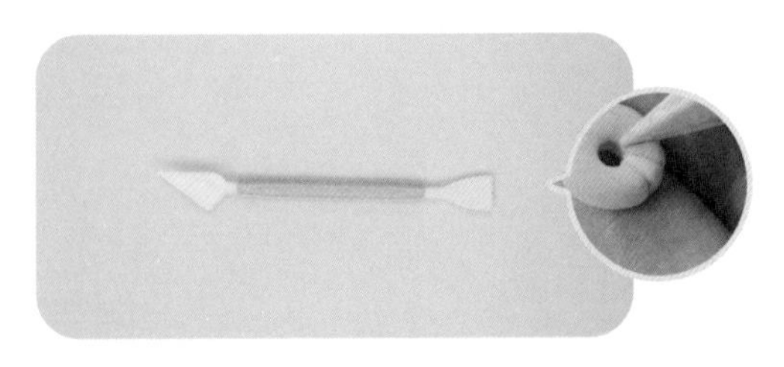

黏土刀

用于在黏土上划线、压制压痕。

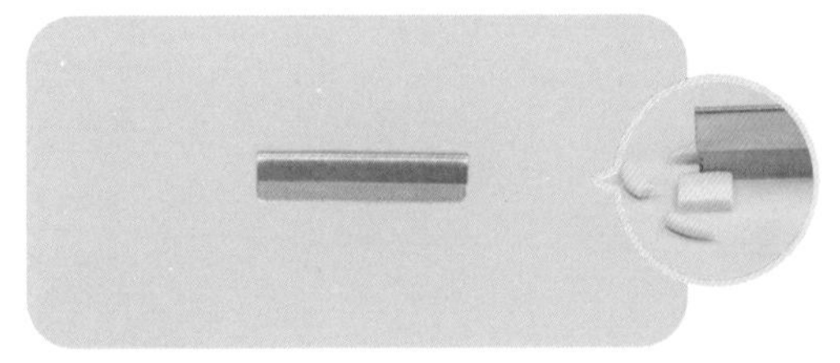

刀片

用于切割黏土；用于压制细小直纹。

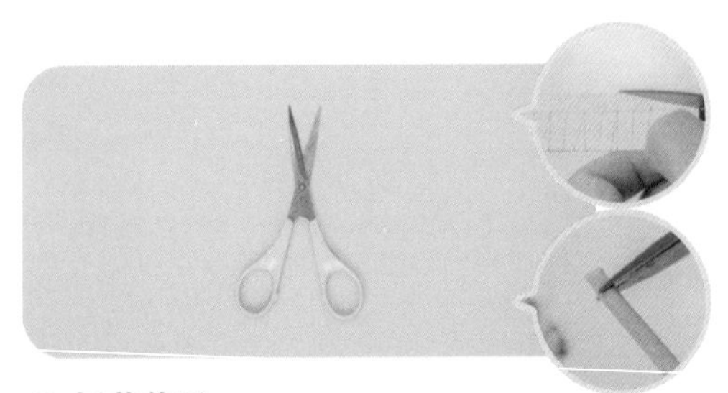

细节剪刀

用于裁剪纸质配件；或用于裁剪黏土。

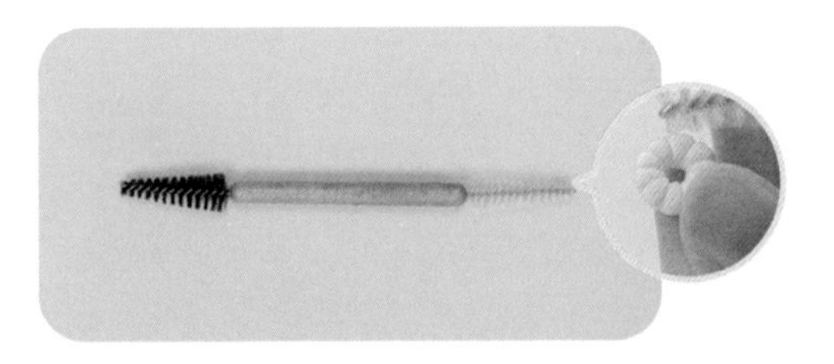

笔状刷

用于为黏土表面增加粗糙的质感，笔状刷便于在细小物件表面操作。

# 黏土的着色工具与材料

## 本书使用的着色工具与材料

1 温莎牛顿丙烯颜料
2 帕蒂格丙烯颜料
3 印泥
4 海绵块
5 细毛笔
6 平头毛笔
7 草莓糖浆
8 烧烤达人色粉盒
9 调色盘

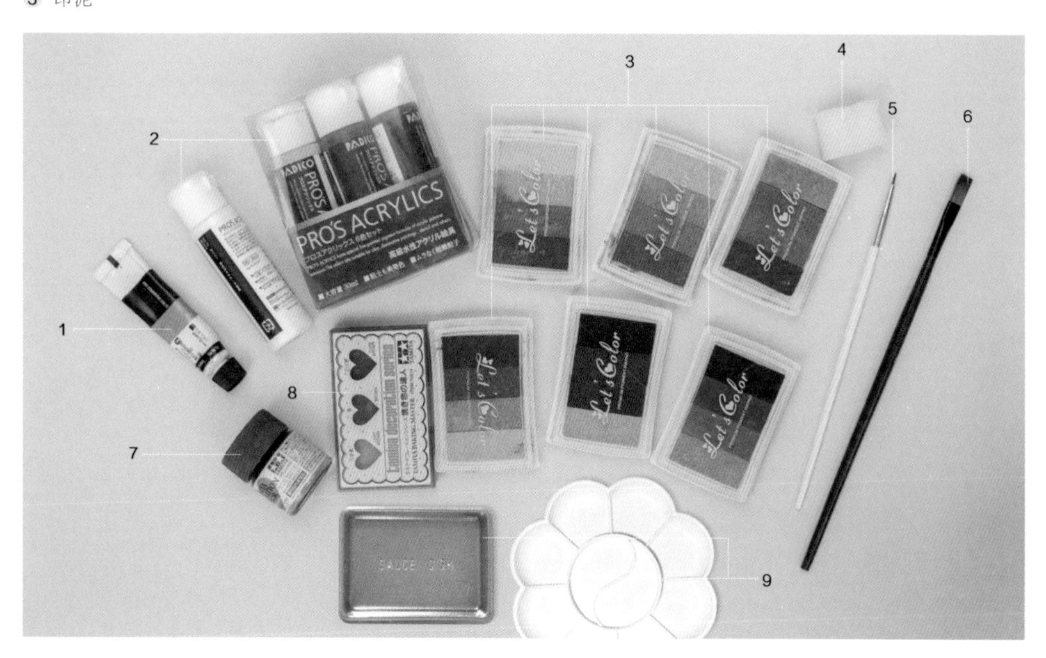


## 着色工具与材料的使用方法

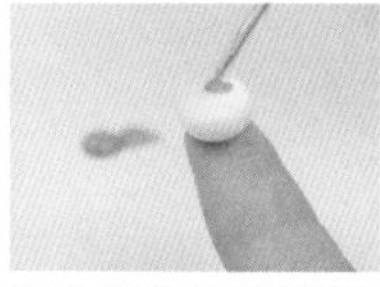
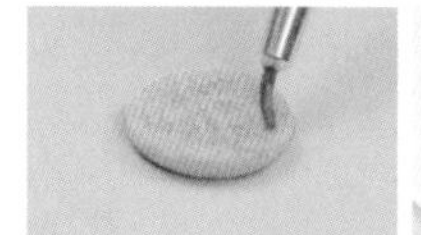
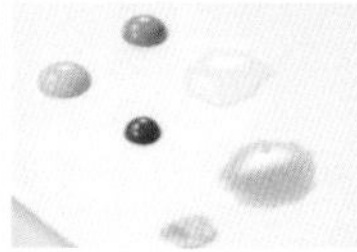

### 丙烯颜料

温莎牛顿丙烯颜料12色套装已足够，其质地为黏稠膏状，需加入水稀释调和使用。

帕蒂格丙烯颜料全套为12色，其中红色、黄色、蓝色、绿色、土黄色、深棕色、白色最为常用。其质地为流体乳液状，一般直接挤出即可使用，不需稀释。

丙烯颜料用于黏土调色、着色。丙烯颜料之间可相互混色，也可用于酱汁调色。

## 印泥

本书所用的印泥有6个色系：黄色系、粉色系、紫色系、绿色系、棕色系、蓝色系。印泥用于为黏土调色、着色；可以用海绵笔轻蘸印泥，刷于黏土上；也可与黏土混合，改变黏土本色。

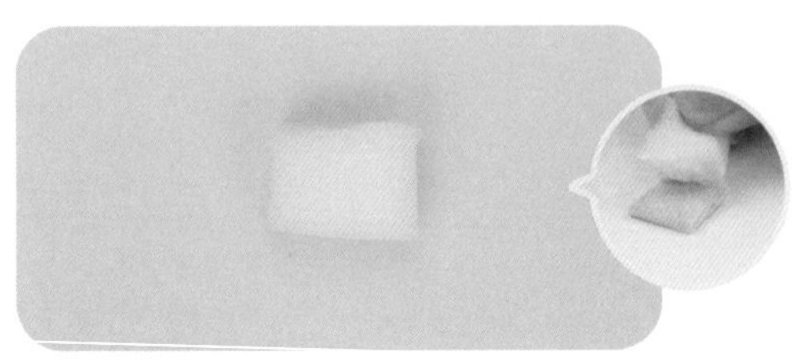

## 海绵块

利用海绵块蓬松多孔的特质，蘸取上色材料拍印于黏土上，可制作出糖霜质感。

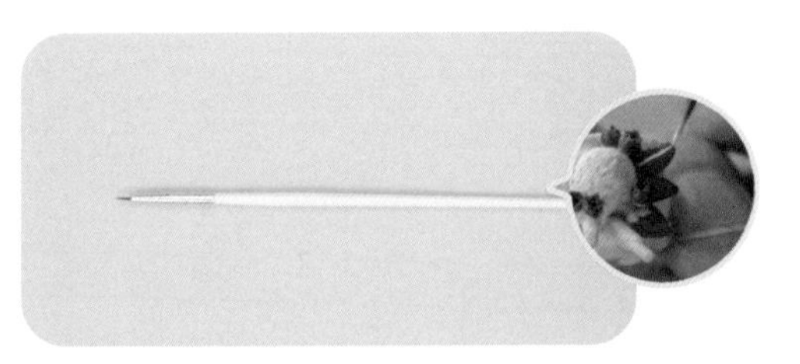

## 细毛笔

用于涂刷着色、绘制细节。

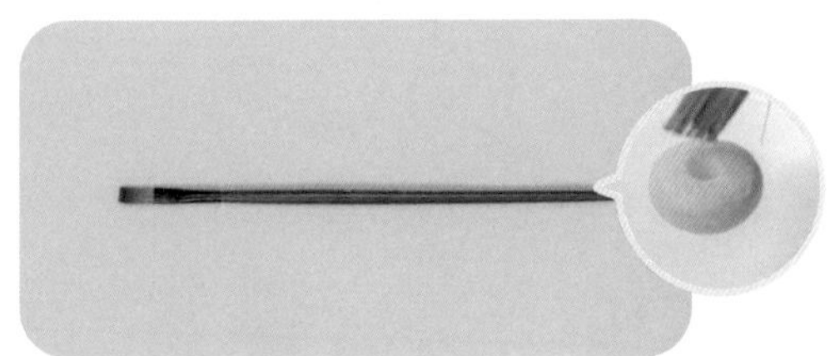

## 平头毛笔

用于涂刷着色。

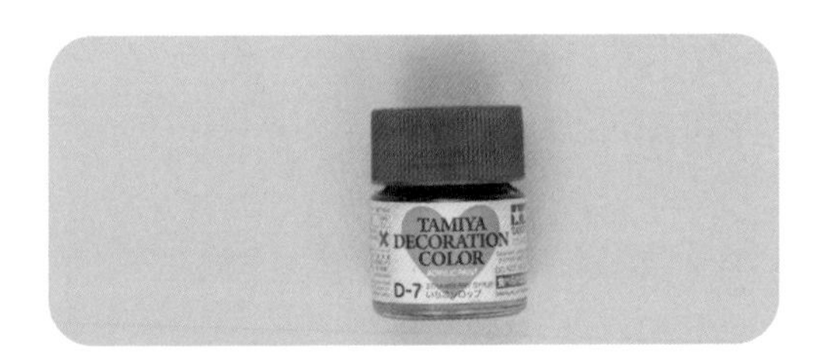


## 草莓糖浆

本书使用的是田宫-亚克力颜料溶剂，其为红色半透明浆状液体，有光泽，用于草莓、圣女果等红色、有光泽感的黏土食物的着色。

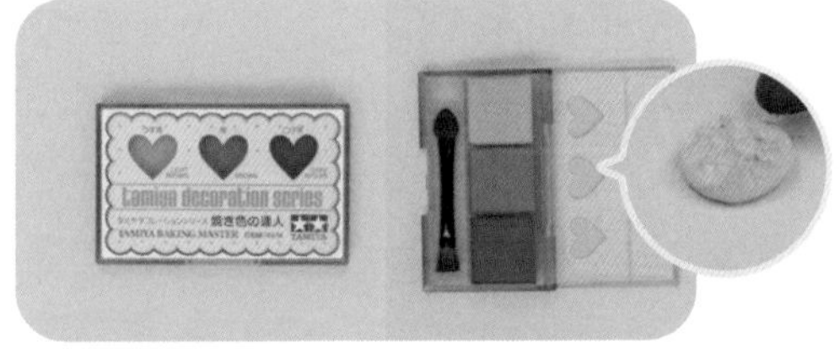


## 烧烤达人色粉盒

用于为黏土涂刷烘烤色。

## 调色盘

银色一次性调色盘、分格调色盘，都可用于调配颜料、果酱、奶油。

# 特殊工具与材料

## 本书使用的特殊工具与材料

1 仿真糖粉、仿真冰沙
2 美纹纸胶带
3 金属丝
4 脱模油
5 银色颗粒
6 彩色圆形贴纸
7 英文字母贴纸
8 剪钳
9 管状胶水
10 油画铲
11 建筑模型镂空花纹木板
12 调色尺
13 透明亮光油
14 液体树脂黏土

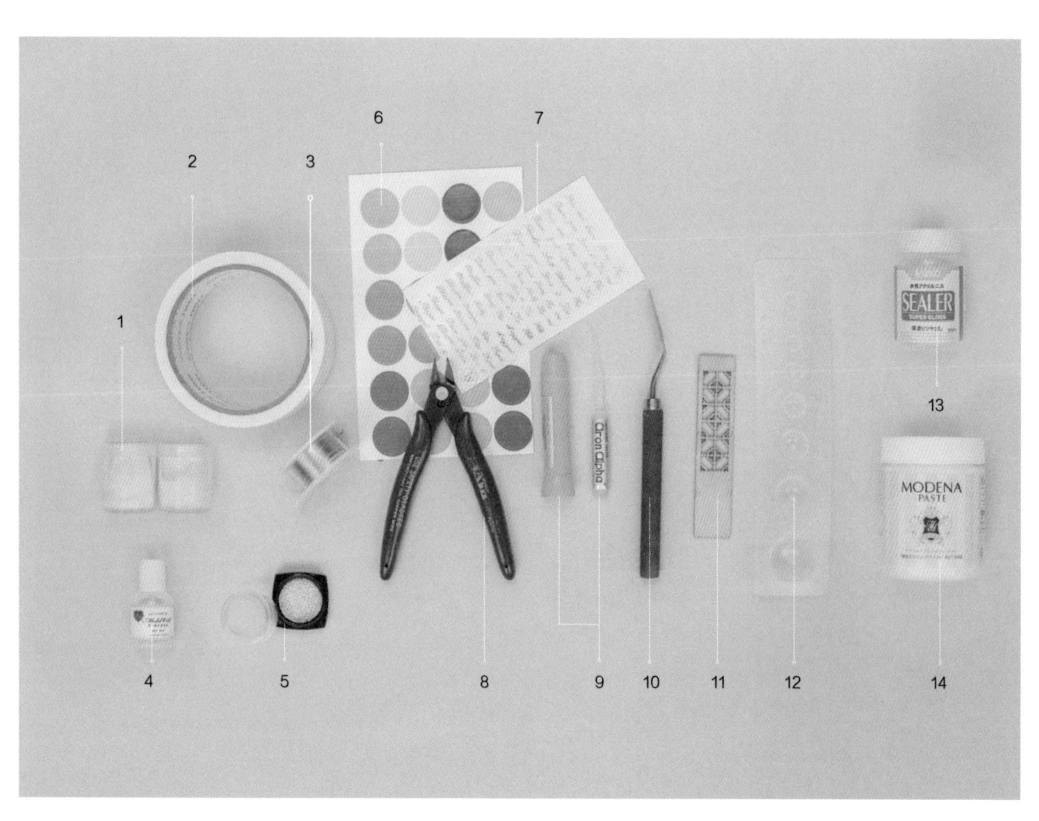

# 特殊工具与材料的使用方法

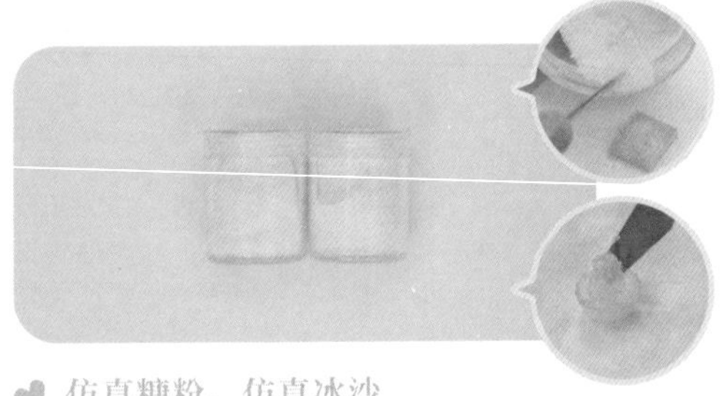

### 仿真糖粉、仿真冰沙

将仿真糖粉撒在作品表面，可以制作出糖粉质感；仿真冰沙可用于制作冰沙作品。

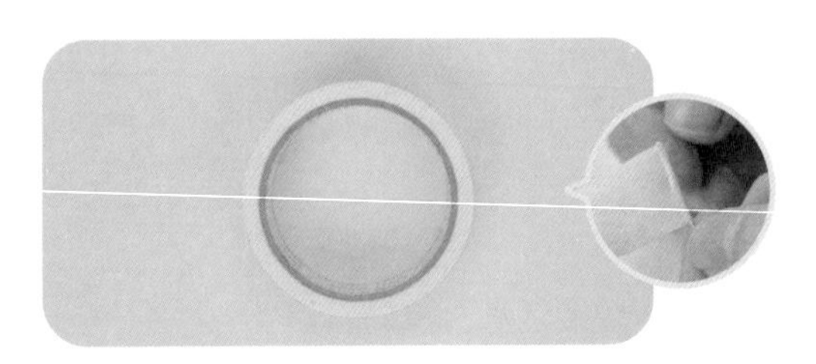

### 美纹纸胶带

用于包裹金属丝，制作纸棒。

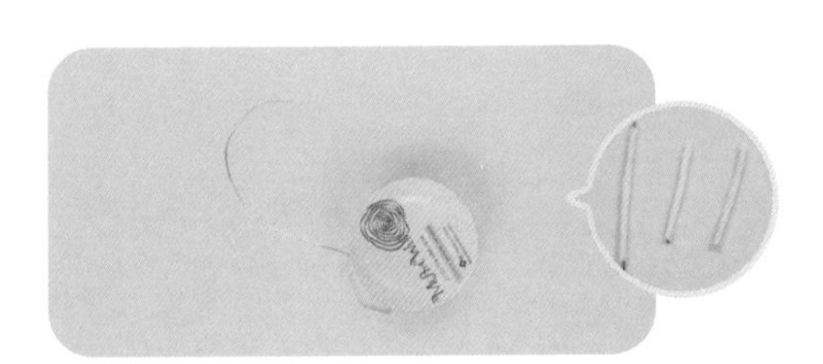

### 金属丝

配合美纹纸胶带使用，用于制作纸棒。

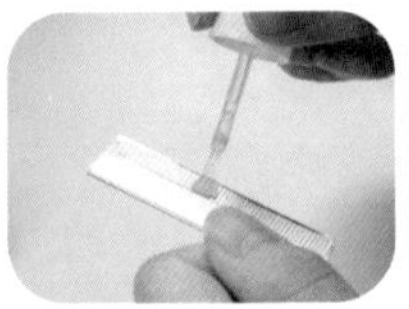

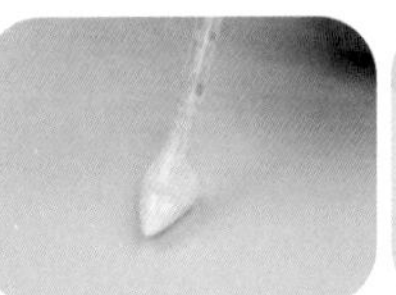

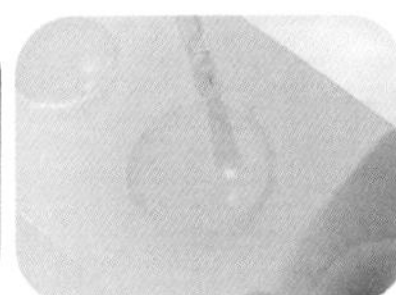

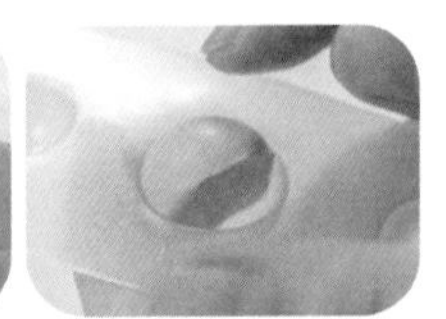

### 脱模油

质地如同婴儿油，可用婴儿油代替；用于涂在刀片、模具上，脱模或切割时可避免黏土粘连；也可涂刷在黏土表面，有软化作用，以便进一步塑形。

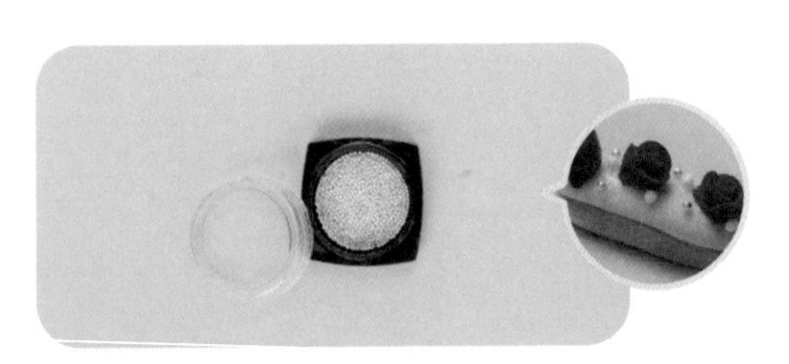

### 银色颗粒

又称食玩鱼子酱、美甲鱼子酱，用于装饰作品。

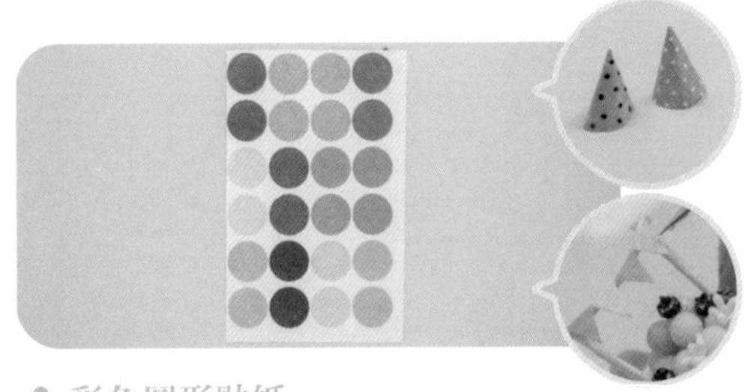

### 彩色圆形贴纸

可用于制作纸质小装饰。

### 英文字母贴纸

常见的美甲用贴纸，可用于制作英文字牌。

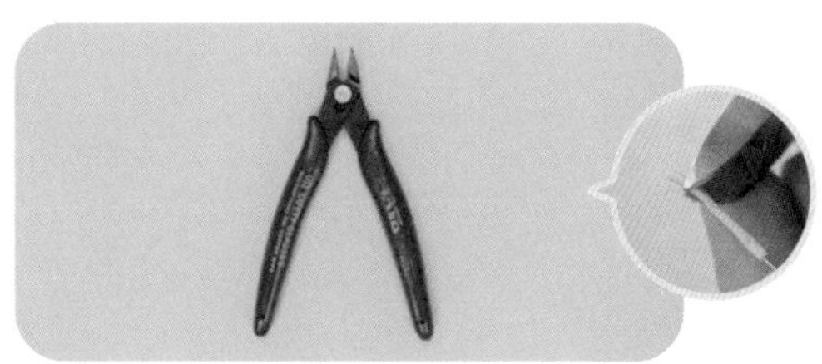

### 剪钳

用于裁剪金属丝。

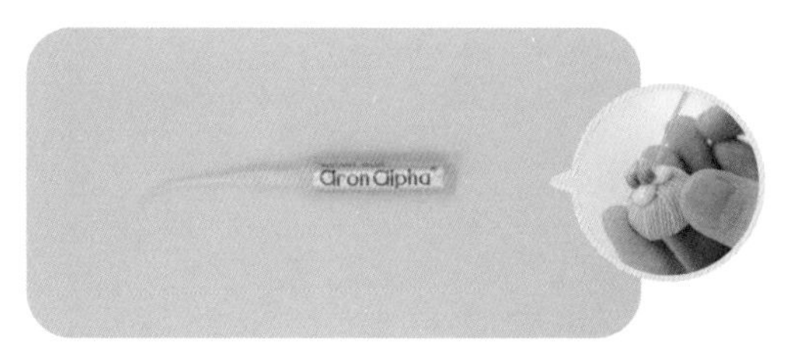


### 管状胶水

带滴胶管的快干型胶水；市面上有多种品牌可供选择，本书所用的品牌为Aron Alpha。

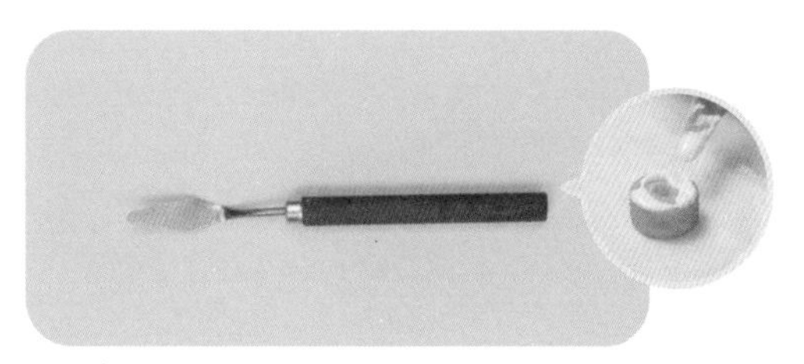

### 油画铲

用于制作、搅拌、涂抹果酱或奶油。

### 建筑模型镂空花纹木板

利用镂空花型在黏土上压制花纹。

### 调色尺

可将黏土填入其上的凹洞，测量黏土分量；也可用作半球模具取形。

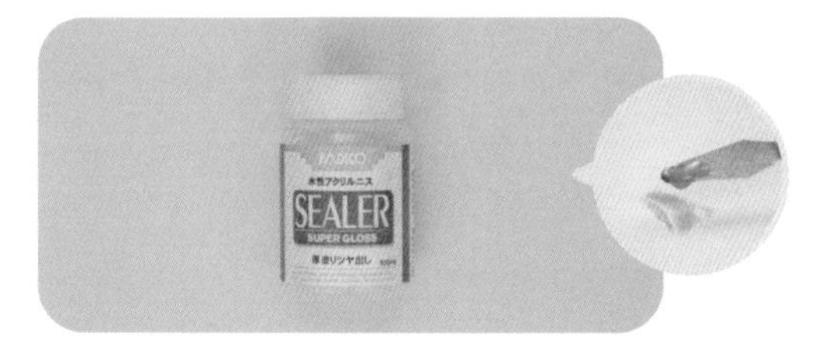


### 透明亮光油

呈透明乳胶状质地，可用于制作有透明感的酱汁；也可涂刷在黏土作品表面，增加光泽感。

### 液体树脂黏土

呈白色膏乳状质地，用于制作奶油、酱汁。

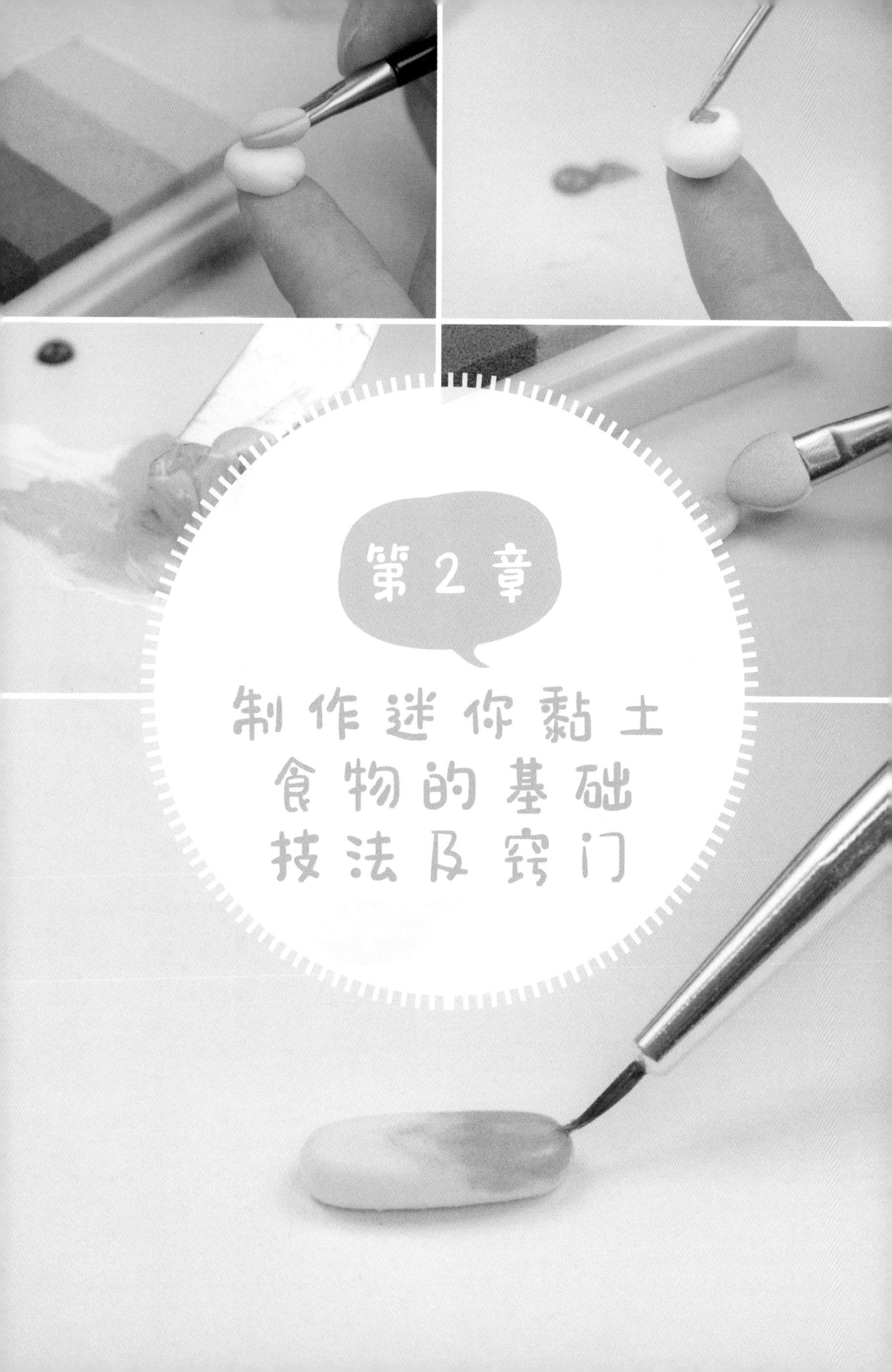

# 第2章

# 制作迷你黏土食物的基础技法及窍门

# 让黏土的颜色变得更好看吧

制作迷你黏土食物所需的黏土颜色，未必是购买的黏土的原本的颜色，为了更贴近所需制作的食物色泽，我们可以利用技法改变黏土的颜色。接下来我们介绍一下改变黏土颜色的3种技法。

## 黏土上色技法

通过上色改变黏土的颜色时，我们可用3种上色材料，一是色粉，二是印泥，三是丙烯颜料，用这3种材料给黏土上色的方法一般是在其表面涂色，可叠涂，让颜色有层次变化。

### 方法一：色粉上色

特点：本书所用的烧烤达人色粉盒，盒中有3个烘烤色，可单色涂刷，也可叠色涂刷，由浅至深增强层次感。色粉多用于涂刷西点面包、蛋糕坯的表面，增加烘烤感。

方法：用海绵笔轻蘸色粉，涂刷于黏土表面。

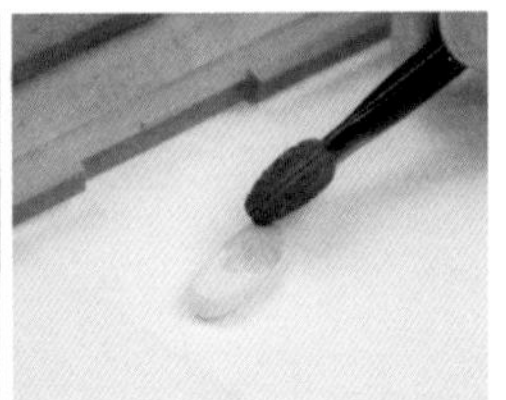

### 方法二：印泥上色

特点：本书所用的印泥有6个色系，每个色系有4种渐变色，颜色由浅至深，无须调色，开盖即用，方便快捷。印泥可单色涂刷，叠色涂刷时，需待第一层颜色干透后，再做叠色涂刷处理。

方法：用海绵笔轻蘸印泥，涂刷于黏土表面。

### 方法三：丙烯颜料上色

特点：可直接使用丙烯颜料本色，也可以按作品所需色泽，混合两种或多种颜色灵活调色。

方法：将丙烯颜料挤出后，用细毛笔蘸取颜料，涂刷于黏土表面，如需稀释可适当加水。

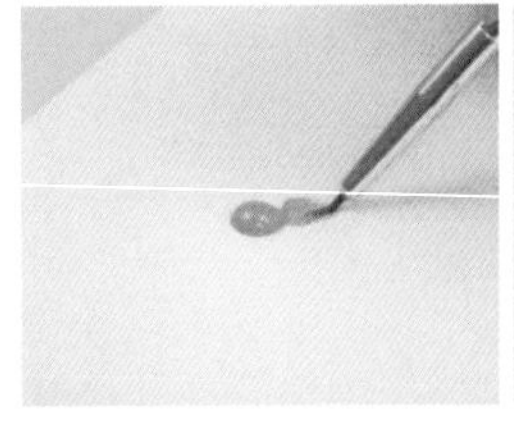

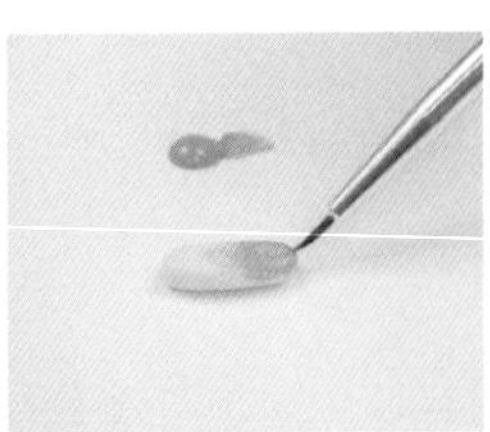

## 黏土调色技法

改变黏土颜色的另一种方法是先将上色材料涂在黏土上，再充分揉捏，将上色材料与黏土混合均匀，以将黏土的颜色调成所需颜色。本书使用的上色材料有两种，分别是印泥和丙烯颜料。

### 方法一：印泥调色

特点：与丙烯颜料相比，印泥的颜色较淡，需要反复蘸取、揉捏，逐步调制成所需颜色。

方法：用海绵笔在黏土上涂印泥，通过充分揉捏，使印泥与黏土混合均匀。

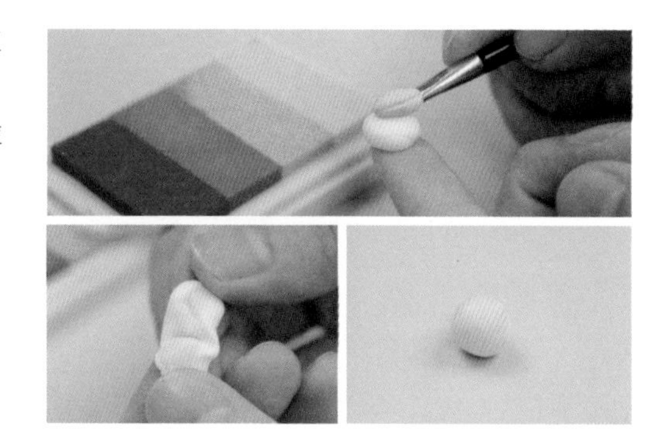

### 方法二：丙烯颜料调色

特点：丙烯颜料的颜色鲜艳浓郁，只需蘸取少量丙烯颜料（可蘸取单色，也可蘸取两种或多种颜色），将其与黏土揉捏混合，就可轻松将黏土的颜色调制成所需颜色。

方法：用细节针或牙签尖端蘸取丙烯颜料附在黏土上，充分揉捏，将丙烯颜料与黏土混合均匀。

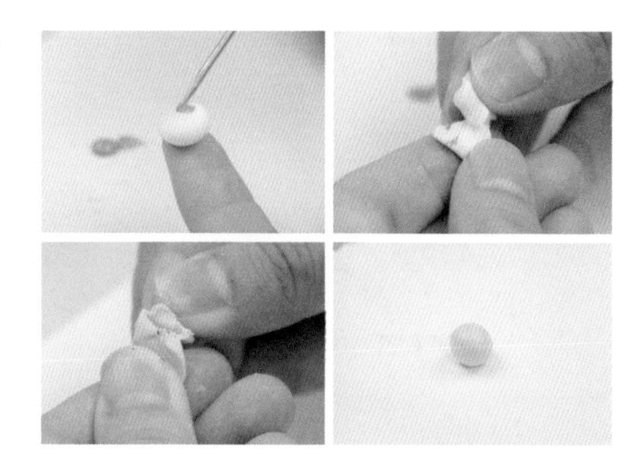

## 黏土混色技法

黏土混色是将两种或多种颜色的黏土，按适当比例混合，充分揉捏，以改变黏土的颜色。比如以下图片中，大量白色黏土和少量黄色黏土混合，通过充分揉捏，得到浅黄色黏土。

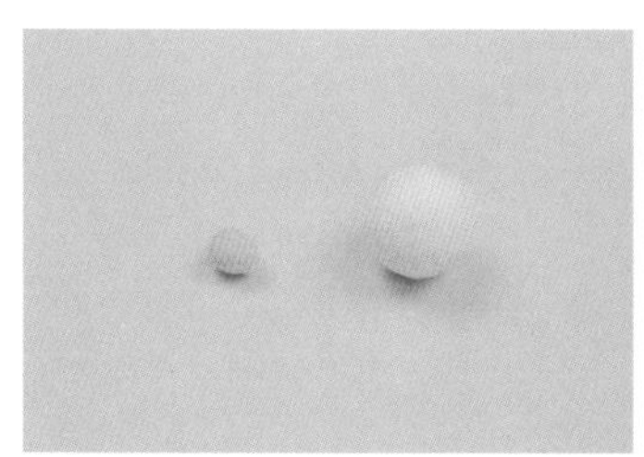
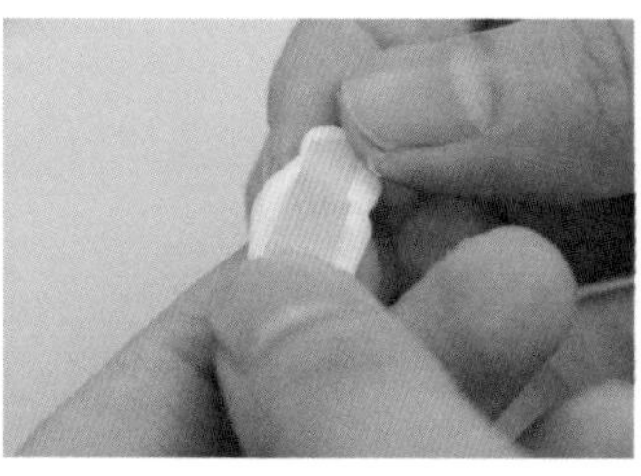

# 常用的颜色搭配方案

迷你黏土食物常用的颜色搭配方案有温暖的面点、健康的蔬果，以及可爱的马卡龙色，下面我们针对这3个分类展示一下常用的颜色搭配方案。

## 温暖的面点

4种常用的温暖的面点颜色：淡黄色、淡土黄色、淡巧克力色、深巧克力色。

用于混合的黏土颜色：黄色、白色、土黄色、褐色。

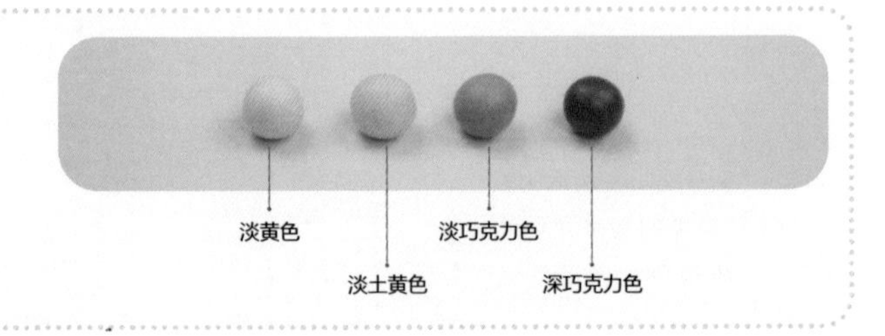

少量黄色 + 适量白色 = 淡黄色

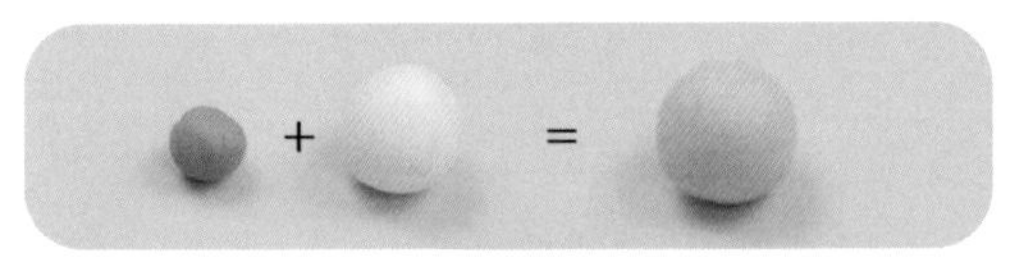

少量土黄色 + 适量白色 = 淡土黄色

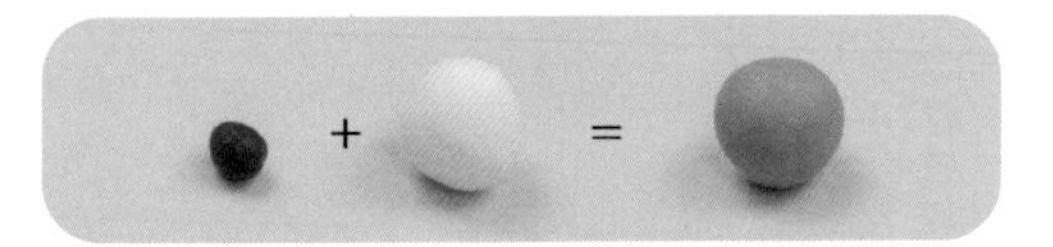

少量褐色 + 适量白色 = 淡巧克力色

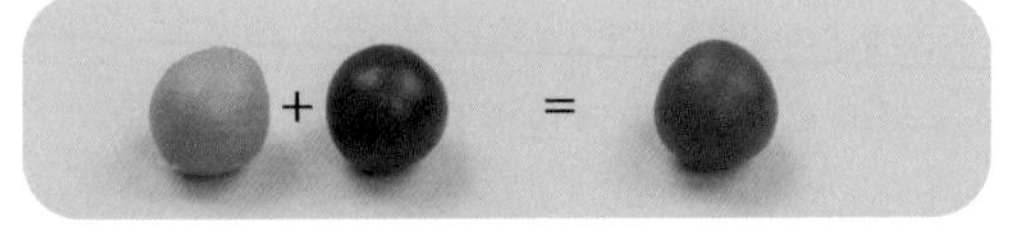

适量土黄色 + 适量褐色 = 深巧克力色

## 健康的蔬果

蔬果的颜色大多比较鲜艳，常用的颜色有红色、橘红色、淡橘色、黄色、叶绿色、蓝莓色（普蓝色）、淡绿色。上述颜色中，黄色和红色是基本黏土色，通常不需要混色。

用于混合的黏土颜色：黄色、红色、深绿色、蓝色、褐色、绿色。

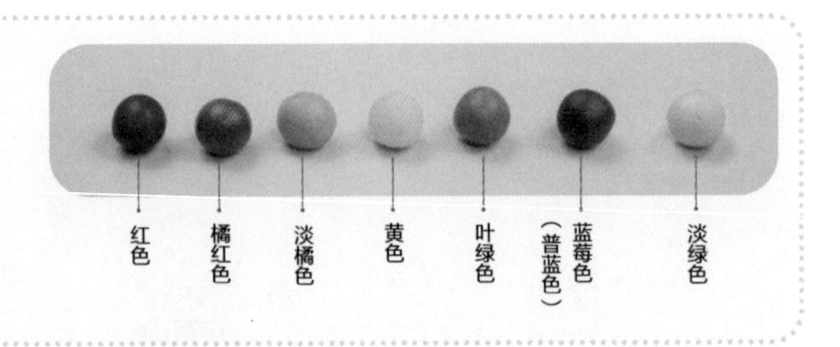

少量黄色 + 适量红色 = 橘红色

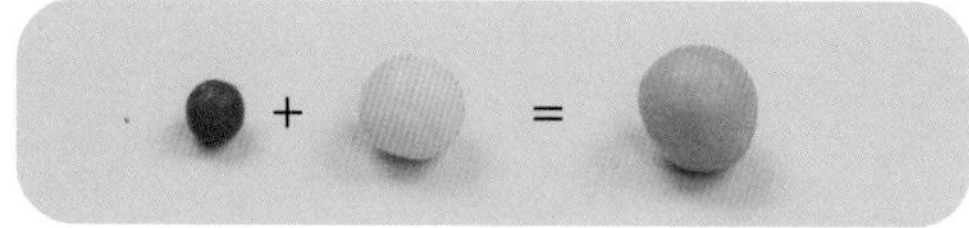

少量红色 + 适量黄色 = 淡橘色

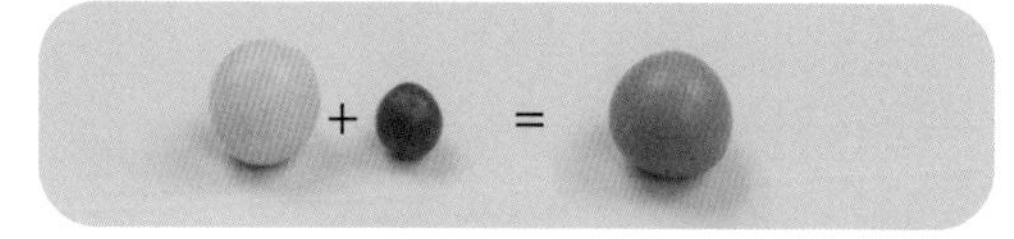

适量黄色 + 少量深绿色 = 叶绿色

适量白色 + 适量蓝色 + 少量褐色 = 蓝莓色

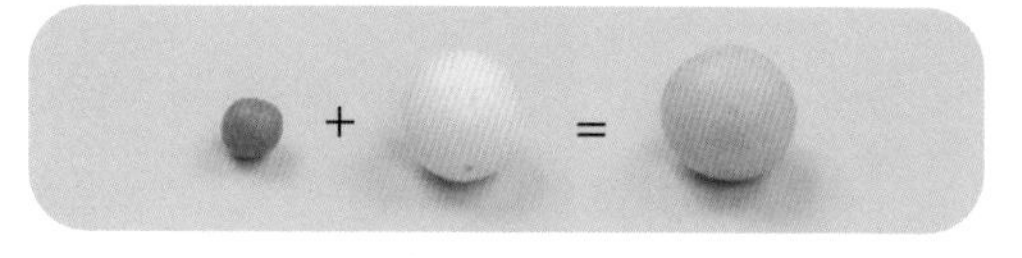

少量绿色 + 适量白色 = 淡绿色

## 可爱的马卡龙色

马卡龙色都是比较浅嫩的颜色，这里列出了6种粉嫩的马卡龙色：淡粉色、淡黄色、淡橘色、淡绿色、淡紫色、淡蓝色。

用于调色的黏土和材料：白色黏土，6色系印泥。

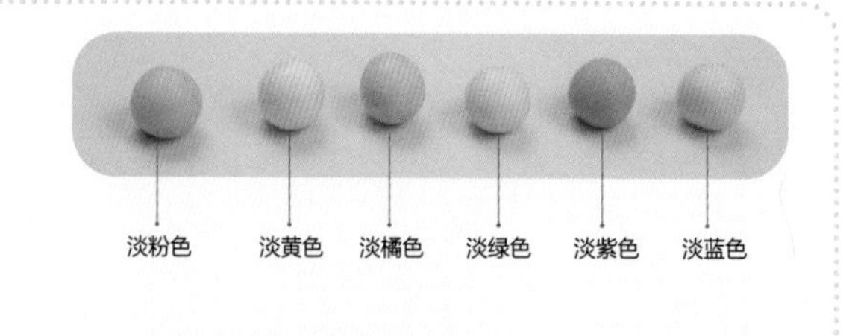


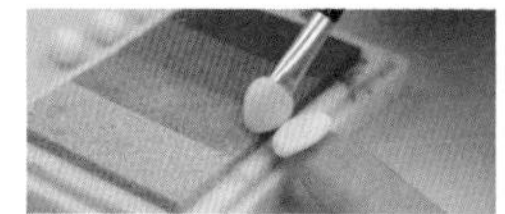
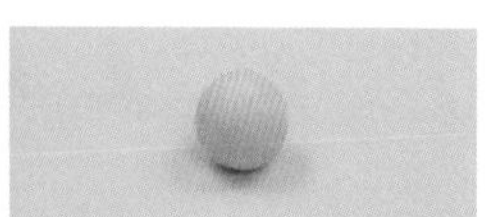

淡粉色：用海绵笔在白色黏土上涂粉色印泥，揉捏混合均匀。

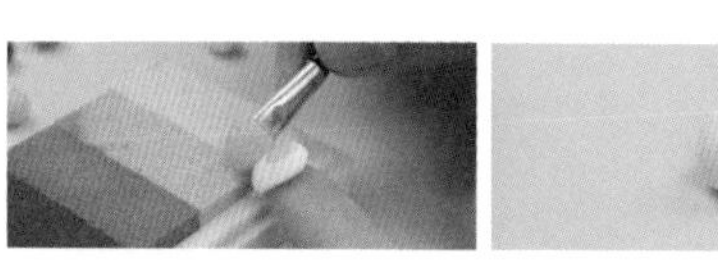

淡黄色：用海绵笔在白色黏土上涂黄色印泥，揉捏混合均匀。

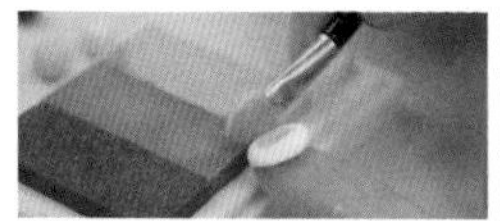
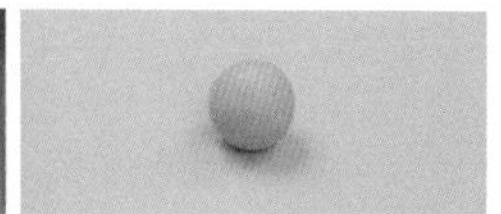

淡橘色：用海绵笔在白色黏土上涂橘色印泥，揉捏混合均匀。

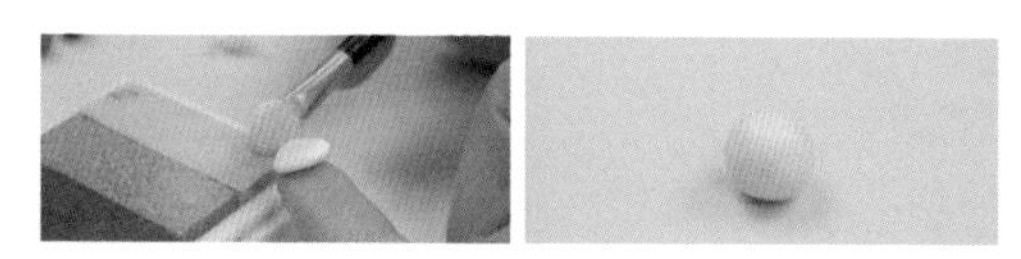

淡绿色：用海绵笔在白色黏土上涂绿色印泥，揉捏混合均匀。

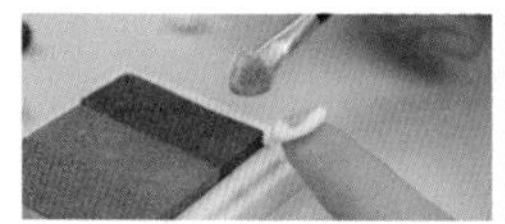

淡紫色：用海绵笔在白色黏土上涂紫色印泥，揉捏混合均匀。

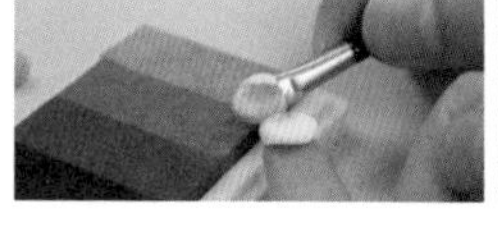
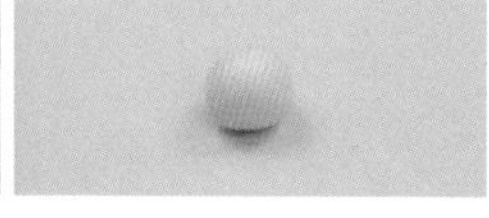

淡蓝色：用海绵笔在白色黏土上涂蓝色印泥，揉捏混合均匀。

# 基础手法练起来

## 揉

揉的手法一般用于制作圆球。取适量黏土置于手掌中心，双手沿顺时针方向揉动黏土，使黏土最终呈圆球状。

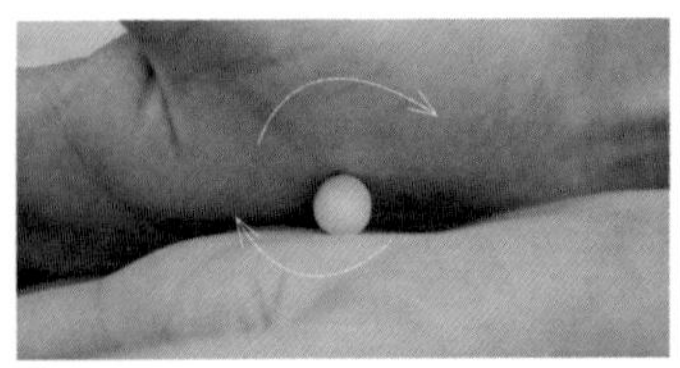
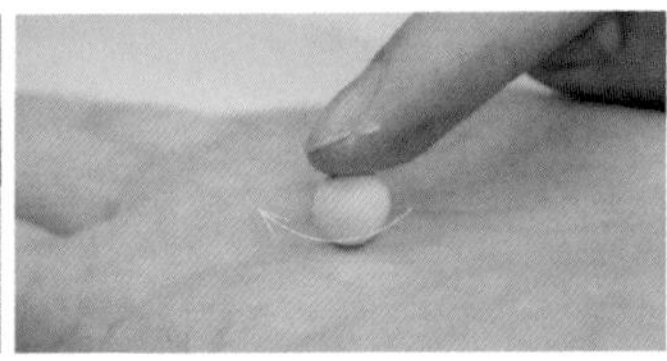

## 搓

搓的手法一般用于制作水滴或长条。制作水滴或长条时，都要先制作圆球，在圆球的基础上再用搓的手法改变黏土形状。水滴的制作是用食指轻轻斜压一端，左右搓动，使这一端变尖。长条的制作是用压泥板轻轻压住黏土，左右搓动，使黏土变成均匀的长条。

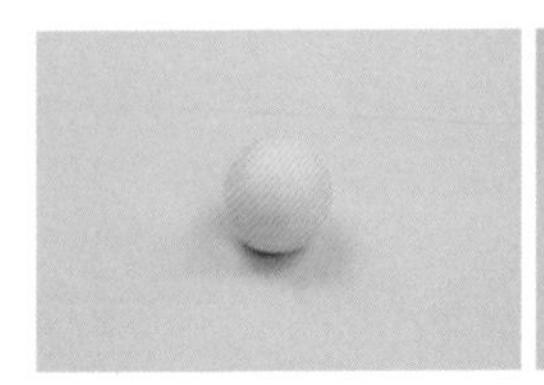
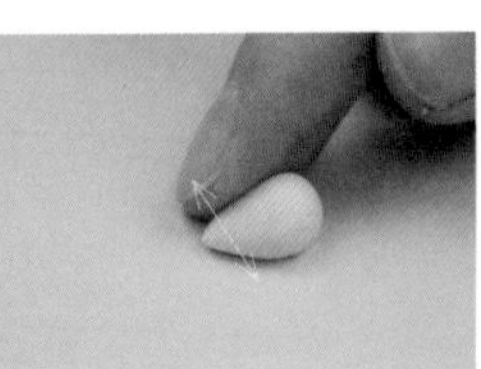
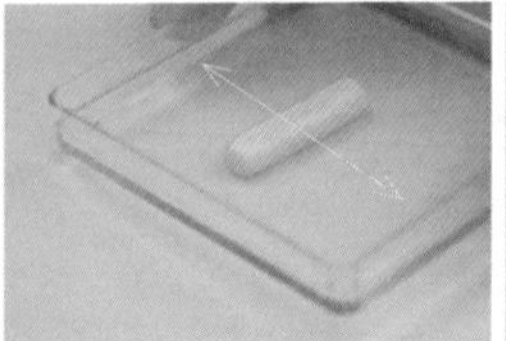
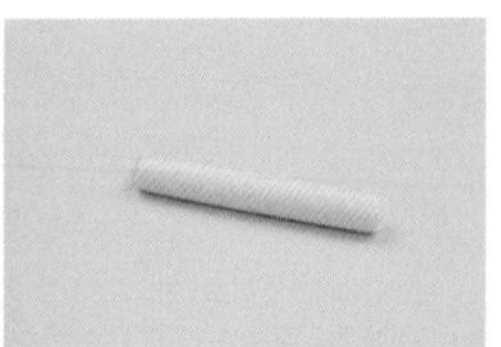

## 擀

擀的手法需要借用黏土擀棒，同理，先揉成圆球，再用黏土擀棒将黏土擀开，使其呈薄片状。

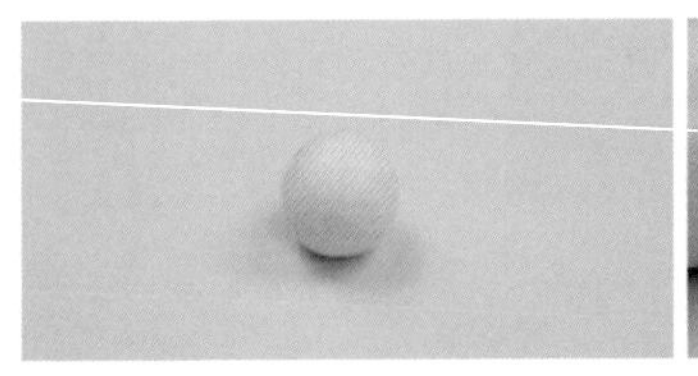
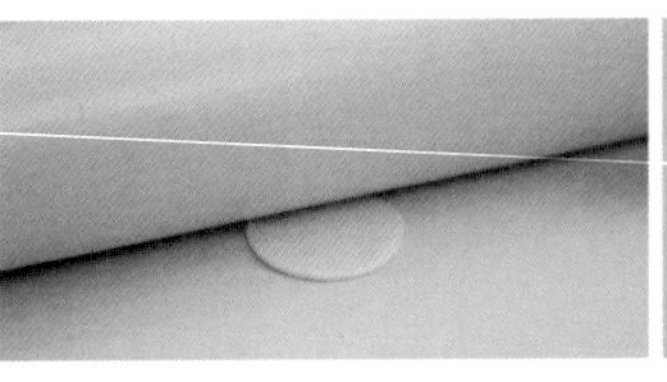
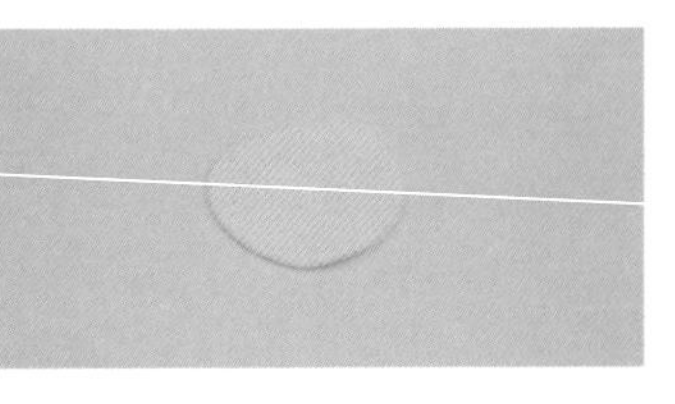

## 切

切的手法需用到刀片，将黏土切割成我们想要的形状。为了使切面整齐光滑，在切之前我们需要在刀片上涂一层脱模油，以防黏土与刀片粘连。

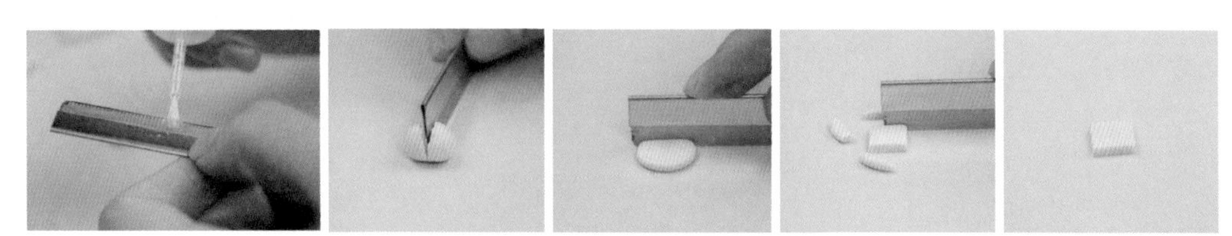

## 压

压的手法可以制作出有起伏的黏土表面。我们可以用压泥板和手指在光滑平整的黏土表面压出形状。

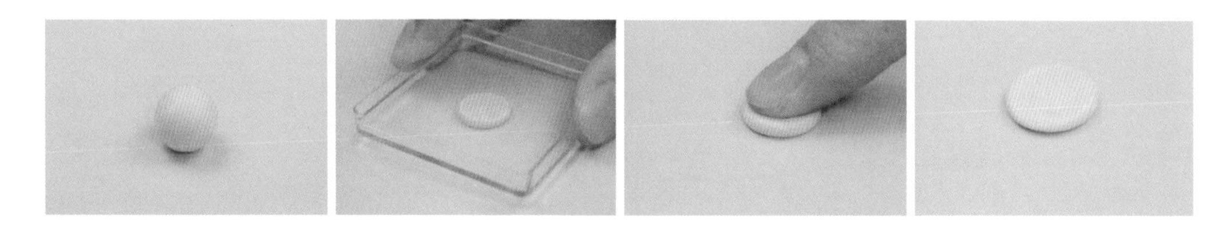

## 拉

拉可以将黏土拉出想要的形状，而以上手法是没有办法达到这样的效果的。我们可以用食指和拇指捏住黏土，将黏土往一侧拉动。

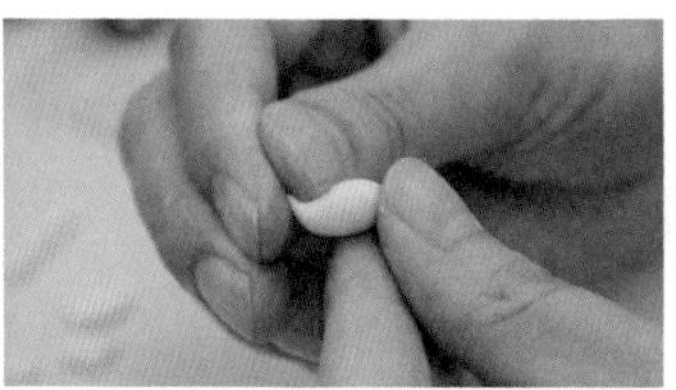

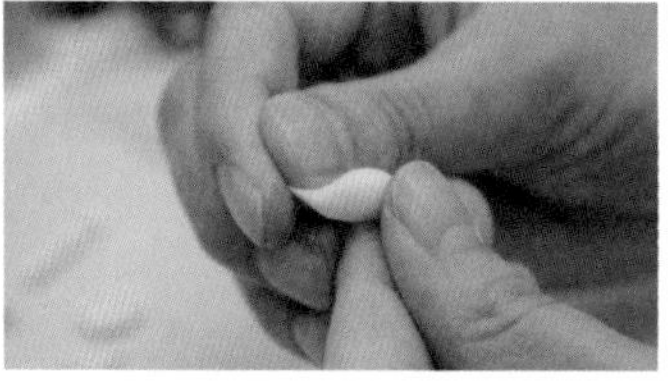

# 食物特殊质感的制作方法

真实的食物制作方法，常见的有酥皮、烤制、油炸或配以奶油、糖霜、乳浆、酱汁等，接下来我们一一介绍如何在迷你黏土食物制作中体现这些效果。

## 酥皮质感

肌理：整齐排列的竖纹或横纹。

色泽：层次丰富，颜色浓郁的烘烤色泽。

01

擀一块薄片，用刀片在黏土表面刻画整齐排列的竖纹或横纹。

02 上第一层色，用细毛笔蘸取土黄色丙烯颜料，涂刷在黏土表面；上第二层色，用深棕色、红色、土黄色丙烯颜料调色，涂刷并覆盖第一层色。

## 烤制质感

肌理：粗糙的凹凸细颗粒纹理。

色泽：视所需制作的食物而定，如果烘烤程度低，薄刷颜色即可；如果烘烤程度较高，需叠涂颜色。（可用色粉或丙烯颜料。）

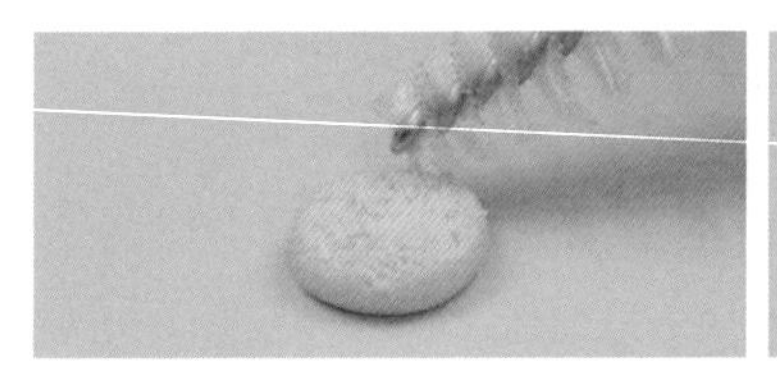

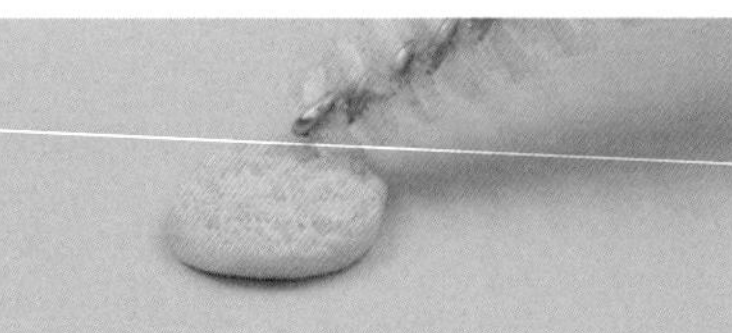

01

用笔状刷在黏土表面拍印，制作出粗糙的凹凸细颗粒纹理。

02

用细毛笔蘸取土黄色丙烯颜料，轻刷黏土表面；重复刷色，可加深色泽。

## 油炸质感

肌理：粗糙的凹凸粗颗粒纹理。（与烤制质感的肌理相比，油炸质感的肌理更加粗糙）。

色泽：视所需制作的食物而定，如果煎炸程度低，薄刷颜色即可；如果煎炸程度较高，需叠涂颜色。（可用色粉或丙烯颜料。）

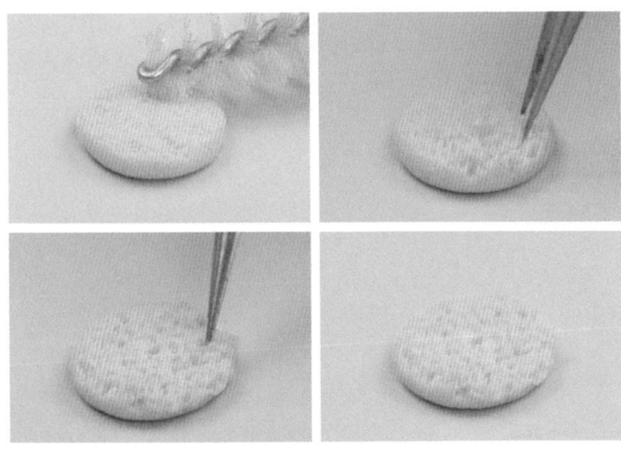

01

用笔状刷在黏土表面拍印，制作出粗糙的凹凸细颗粒纹理；再用镊子捏夹黏土表面，一边捏夹一边将粘连在镊子上的黏土碎贴回原位，增加颗粒感，然后静置待干。

02

用海绵笔蘸色粉，涂刷黏土表面；重复刷色，可加深色泽。

## 奶油裱花质感

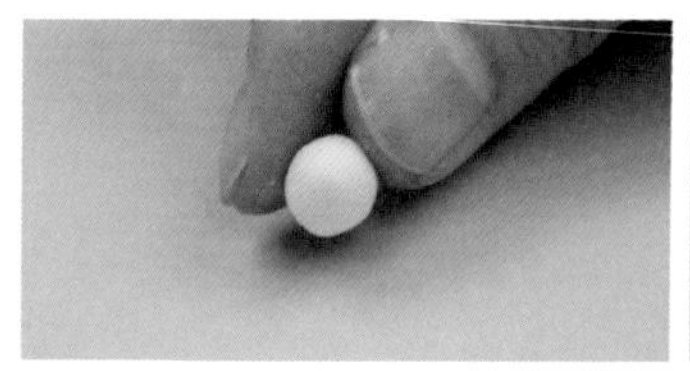
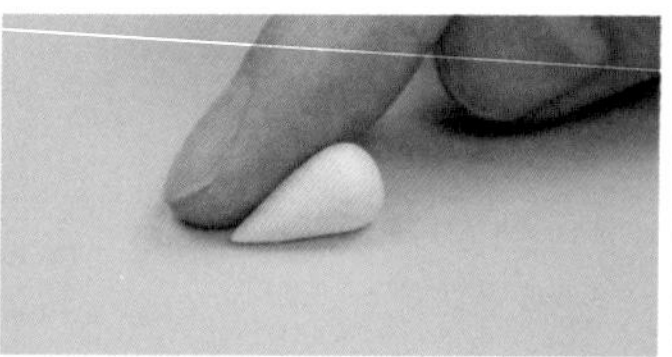
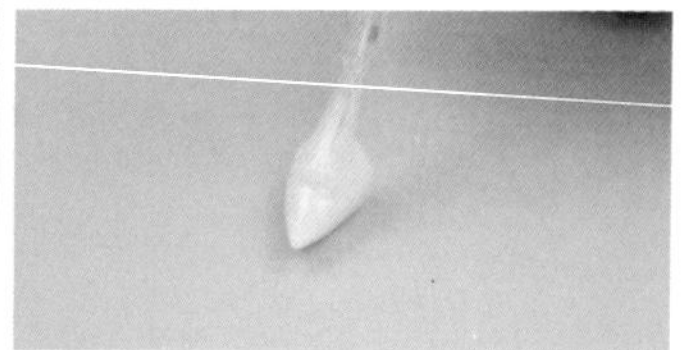

01 将黏土揉成圆球，再搓成水滴，在黏土表面整体涂刷脱模油，以便塑形。

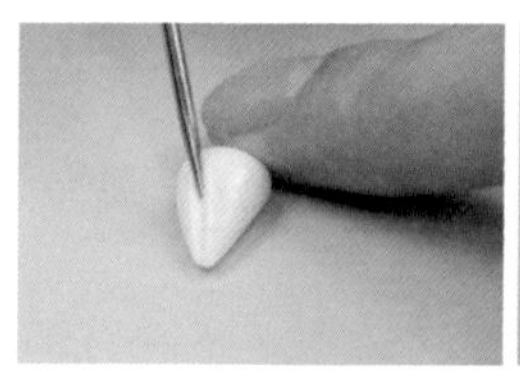
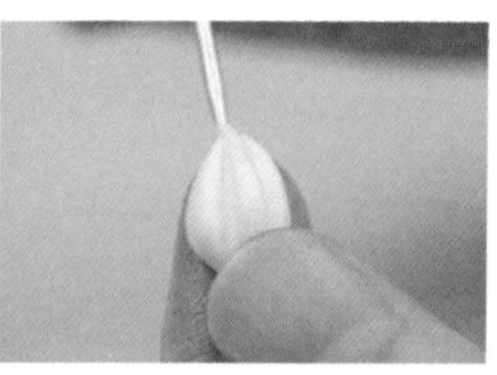
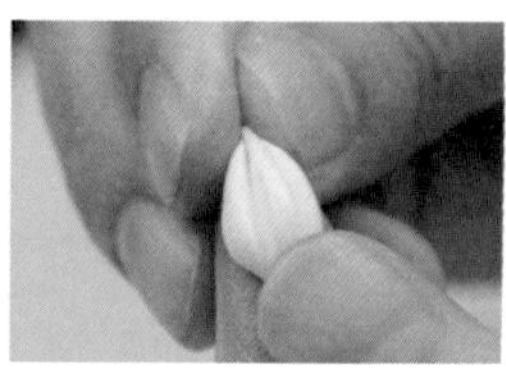

02 用细节针在水滴上从尖部到尾部划2～3道完整的划痕，并适当加深每一道划痕。捏尖尖端，整理形状。

## 糖霜质感

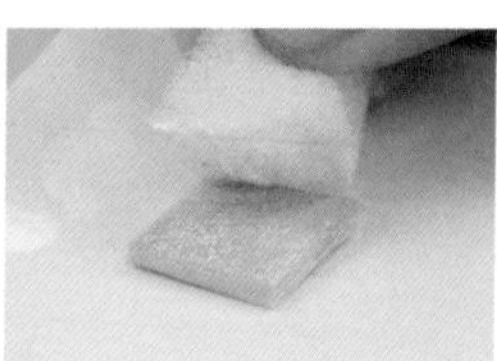

01

用海绵块蘸取白色丙烯颜料，拍印在黏土上，增加糖霜质感。

02 在步骤01的基础上，涂刷一层透明亮光油，增强黏土表面的黏性；将仿真糖粉撒在透明亮光油上，静置待干，扫除多余的仿真糖粉。

## 乳浆或奶油质感

质地：光滑黏稠乳浆状，被铲起的流体不会轻易滴落。

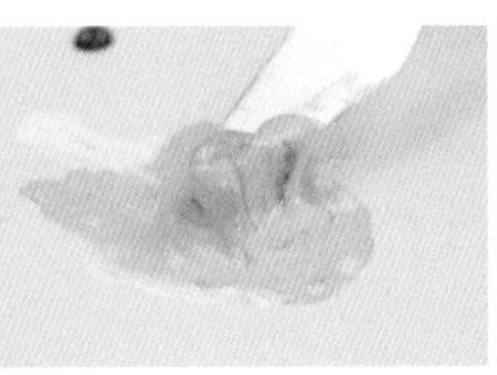
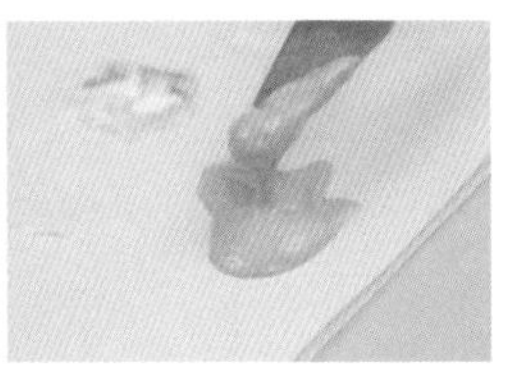

方法：液体树脂黏土、透明亮光油和丙烯颜料混合，用油画铲充分搅拌混合物，直至颜色均匀、质地光滑。

## 酱汁质感

质地：光滑稀薄乳胶状，被铲起的流体会较快滴落。

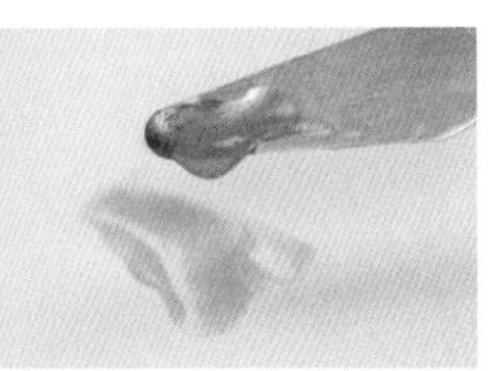

方法：透明亮光油和丙烯颜料混合，用油画铲充分搅拌混合物，直至颜色均匀、质地光滑。（控制丙烯颜料与透明亮光油之间的比例，可调整酱汁的透明度。透明亮光油的比例越高，酱汁的透明度越高。）

第3章
一周的幸福
早餐计划

# 周一·滑蛋三明治

**黏　土** 日清Grace系列轻量树脂黏土、帕蒂格MODENA系列半透明树脂黏土

**上色材料** 草莓糖浆、黄色丙烯颜料、绿色系印泥

**工　具** 调色尺、压泥板、笔状刷、方形压模（1.3cm边长）、脱模油、刀片、调色盘、细节针、镊子、牙签、黏土擀棒、雕刻刀、管状胶水、细节剪刀、压痕笔、海绵笔、细毛笔、透明亮光油

## 主食三明治

▼ 面包片

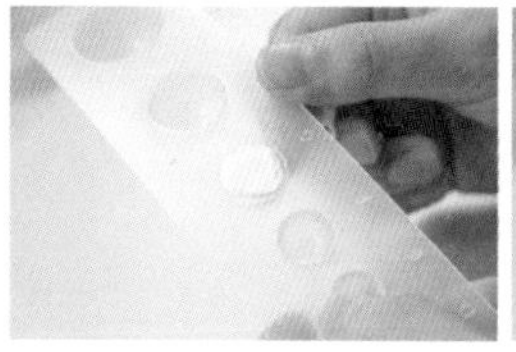
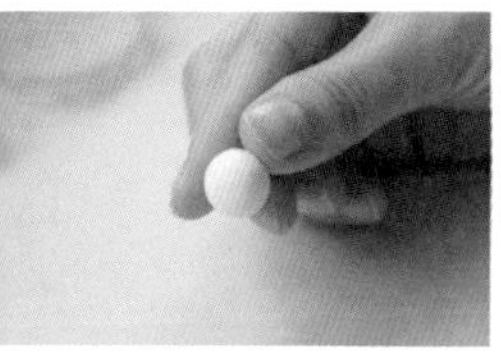
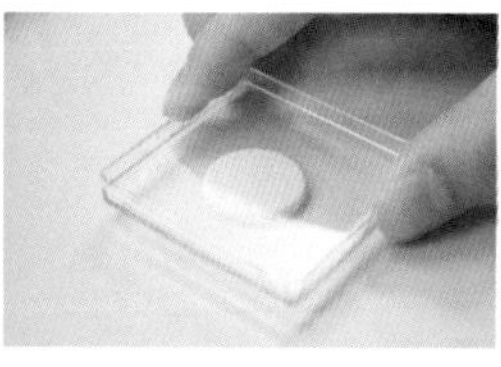
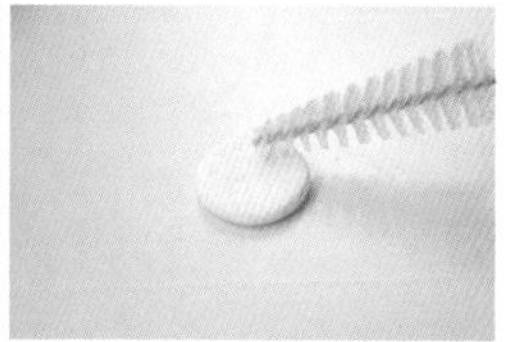

01 取白色轻量树脂黏土用调色尺量取指定分量（G格），先揉成圆球，再用压泥板压成饼状，然后用笔状刷拍印黏土表面增加质感。

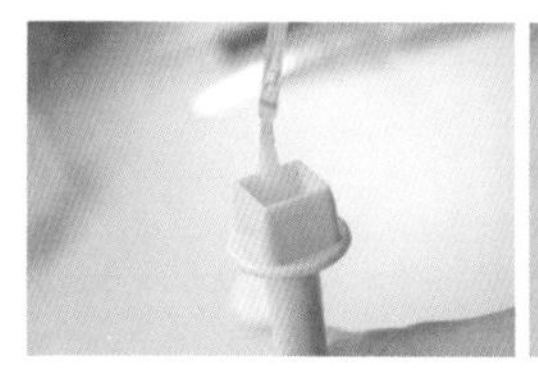
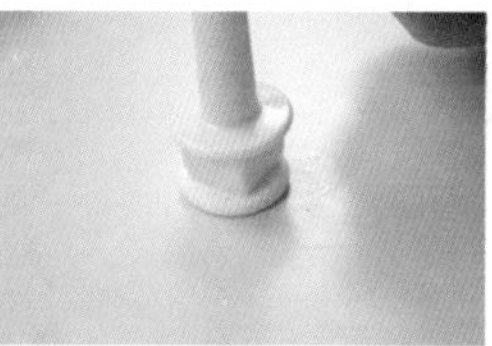
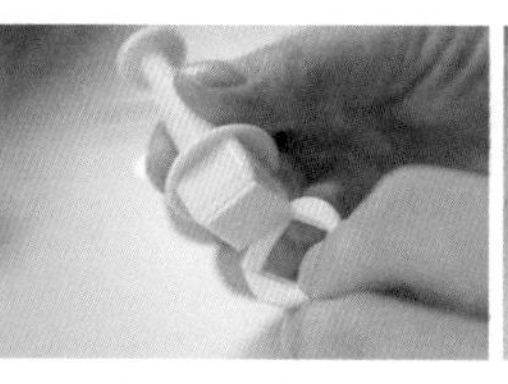

02 在方形压模上涂刷脱模油，在饼状黏土上取形后脱模，去除多余部分，得到方片。

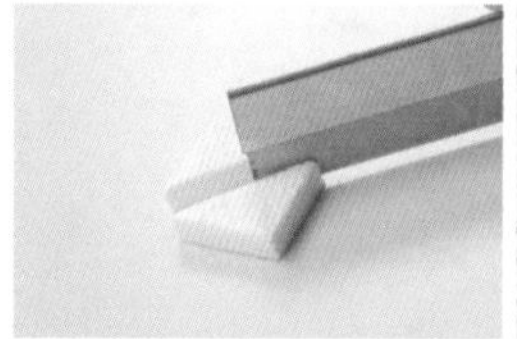

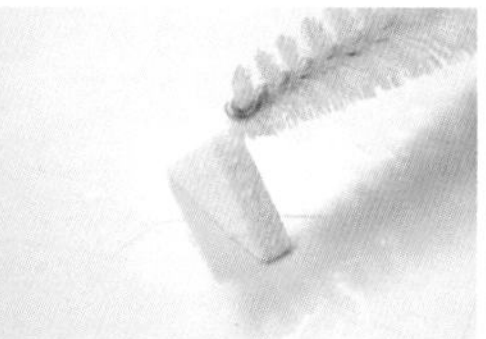

03 用刀片将方片沿对角线切开，用笔状刷在侧面拍印增加质感。完成两片白色三角片。

▼ 滑蛋

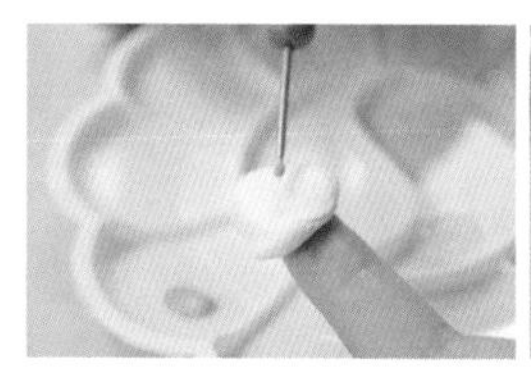
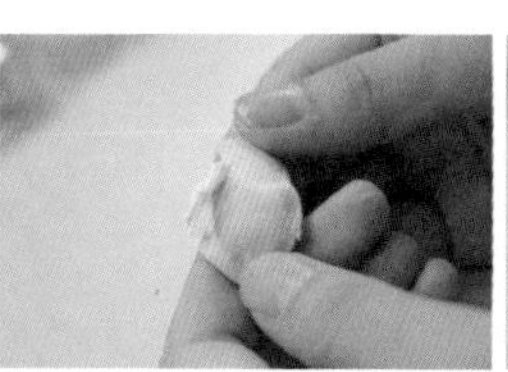

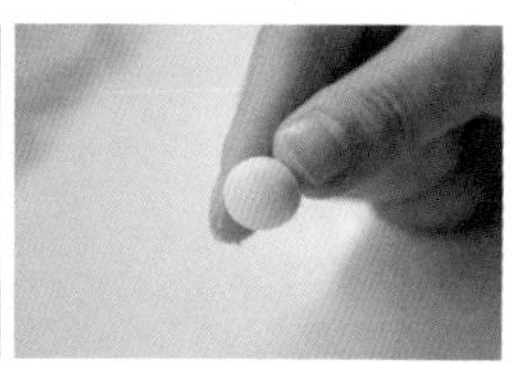

04 在白色轻量树脂黏土中加入少量黄色丙烯颜料，充分揉捏，得到淡黄色黏土，量取指定分量（G格），揉成圆球。

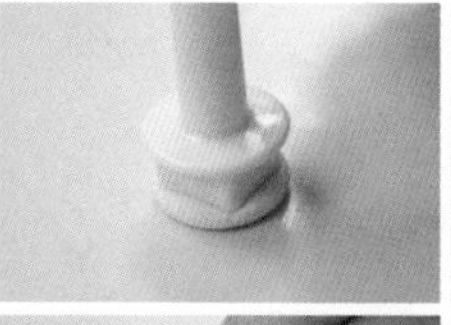

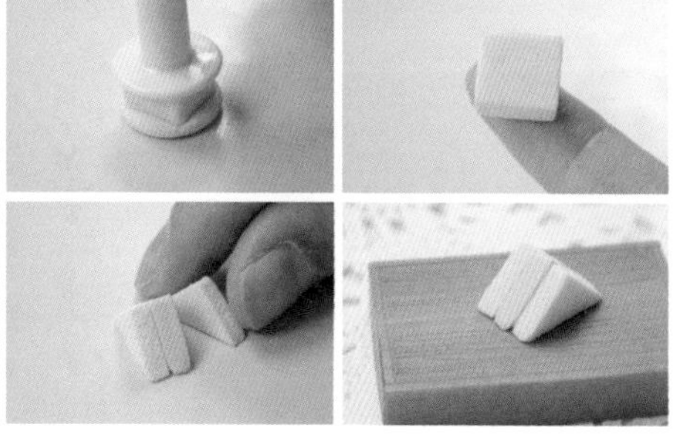

05

将圆球压成饼状，再用方形压模在饼状黏土上取形后脱模，去除多余部分，得到方片。用刀片将方片沿对角线切开。将其中一片三角片在两片白色三角片中间。

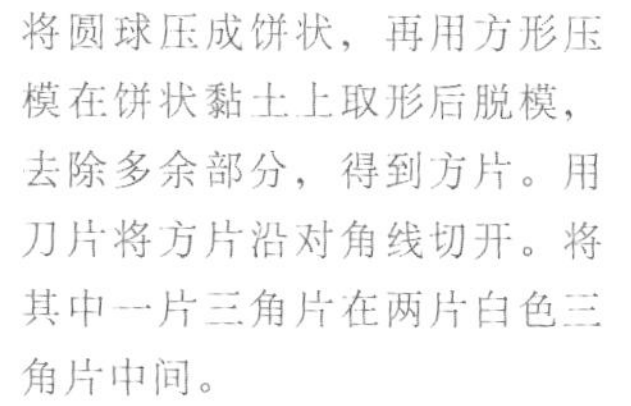

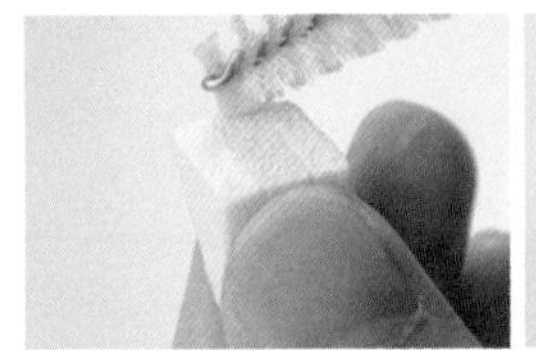
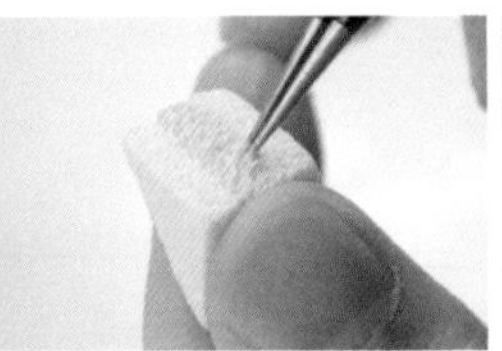

06 用笔状刷在淡黄色黏土上拍印，增加质感，再用镊子捏夹（一边捏夹一边将粘连在镊子上的黏土碎贴回原位）。最后用细节针刮刻边缘部分。一个三明治就做好了，照此再做一个吧。

## 圣女果

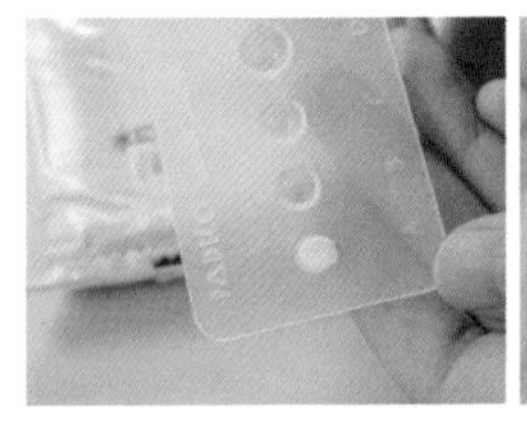
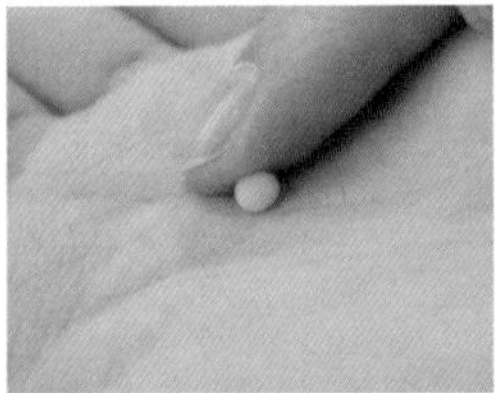

07 取半透明树脂黏土量取指定分量（A格），揉成椭圆，制作若干个，待干备用。

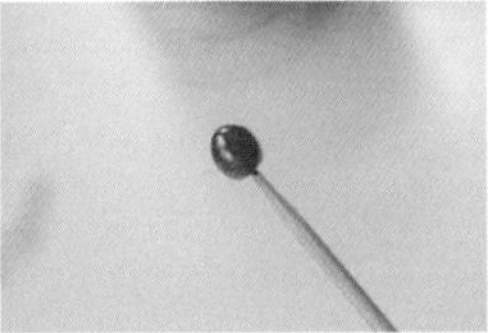
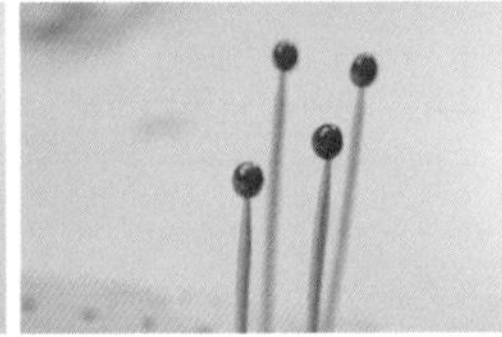

08 将椭圆插在牙签上，均匀地刷上草莓糖浆，静置待干。

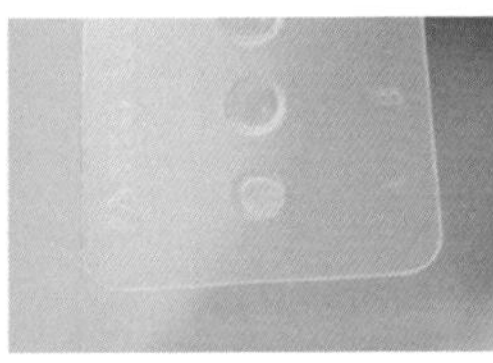
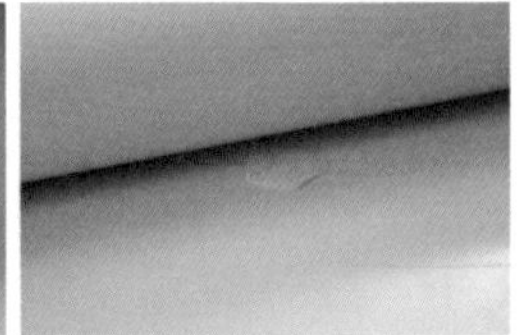

09 将半透明树脂黏土染上绿色印泥，调制成淡绿色黏土，量取指定分量（A格），用黏土擀棒将其擀成薄片。

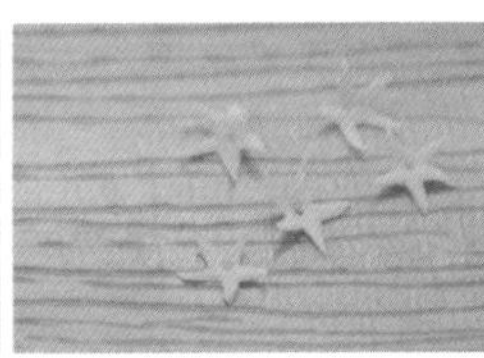

10 用雕刻刀画出蒂的形状，剔除多余部分，并用细节针在蒂的中心戳孔。

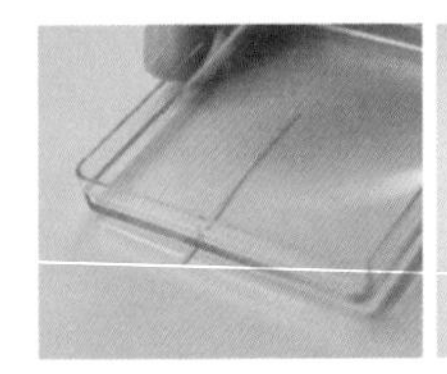
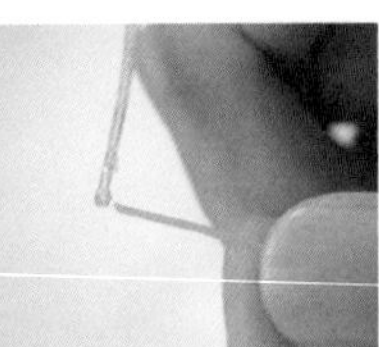
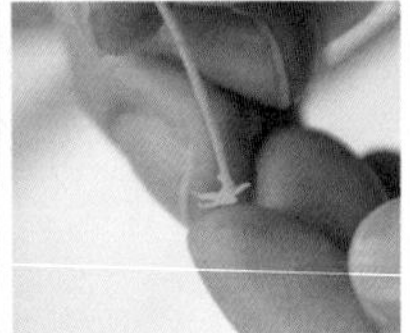

11 取淡绿色黏土用压泥板搓成长条，在长条一端涂胶水，贴在蒂上，并用细节剪刀去除多余部分。

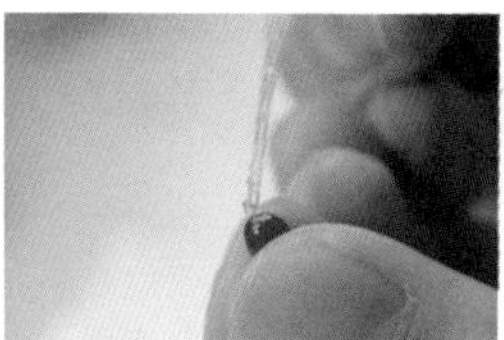
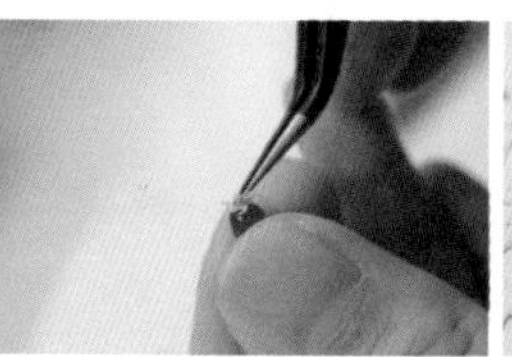

12 待圣女果表面的草莓糖浆干后取下圣女果，用胶水组合蒂与圣女果。

## 配菜西蓝花

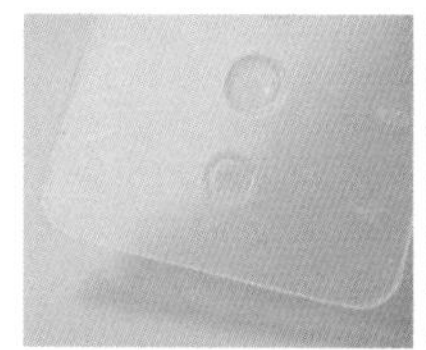

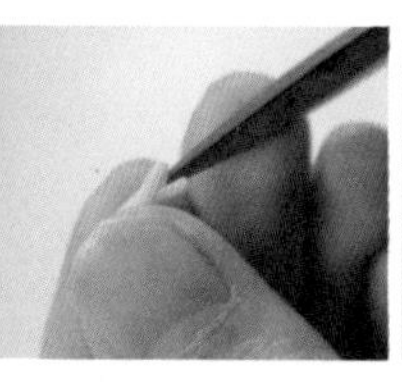
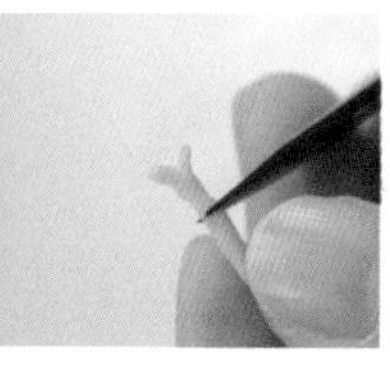

13 量取指定分量（A格）的淡绿色黏土，搓成短棒，用细节剪刀将一端剪开成3等份，并剪短茎部。

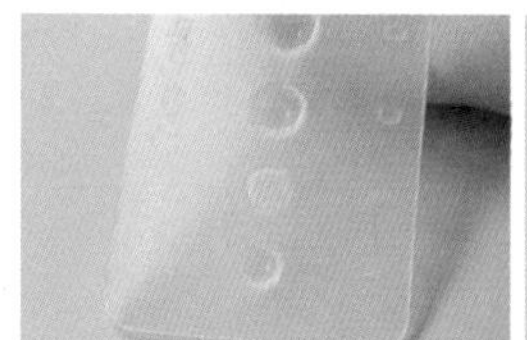
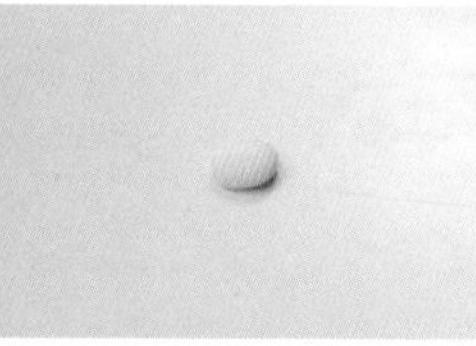
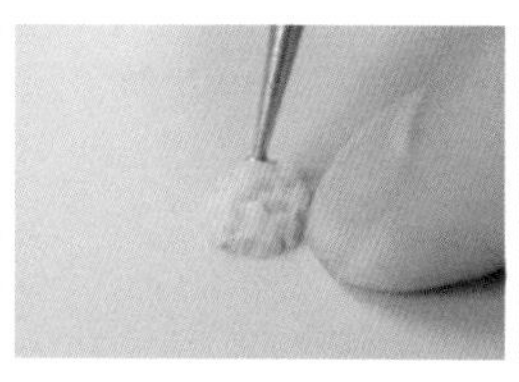
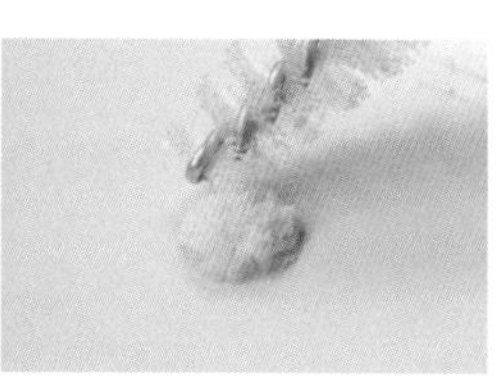

14 量取指定分量（B格）的淡绿色黏土，先揉成鹅卵石状，用压痕笔压出西蓝花的雏形，再用笔状刷在黏土表面拍印细化纹理。

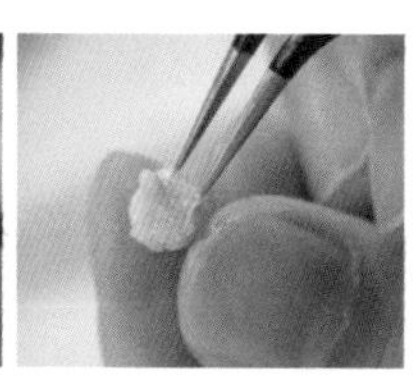

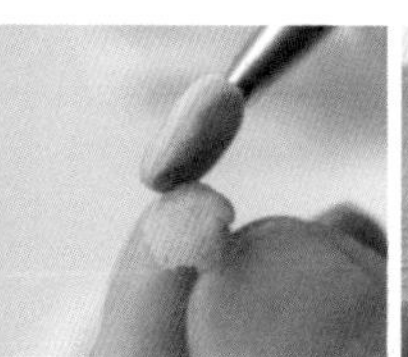

15 用胶水将西蓝花与茎部组合起来，用海绵笔蘸取深绿色印泥，刷在西蓝花表面。

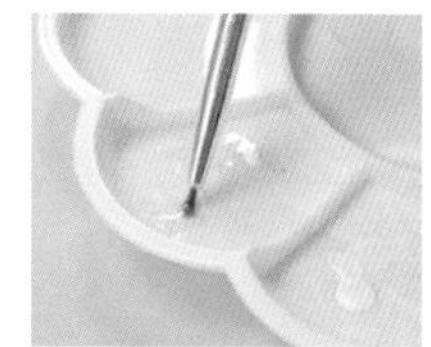
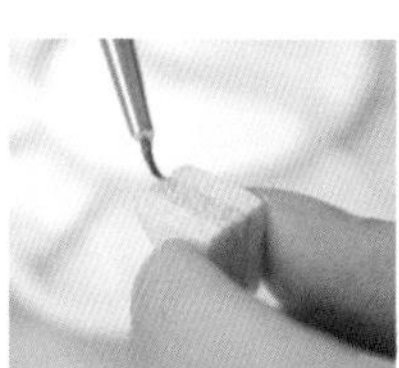
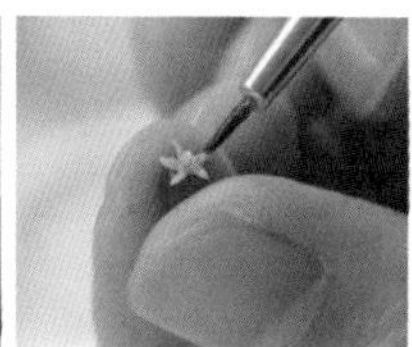
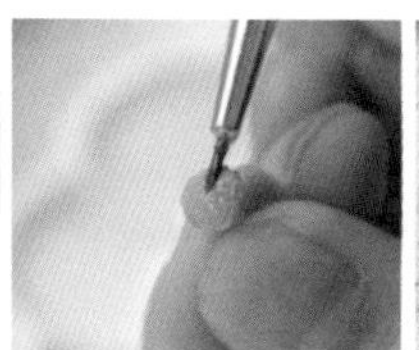

16 用细毛笔为三明治、圣女果、西蓝花刷上透明亮光油。

# 周二·水果丹麦酥

**黏　　土** 日清Grace color系列白色、蓝色、红色树脂黏土，帕蒂格MODENA系列半透明树脂黏土

**上色材料** 土黄色、黄色、深棕色、红色、白色丙烯颜料，棕色系印泥，绿色系印泥

**工　　具** 调色盘、细节针、调色尺、丸棒（1cm直径）、刀片、雕刻刀、方形压模（1.3cm边长）、脱模油、细毛笔、压痕笔、压泥板、牙签、平头毛笔、管状胶水、草莓糖浆、镊子、海绵块、透明亮光油

## 丹麦酥饼底塑形

▼ 圆形饼底

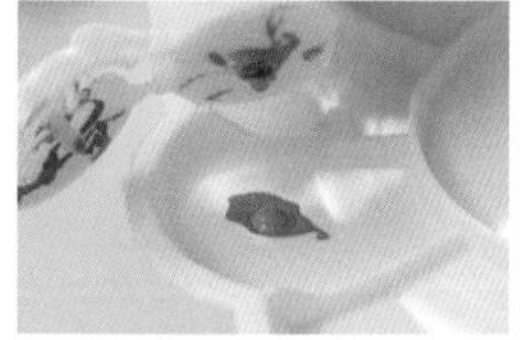
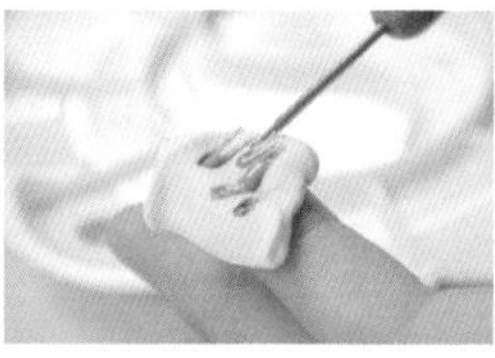
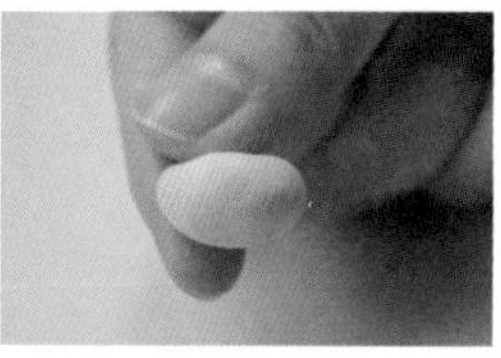
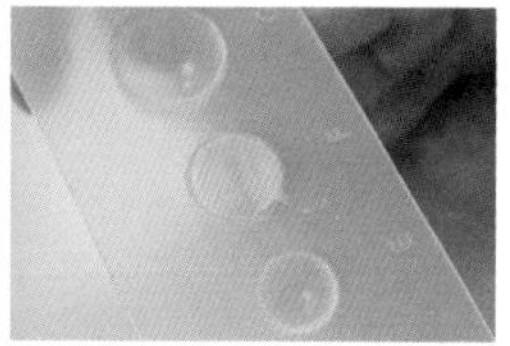

01 取白色树脂黏土和少量土黄色丙烯颜料放在调色盘上，充分揉捏，得到淡黄色黏土，用调色尺量取指定分量（F格）的淡黄色黏土。

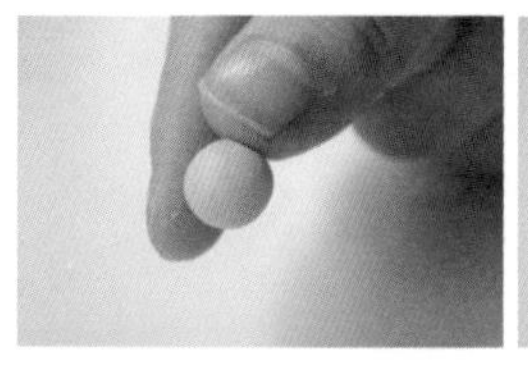
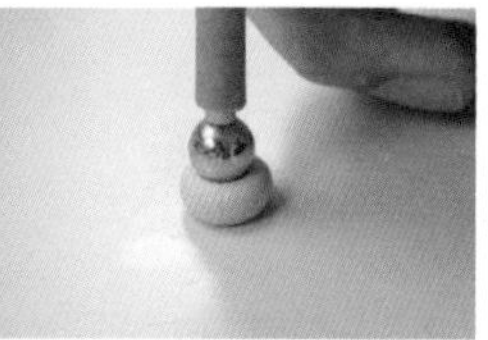

02 将淡黄色黏土揉成圆球，用丸棒在顶部轻轻压出浅坑。

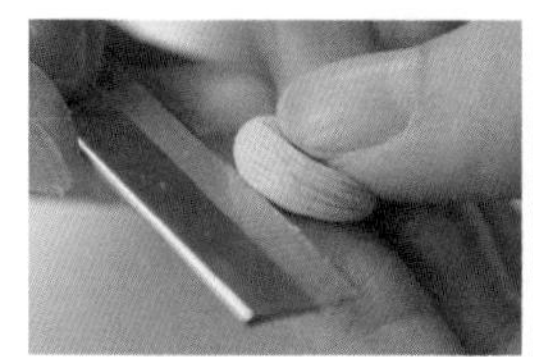

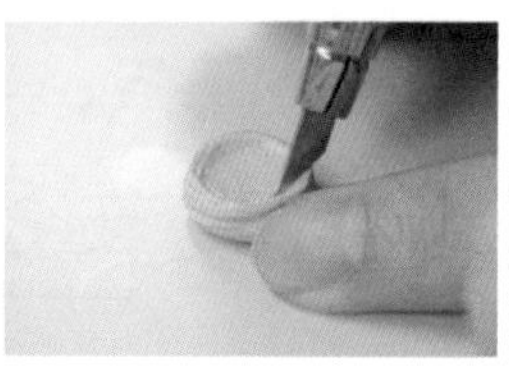

03 用刀片在圆形饼底侧面划线，再用雕刻刀在上方边缘划短线。

▼ 方形饼底

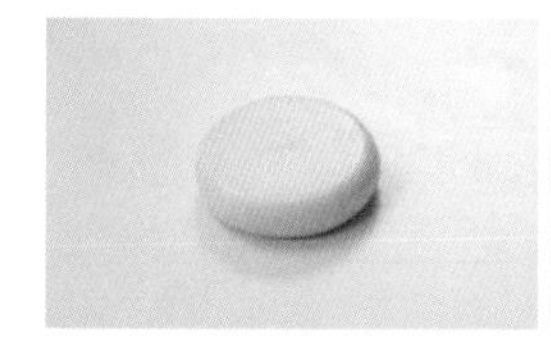

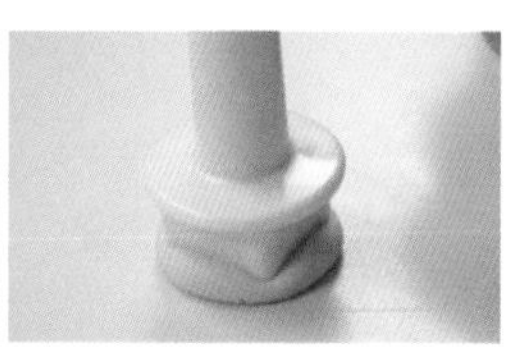

04 量取指定分量（F格）的淡黄色黏土并压成饼状，取出方形压模并刷上脱模油，在饼状黏土上取形脱模。

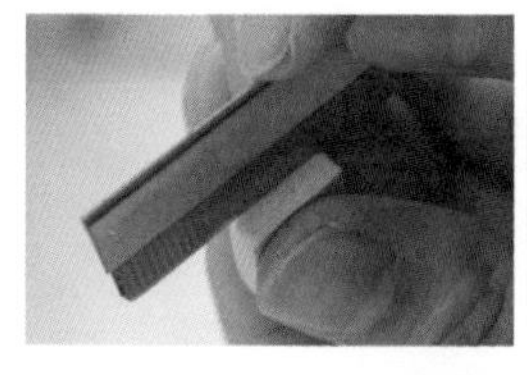
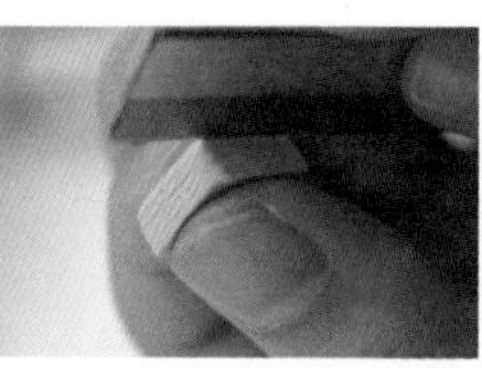

05 用刀片在方形饼底的4个侧面划线。

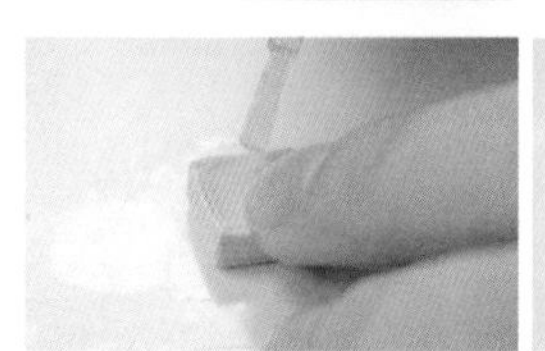

06 用雕刻刀在方形饼底的顶面划短线以框出方形边缘范围，再用丸棒在中央轻轻压出浅坑。

## 丹麦酥饼底上色

▼ 第一层色

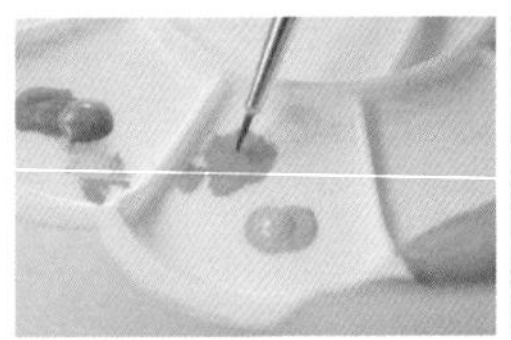
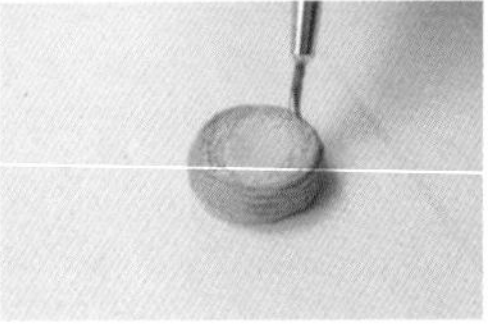

07
用土黄色、黄色丙烯颜料调色，用细毛笔蘸取丙烯颜料刷在饼底上，中心留白。

▼ 第二层色

08 用深棕色、红色、土黄色、黄色丙烯颜料调色，覆盖第一层色；重复前面的步骤，各制作两个圆形饼底、两个方形饼底备用。

## 水果蓝莓

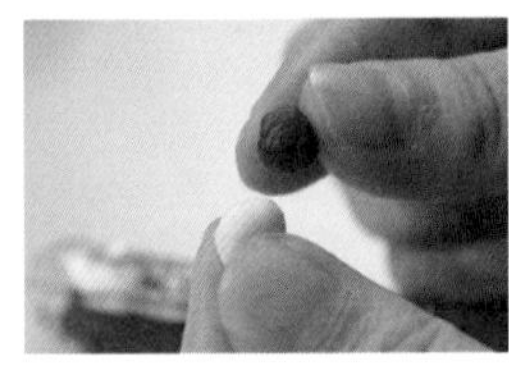
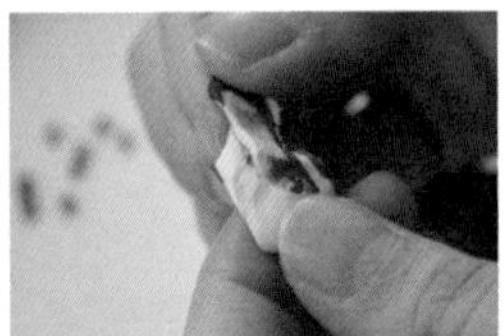

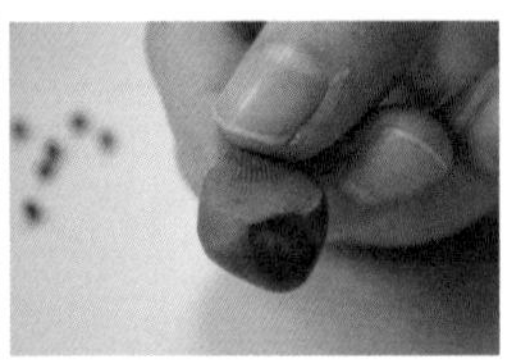

09 用白色、蓝色树脂黏土调色，再染上深棕色印泥，混合均匀后得到蓝莓色黏土。

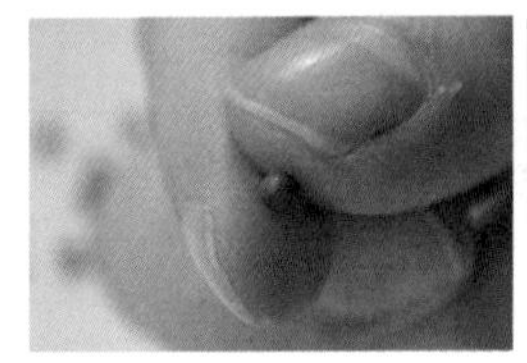
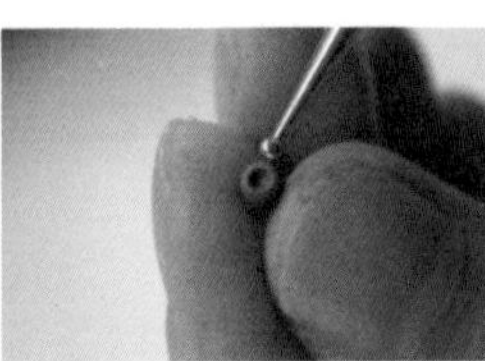
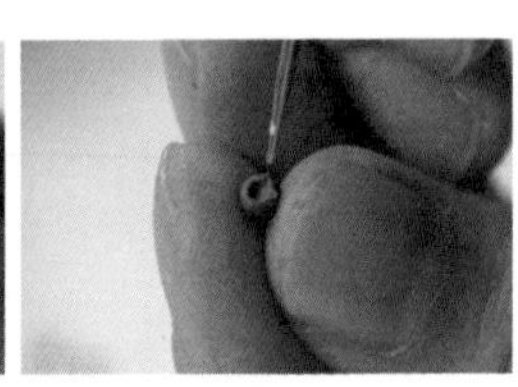

10 用指尖取少量蓝莓色黏土，揉成圆球；用压痕笔在圆球顶面轻压浅坑，再用细节针轻戳中心，向外轻推黏土，划出类似星形的小短槽，蓝莓便制作完成了。制作若干颗蓝莓备用。

## 水果香蕉

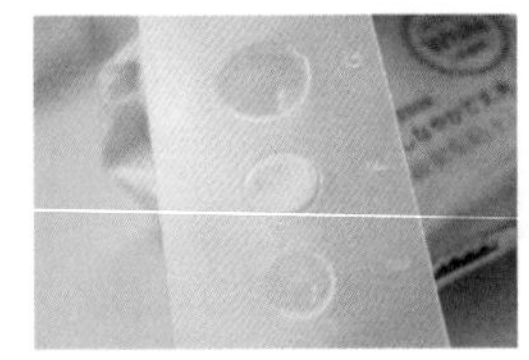
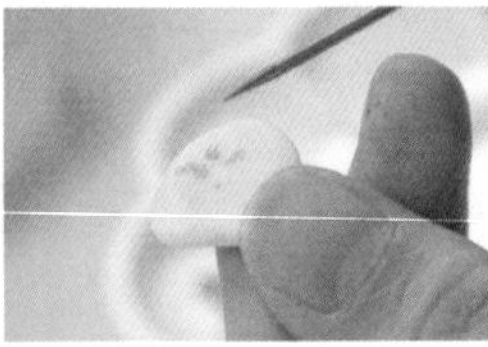
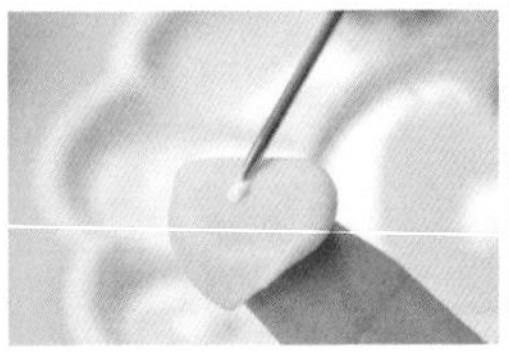
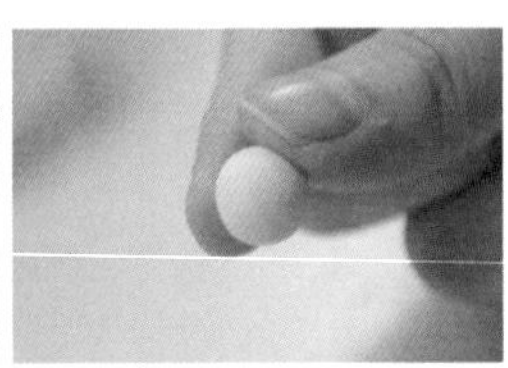

11 取半透明树脂黏土，用调色尺量取指定分量（F格），再用细节针蘸取少量黄色、白色丙烯颜料附在黏土上，充分揉捏，得到淡黄色黏土。

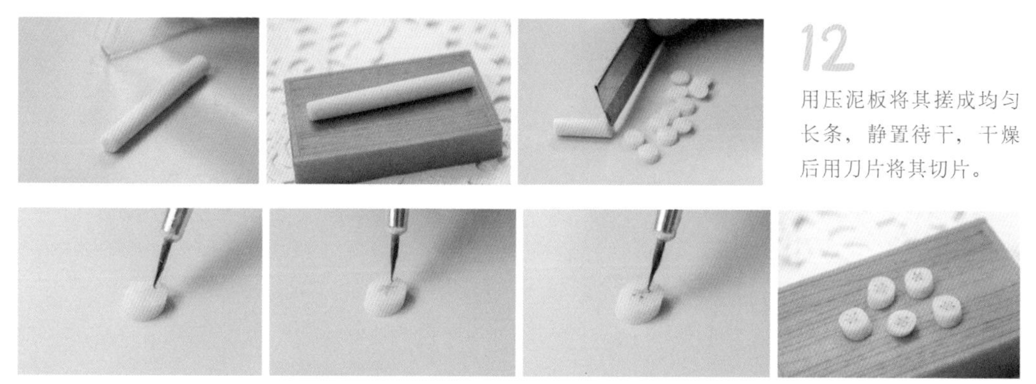

12

用压泥板将其搓成均匀长条，静置待干，干燥后用刀片将其切片。

13 用细毛笔蘸取黄色丙烯颜料轻涂圆片中心，再从中心向外绘制放射状的细线，并蘸取深棕色丙烯颜料点涂，香蕉片就制作完成了。制作若干香蕉片备用。

## 水果苹果

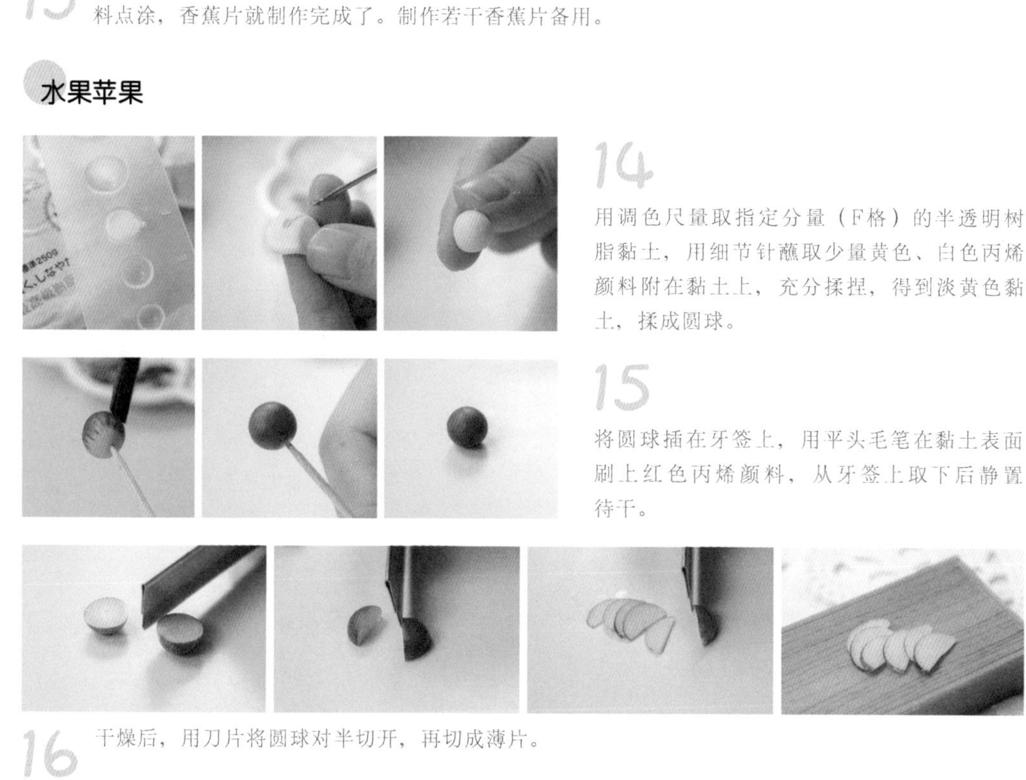

14

用调色尺量取指定分量（F格）的半透明树脂黏土，用细节针蘸取少量黄色、白色丙烯颜料附在黏土上，充分揉捏，得到淡黄色黏土，揉成圆球。

15

将圆球插在牙签上，用平头毛笔在黏土表面刷上红色丙烯颜料，从牙签上取下后静置待干。

16 干燥后，用刀片将圆球对半切开，再切成薄片。

## 水果草莓

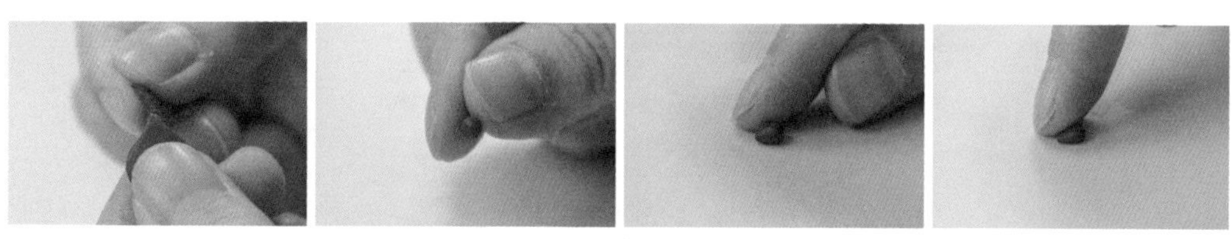

17 用指尖捏取少量红色树脂黏土，揉成圆球，再搓成钝头水滴；指腹倾斜压向黏土，制作出草莓背面的弧度。

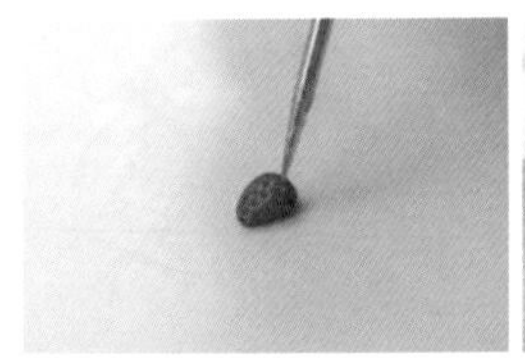 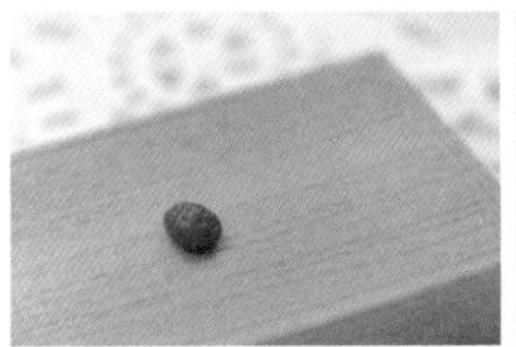 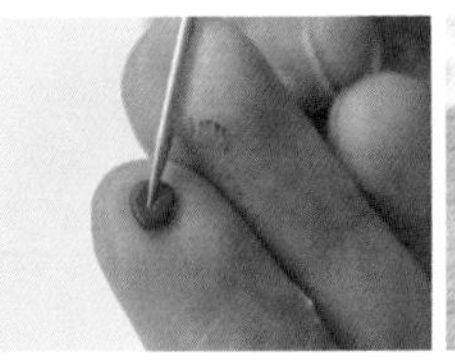 

18 用细节针戳出草莓的小孔，翻转草莓，在中心压一道压痕。

## 丹麦酥装饰

 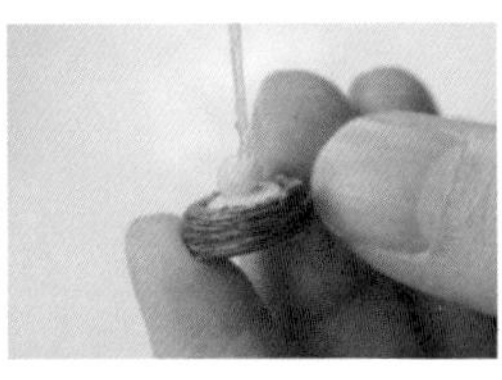 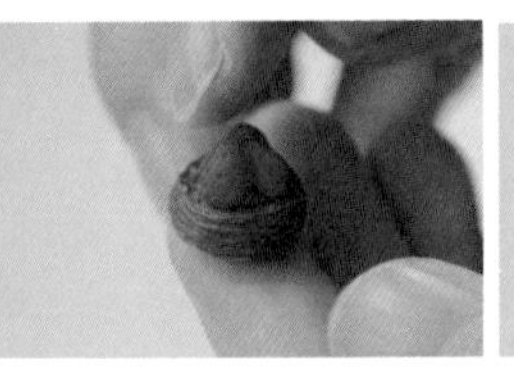 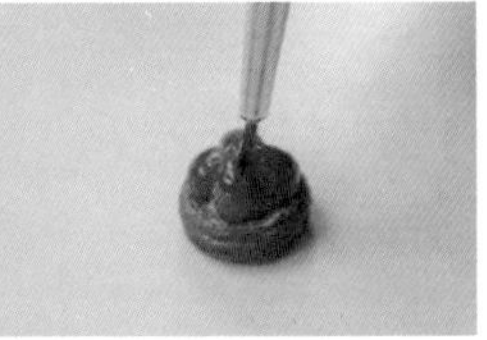

19 在圆形饼底中央放置一个淡黄色小球，涂上胶水，在其周围贴上草莓，再用细毛笔蘸取草莓糖浆涂刷在草莓表面。

## 叶子

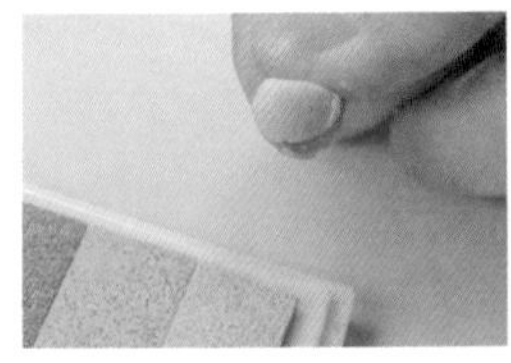  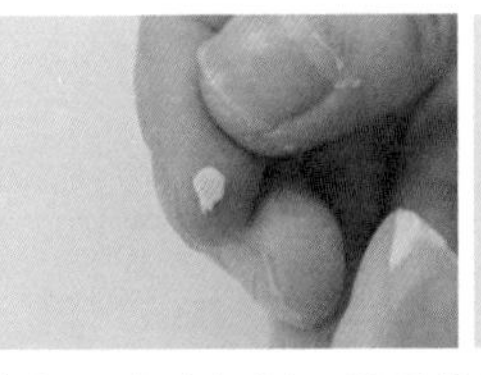 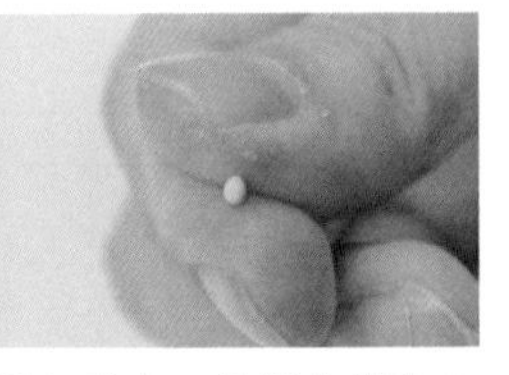

20 将白色树脂黏土或半透明树脂黏土染上绿色印泥，充分揉捏，得到草绿色黏土；用指尖捏取少量草绿色黏土搓成椭圆。

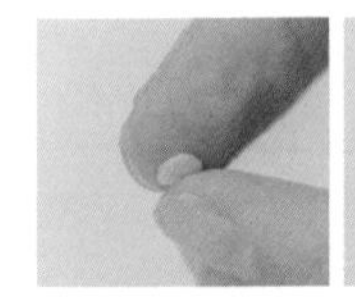 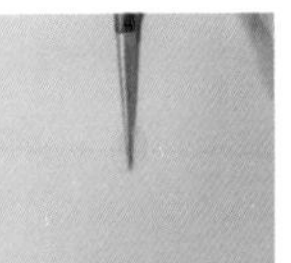    

21 将椭圆压扁，用镊子在中间夹一道夹痕，用指尖将一端捏尖制成4片叶子。将叶子贴在草莓上，贴之前可先用镊子夹出叶脉。

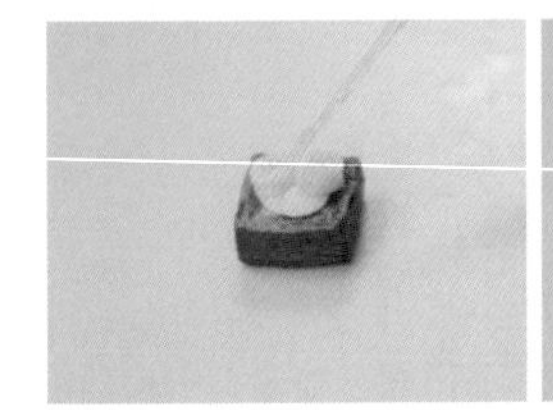 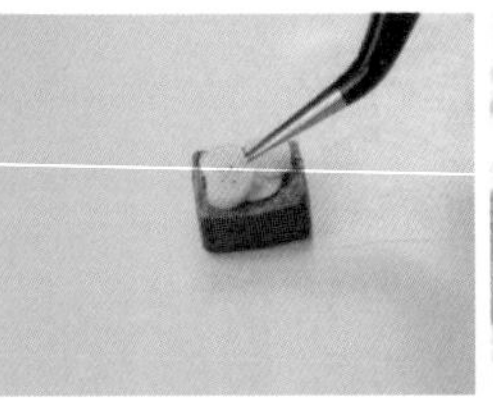 

22 在方形饼底中央放置一片淡黄色圆片，涂上胶水，用镊子贴上香蕉片，再贴上叶子。

23 在另一个方形饼底中央放置一片淡黄色圆片，涂上胶水，用镊子堆叠苹果切片，并贴上叶子。

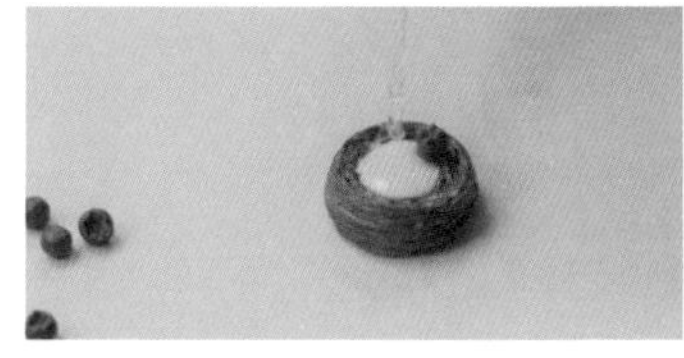
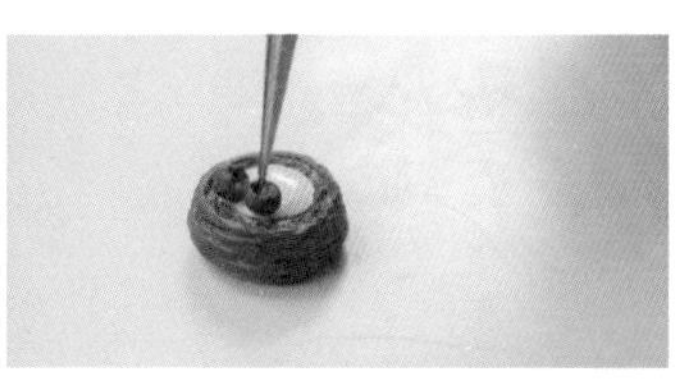

24 在另一个圆形饼底中央放置一片淡黄色圆片，涂上胶水，用镊子堆叠蓝莓，并贴上叶子。

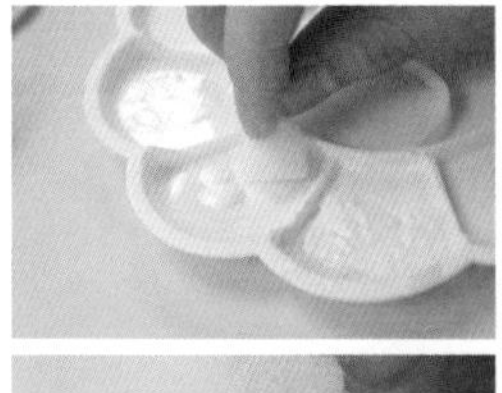
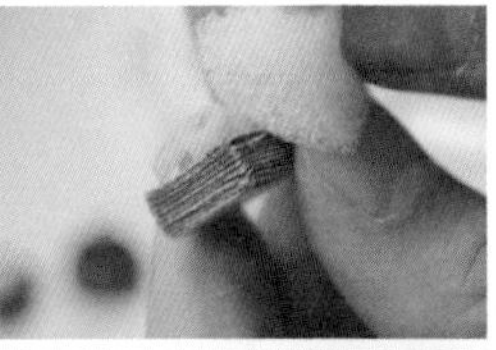

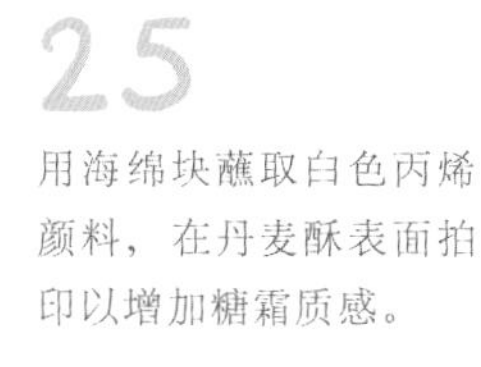
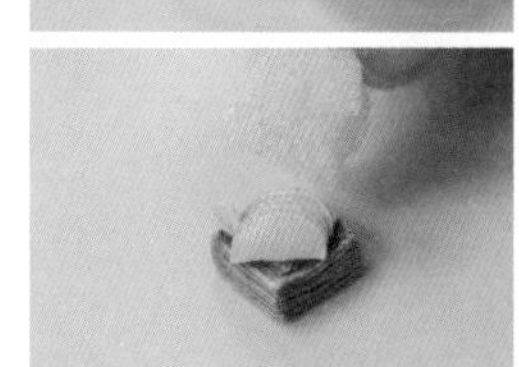
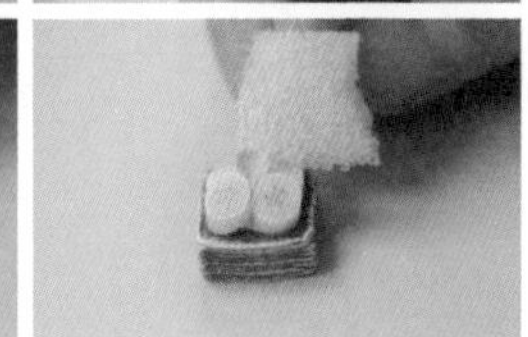

25

用海绵块蘸取白色丙烯颜料，在丹麦酥表面拍印以增加糖霜质感。

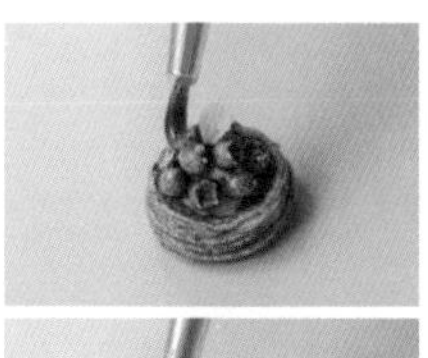

26

用细毛笔在水果表面刷上透明亮光油。

# 周三·中式早点

**黏　　土** 日清Grace color系列轻量树脂黏土、日清Grace color系列褐色树脂黏土、帕蒂格MODENA系列半透明树脂黏土

**上色材料** 深棕色、红色丙烯颜料，粉色系印泥，黄色系印泥

**工　　具** 调色尺、压痕笔、笔状刷、镊子、压泥板、调色盘、细毛笔、刀片、脱模油、丸棒（0.3cm直径）、黏土刀、海绵笔、细节剪刀、细节针

## 豆沙包

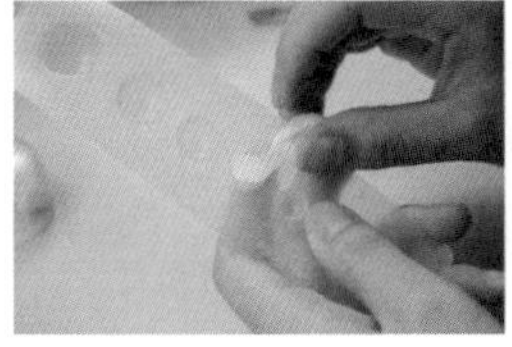
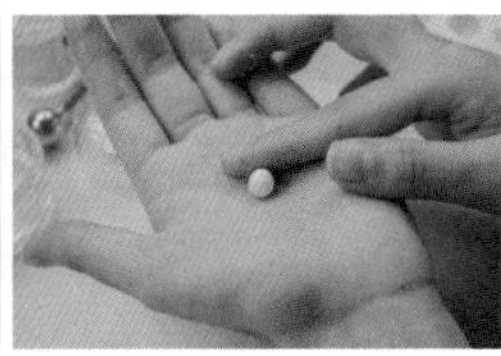

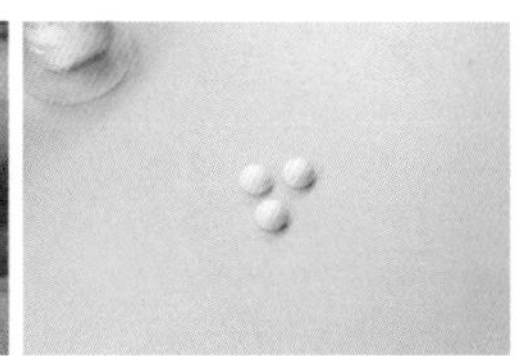

01 取白色轻量树脂黏土，用调色尺量取指定分量（E格），先揉成圆球，再用指腹压平底部，捏出包子形状。制作3个包子备用。

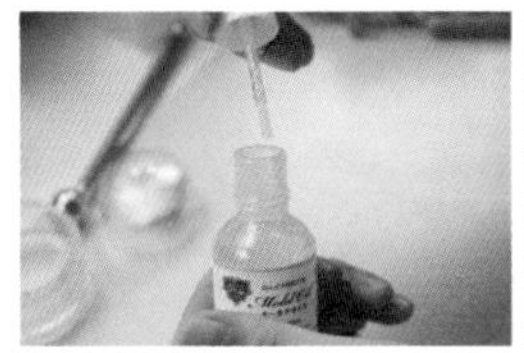
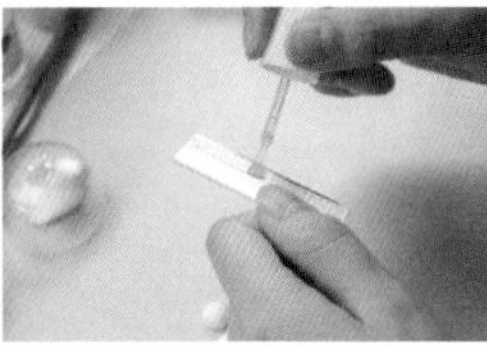

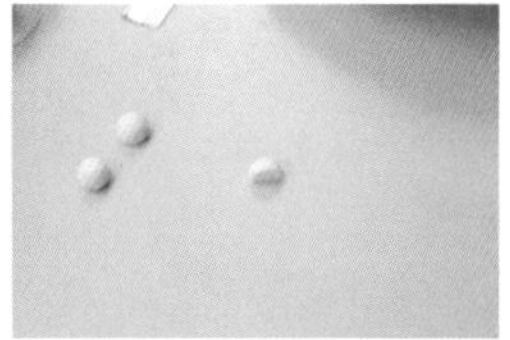

02 在刀片上涂刷脱模油，再用刀片对半切开其中一个包子。

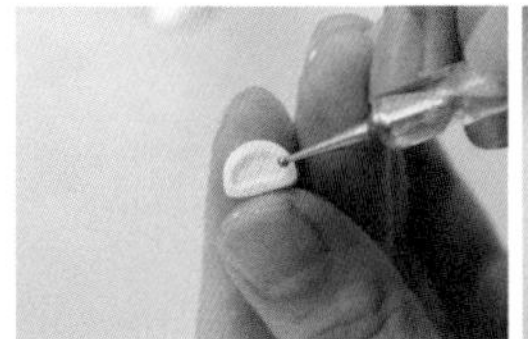
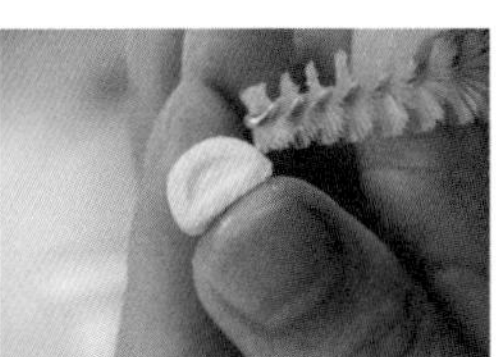

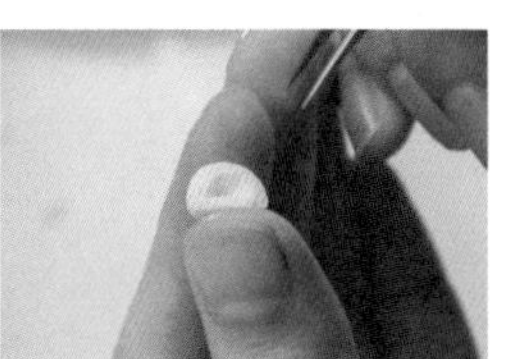

03 用压痕笔在一半包子的切面上压出浅坑，用笔状刷在边缘按压，增加质感；再用镊子将浅坑中的黏土夹出来。

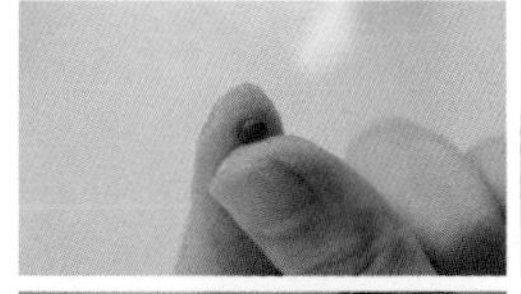
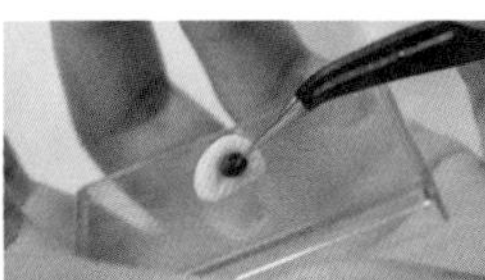
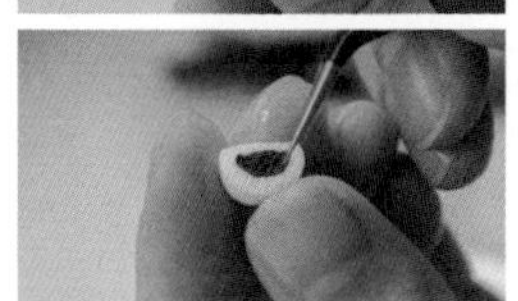
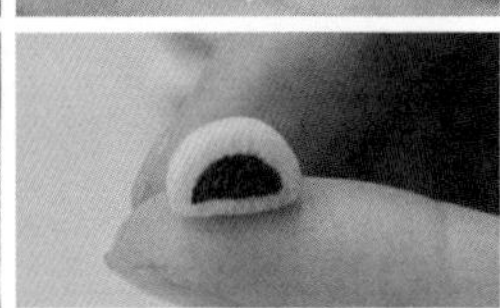

04 用指尖取少量褐色树脂黏土，揉成圆球，填入浅坑中，用镊子将褐色树脂黏土推开并填满浅坑。另一半包子用同样的方法制作。

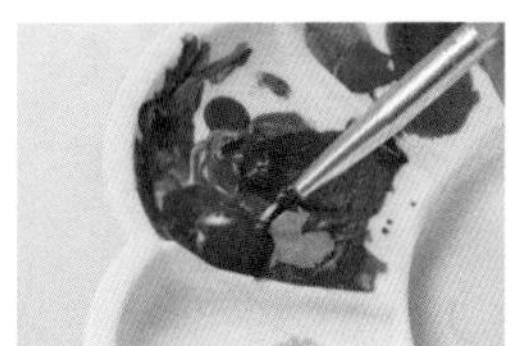

05 取深棕色、红色丙烯颜料调色，用细毛笔蘸取颜料在包子上点绘。

## 酱肉包

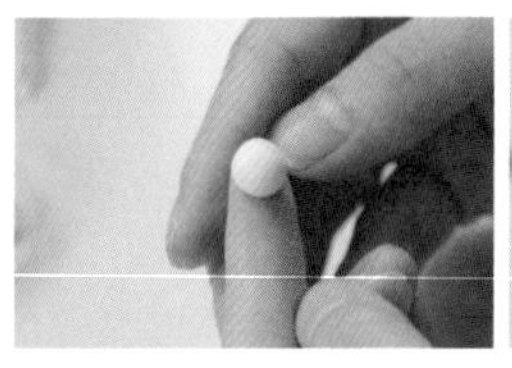

06

取白色轻量树脂黏土捏出包子形状，用丸棒在中央压出浅坑。

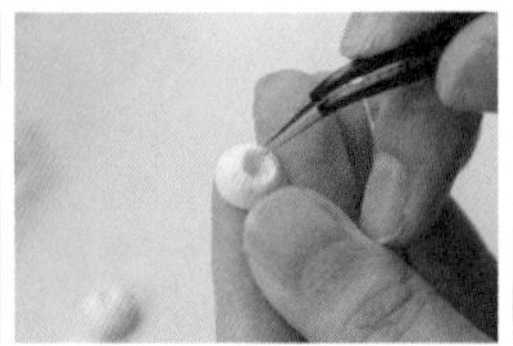

07

用镊子绕着浅坑边缘斜夹一圈短痕。制作3个酱肉包备用。

## 寿桃包

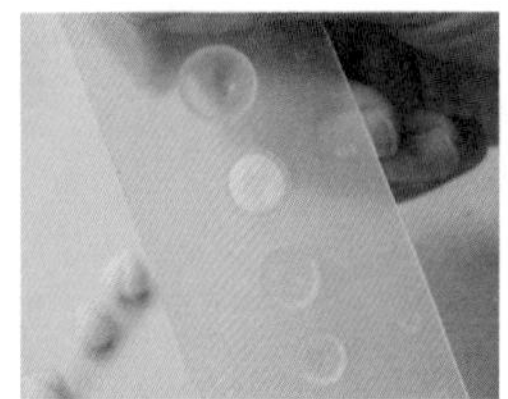
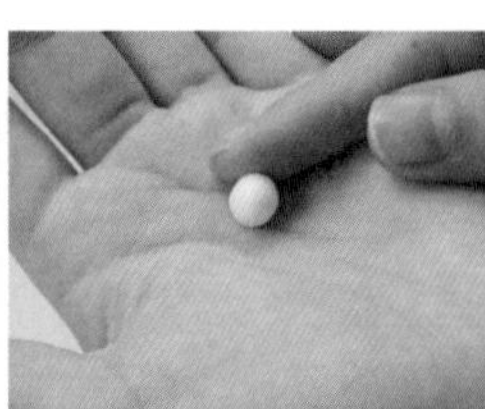
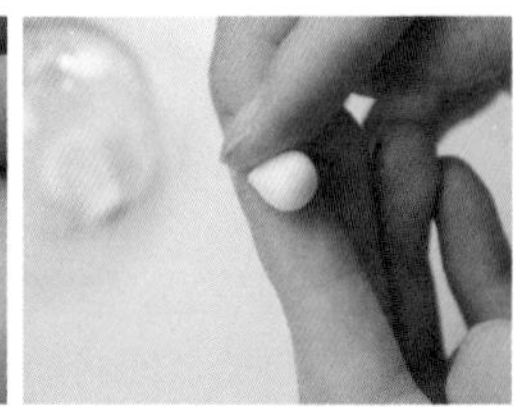

08

取白色轻量树脂黏土，用调色尺量取指定分量（E格），先揉成圆球，再将一端搓尖。

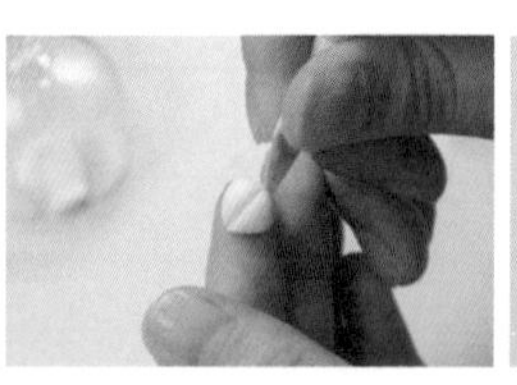
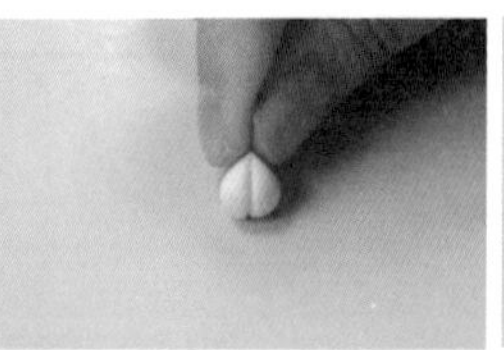

09 用黏土刀划出中线，再用手指调整桃尖，将其捏尖。制作3个寿桃包备用。

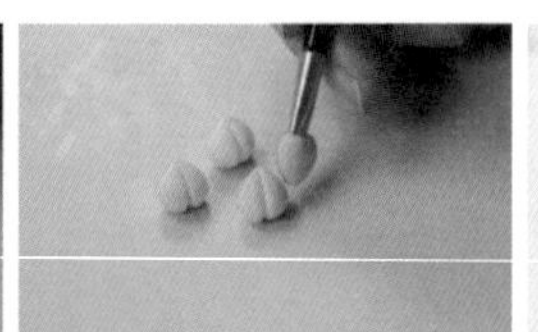

10 用海绵笔蘸取粉色印泥，轻刷寿桃包的上半部分。

## 饺子

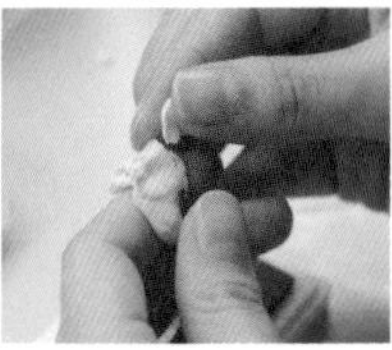
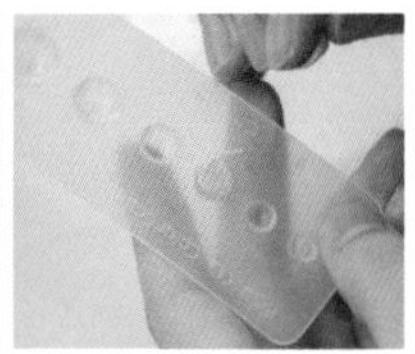
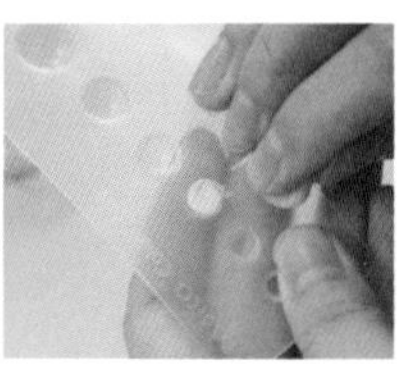
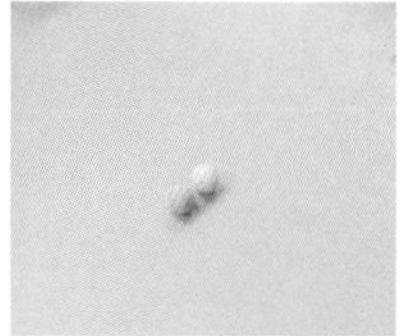

11 取半透明树脂黏土，蘸取橘黄色印泥，充分揉捏，得到橘黄色黏土，用调色尺量取指定分量（C格）；另取半透明树脂黏土，用调色尺量取指定分量（C格），分别搓成圆球。

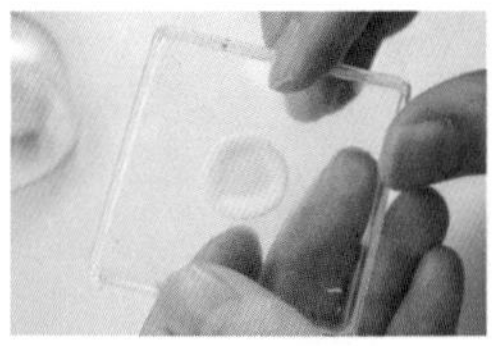
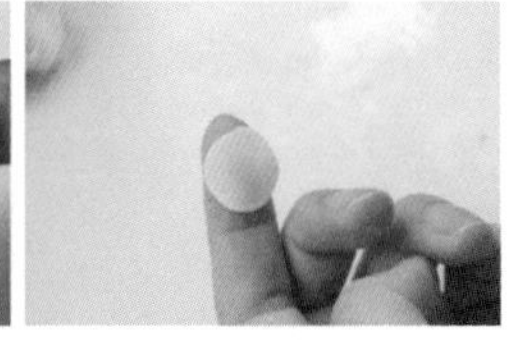

12

用压泥板将半透明圆球压成薄片。

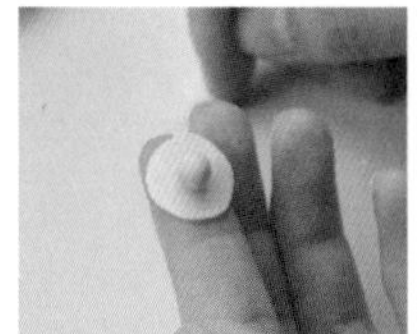
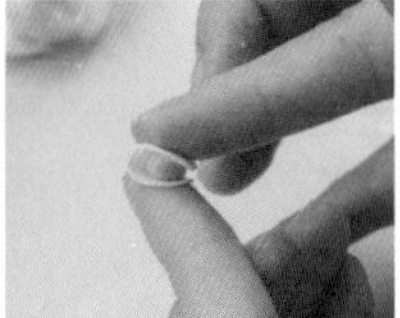
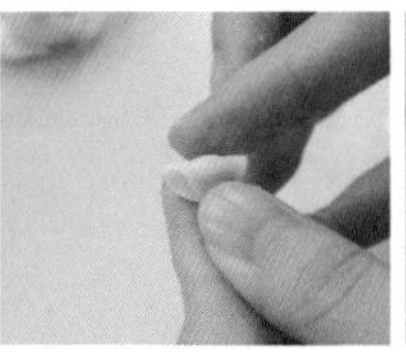
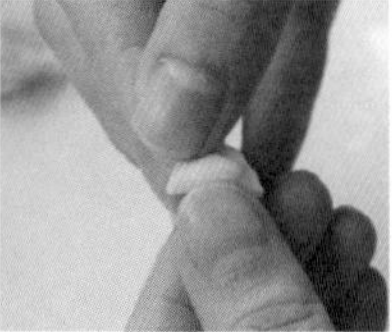
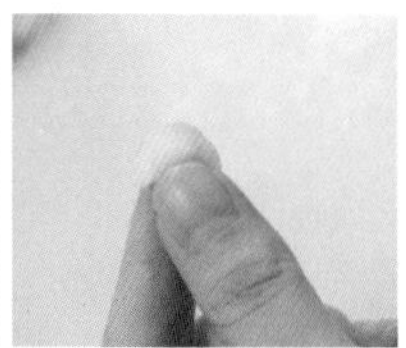

13 将橘黄色圆球放置在薄片中央，对折包裹，用指腹封边。

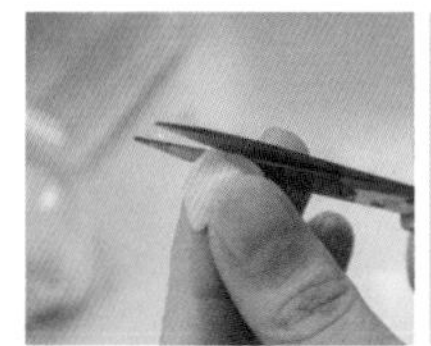

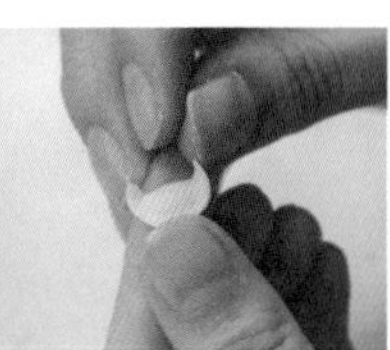
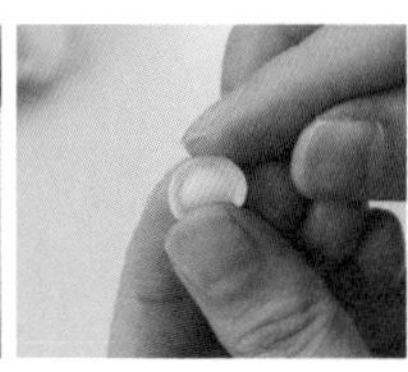
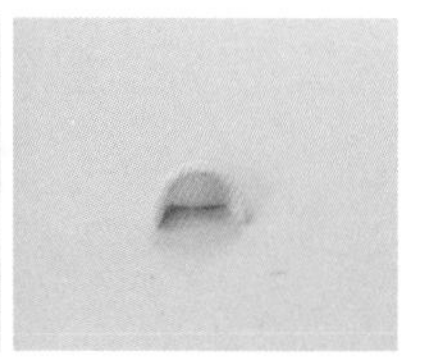

14 用细节剪刀修剪弧形，再将两端向内弯曲。

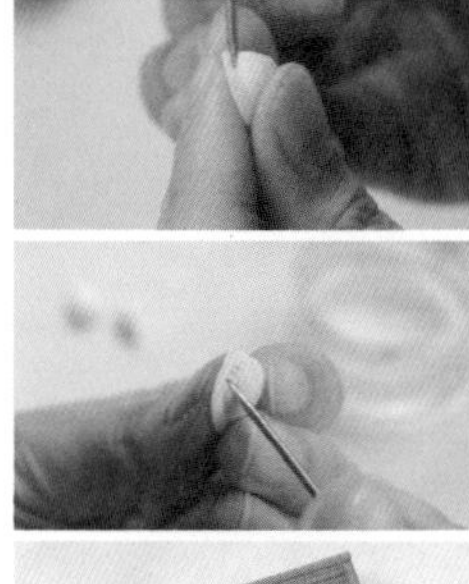

15

用细节针在饺子背面压出一排斜短痕褶皱。用相同的方法制作出3个饺子，最后摆盘，完成制作。

# 3.4 周四·欧式乡村面包

**黏　　土** 日清Grace系列轻量树脂黏土

**上色材料** 土黄色、深棕色、红色、黄色、白色丙烯颜料

**工　　具** 调色尺、笔状刷、雕刻刀、镊子、刀片、细节针、调色盘、细毛笔、海绵块、压泥板

## 面包基础形

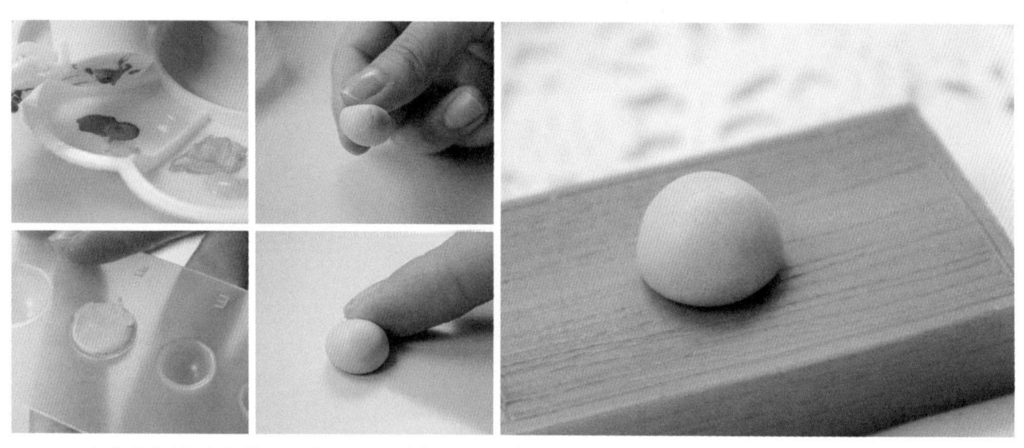

01 取白色轻量树脂黏土、土黄色丙烯颜料，充分揉捏，得到淡土黄色黏土，用调色尺量取指定分量（F格），再捏成包子形状。

02 用笔状刷在黏土表面拍印增加质感；用雕刻刀在黏土表面划出飞镖状的切痕图案，并将图案表层的黏土剔除，再用镊子整理切痕图案。

03 避开切痕在黏土表层轻抹少量水分，用刀片划横纹，再用细节针调整划纹后变形的黏土表面。

## 面包上色

04 取深棕色、红色、土黄色、黄色丙烯颜料调色，用细毛笔蘸取颜料刷在面包表面，留出划痕图案，静置待干。

05 用细毛笔蘸取出少量白色丙烯颜料后再用海绵块蘸取，把海绵上的颜料轻轻地拍印在面包表面，增加糖霜质感。

## 小饼干

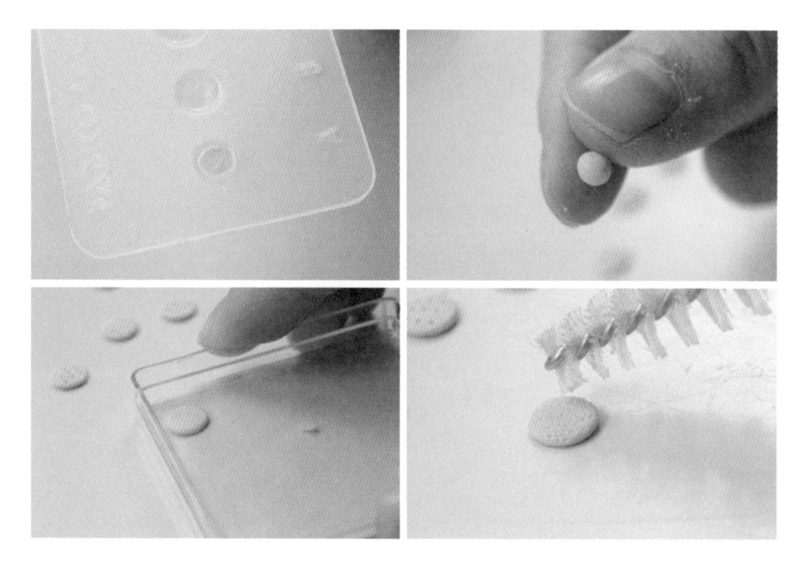

06

取淡土黄色黏土，用调色尺量取指定分量（A格），揉成圆球，再用压泥板压成饼状，最后用笔状刷拍印增加质感。

07

用细节针在圆饼上戳出排列整齐的9个小孔。制作多块饼干备用。

# 周五·彩虹牛奶麦圈

黏　土　日清Grace系列轻量树脂黏土

上色材料　蓝色系、黄色系、绿色系、紫色系印泥，红色、白色丙烯颜料

工　具　调色尺、压痕笔、笔状刷、细毛笔、调色盘、海绵块、容器（锅状或碗状）、液体树脂黏土、透明亮光油、油画铲、镊子

## 彩虹麦圈黏土上色

01 用蓝色系、黄色系、绿色系、紫色系印泥和红色丙烯颜料为黏土着色（本案例需调制马卡龙色，调制方法参考第2章。

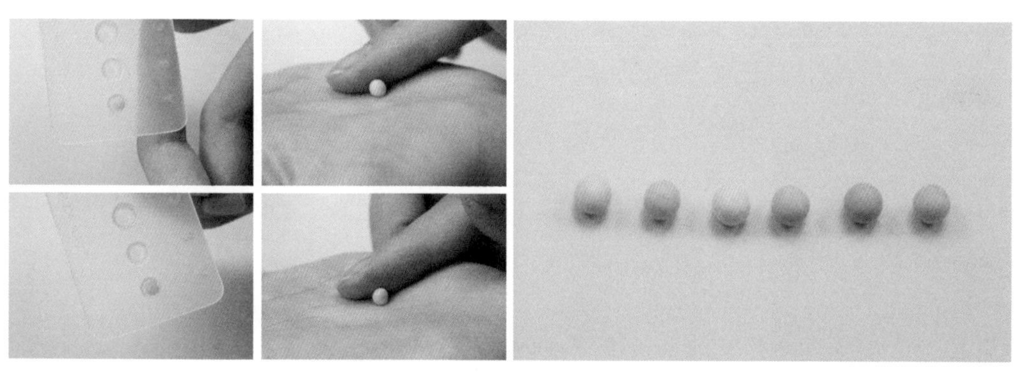

02 用调色尺量取指定分量（A格）的6种马卡龙色（淡绿色、淡粉色、淡黄色、淡蓝色、淡紫色、淡橘色）黏土，分别搓成圆球。

## 彩虹麦圈基础形

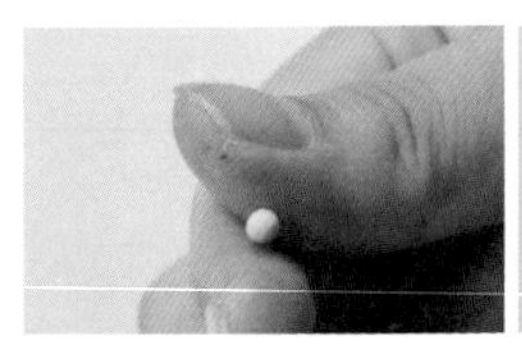
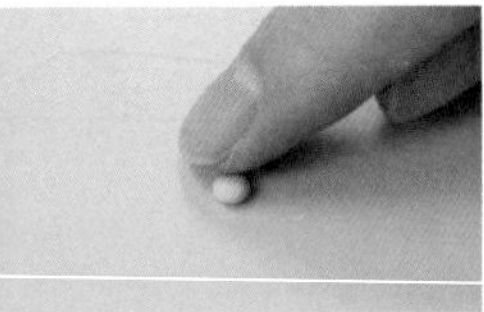
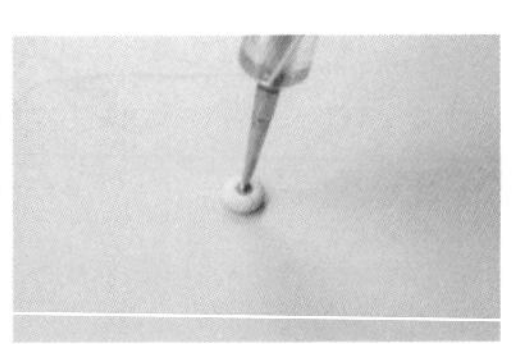

03

将圆球压成饼状，用压痕笔在中心戳孔，笔锋稍做旋转戳穿底部。

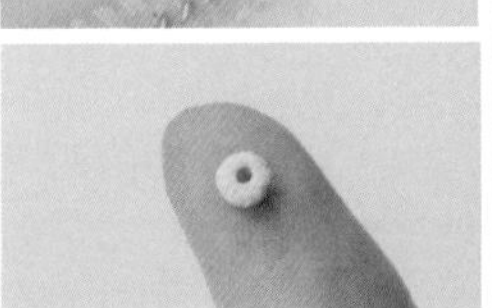
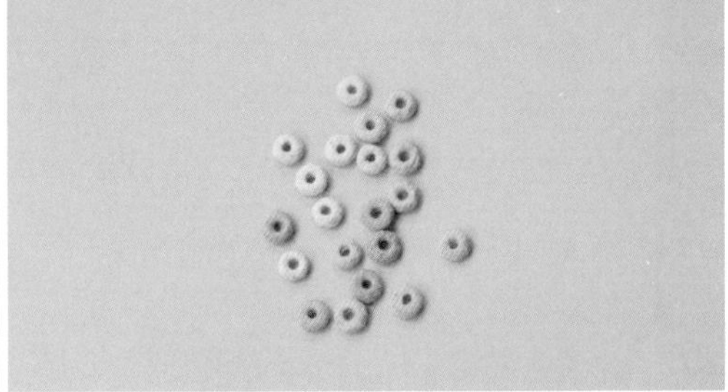

04

用压痕笔固定麦圈，再用笔状刷整体拍印麦圈表面以增加质感，重复以上步骤，制作一定数量的其他颜色的麦圈，静置待干备用。

## 蓝莓

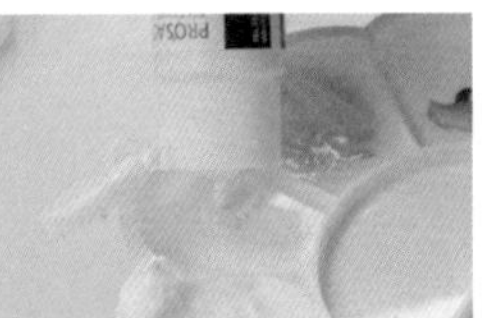
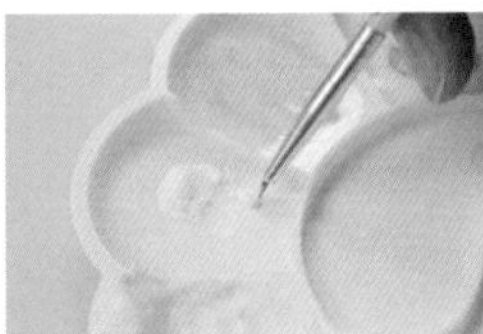

05

制作蓝莓若干颗。（蓝莓的制作方法参考第3章 周二·水果丹麦酥-水果蓝莓。）

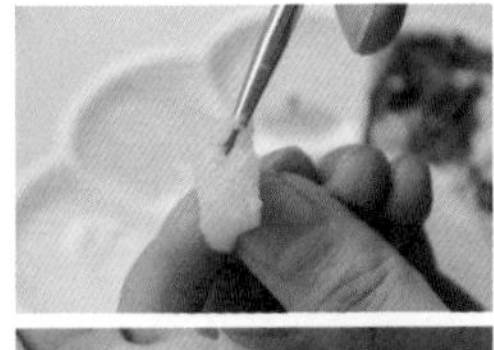

06

用细毛笔蘸取白色丙烯颜料，将其轻刷于海绵块上，再用海绵块轻印蓝莓以增加糖霜质感。

## 牛奶

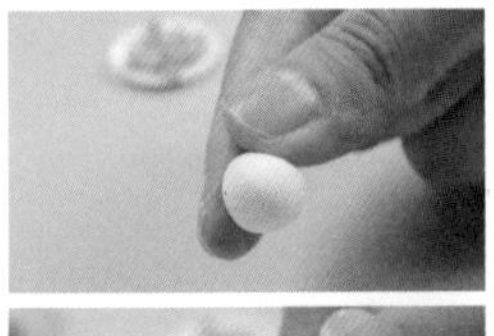
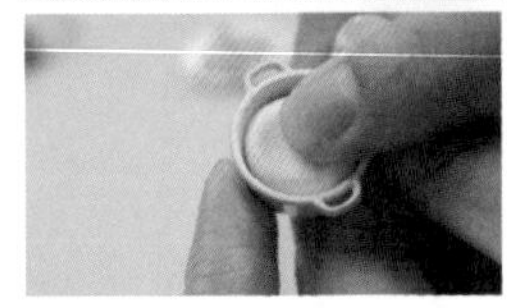

07

取适量白色轻量树脂黏土填充容器，不需要完全填满，顶部留少许空间以放置麦圈和流体牛奶。

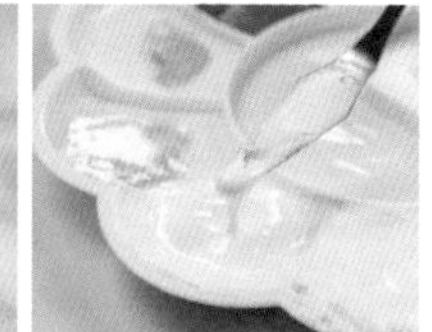

08 取液体树脂黏土、白色丙烯颜料和透明亮光油混合，用油画铲混合搅拌，调制成白色奶状流体。

09

用油画铲将白色奶状流体装入容器，用铲头抚平填充边缘。

10

用镊子将麦圈一个个放在牛奶表面，堆叠麦圈时，可先在底部蘸少许牛奶增强黏性，以便于组合。

11

用容器盛放蓝莓。

# 周六·杂果蜂蜜松饼

**黏　　土** 日清Grace系列轻量树脂黏土、日清Grace系列半透明树脂黏土

**上色材料** 烧烤达人色粉盒，黄色、红色丙烯颜料

**工　　具** 调色尺、圆形压模（1.5cm直径）、笔状刷、海绵笔、管状胶水、镊子、透明亮光油、细毛笔、压泥板、脱模油、雕刻刀、压痕笔、硅胶软头笔

## 松饼基础形

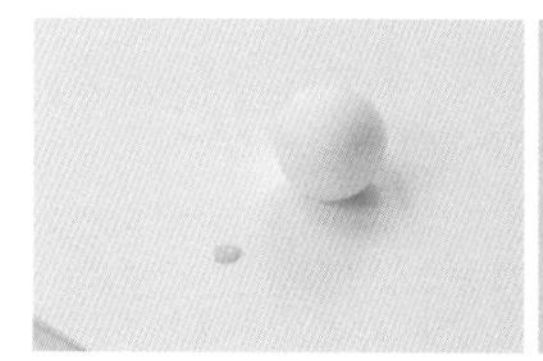
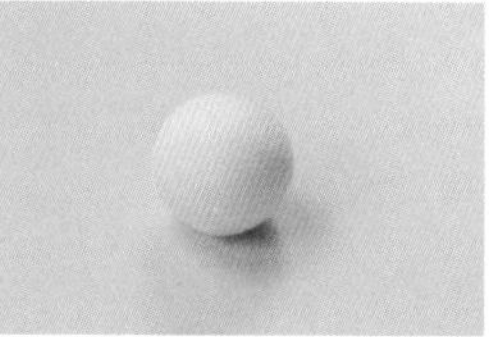
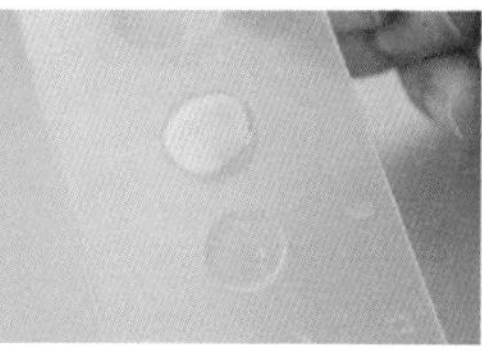

01 在白色轻量树脂黏土中加少量黄色丙烯颜料，充分揉捏，得到淡黄色黏土；用调色尺量取指定分量（F格）的淡黄色黏土，并压成饼状。

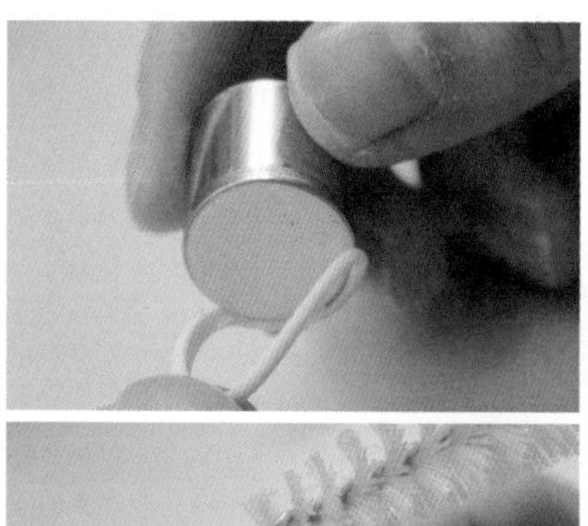

02 用圆形压模取形，将边缘多余的黏土去掉并脱模，在饼状黏土侧面用笔状刷拍印增加质感。

## 松饼上色

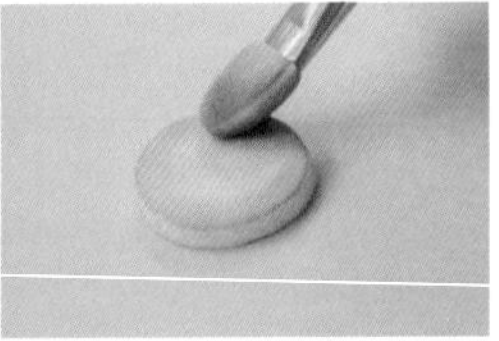

03 用海绵笔蘸取棕色色粉涂刷松饼，加深边缘部分的颜色；重复以上步骤制作3块松饼，用胶水将3块松饼叠放组合。

## 松饼装饰

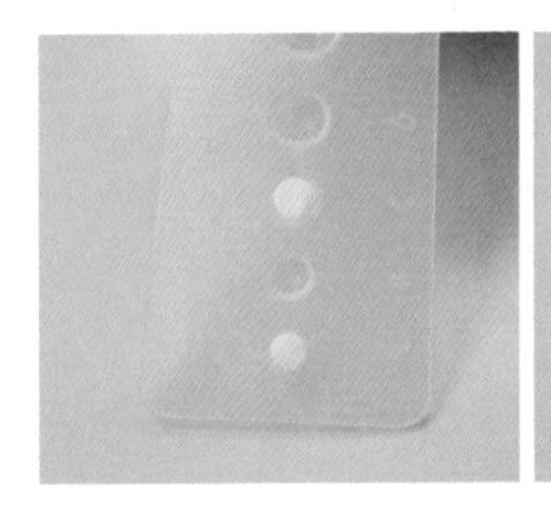

04 分别量取白色轻量树脂黏土指定分量（A格和C格），取出C格黏土贴在松饼上，压平；再取出A格黏土贴在C格黏土一旁，压平。

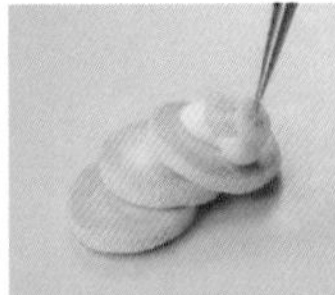
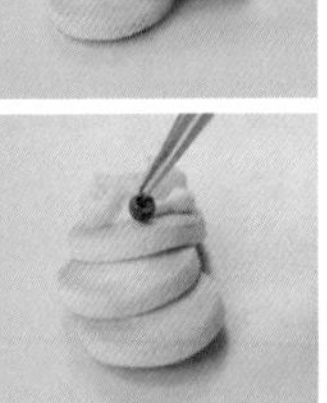

05 在上一步制作的黏土上滴胶水，组合香蕉片、蓝莓、叶子（制作方法参考第3章 周二·水果丹麦酥-水果香蕉、水果蓝莓、叶子）。

▼ 蜂蜜

06 用黄色丙烯颜料、少量红色丙烯颜料和适量透明亮光油调制橘黄色酱汁；用细毛笔蘸取酱汁刷在松饼上（大面积涂刷配合小面积点涂，增加蜂蜜浇落的真实感）。

## 橘子片

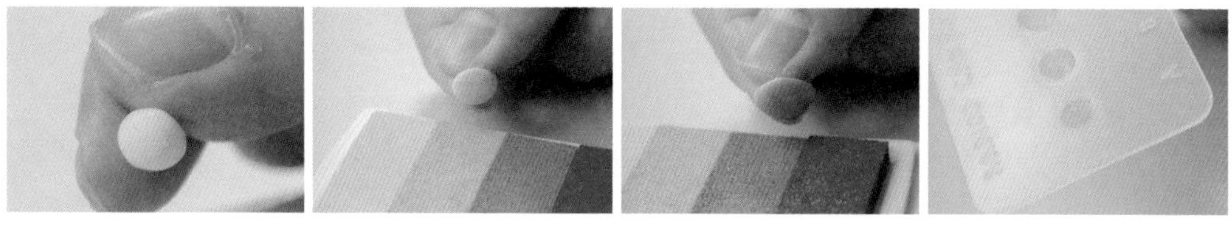

07 用指尖捏取少量半透明树脂黏土，依次染上橘黄色、橘色印泥，混合均匀，得到橘色黏土量取指定分量（A格）。

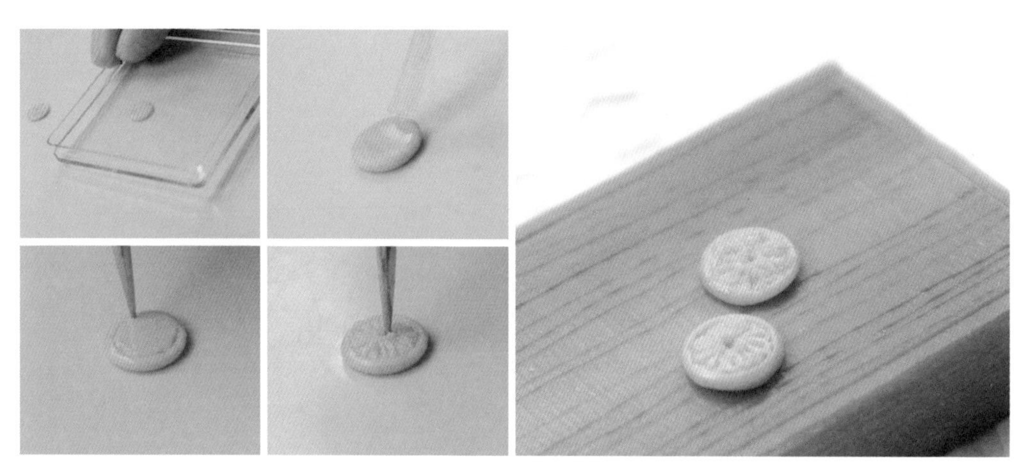

08 用压泥板将橘色黏土压扁，刷上脱模油，用雕刻刀轻戳并拖动刀尖，刻画一个圆形，再将刀尖从中心向外划放射状短线，用压痕笔在中心戳孔，静置待干。用同样的方法再制作一片橘子片。

09 用海绵笔蘸取橘红色印泥，刷在圆形外侧，叠放组合两片橘子片，用硅胶软头笔使下面一片橘子片稍向上弯曲，静置待干，最后用细毛笔刷上透明亮光油。（摆盘中的苹果片的制作方法参考第3章 周二·水果丹麦酥-水果苹果。）

# 3.7 周日·汉堡套餐

**黏　　土** 日清Grace系列轻量树脂黏土，日清Grace系列土黄色树脂黏土，帕蒂格MODENA系列半透明树脂黏土

**上色材料** 烧烤达人色粉盒，白色、黄色、红色丙烯颜料

**工　　具** 调色盘、调色尺、羊角刷、细节针、压泥板、海绵笔、压痕笔、黏土擀棒、刀片、笔状刷、镊子、细毛笔、透明亮光油、剪钳、金属丝、细节剪刀、美纹纸胶带、彩色圆形贴纸、牛皮色纸、容器（杯、调料碟）、管状胶水、丸棒、油画铲

## 汉堡面饼基础形

▼ 顶层面包

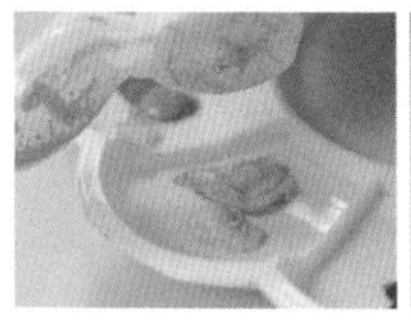
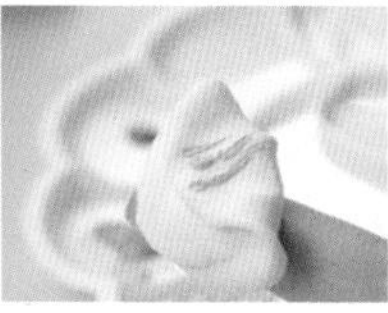

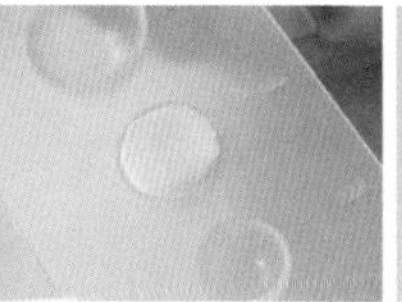
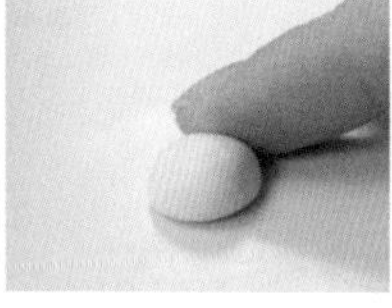

01 在白色轻量树脂黏土中加少量黄色丙烯颜料，充分揉捏，得到淡黄色黏土，用调色尺量取指定分量（F格），搓成圆球后按压，让其底部变平。

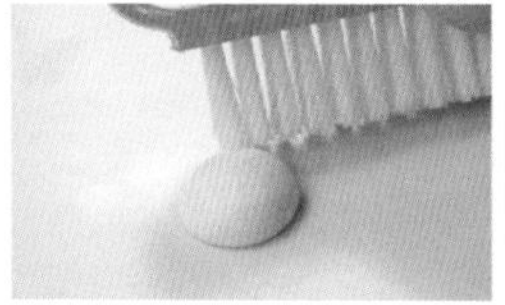

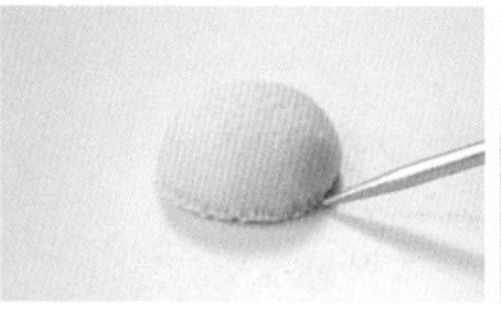

02 用羊角刷在黏土表面拍印，增加质感，再用细节针刮刻边缘细节。

▼ 底层面包

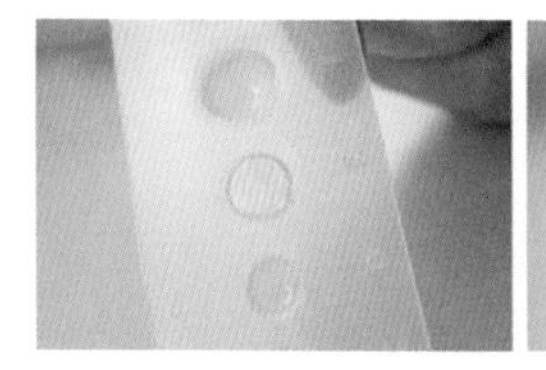
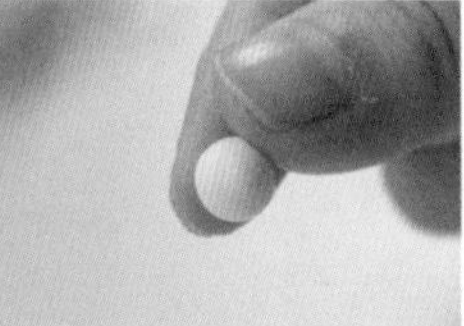
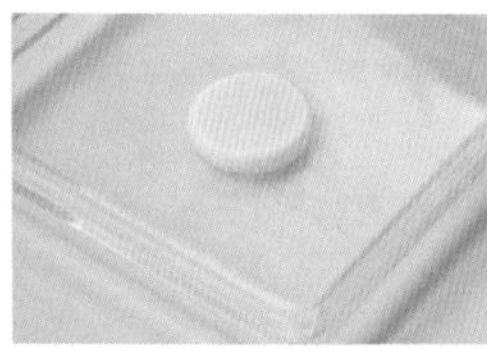

03 用调色尺量取指定分量（E格）的淡黄色黏土，揉成圆球，用压泥板压成饼状。

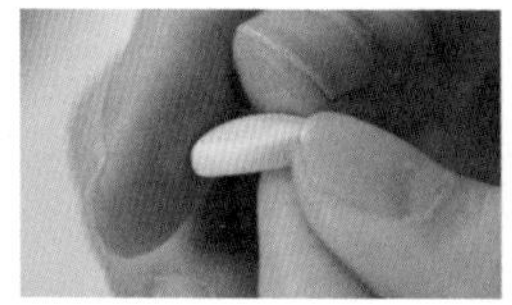

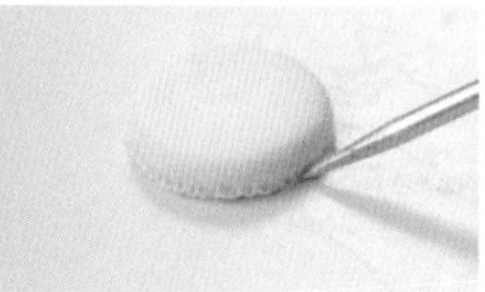

04 用指腹将饼状底部的边缘捏薄，再用细节针刮刻边缘细节。

▼ 汉堡面饼上色

05 用海绵笔蘸取棕色色粉，涂刷在顶层面包表面，边缘部分留白。

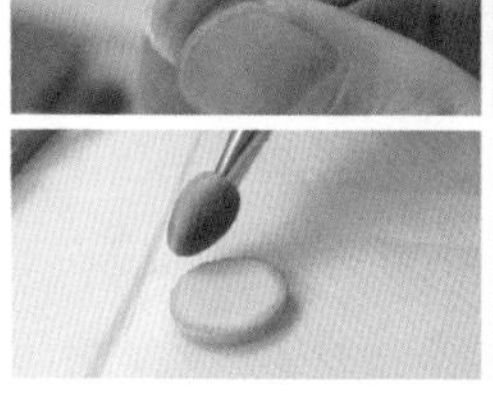

06 将步骤04制作的底层面包底部朝上，用海绵笔蘸取棕色色粉，涂刷在底层面包侧面，再用海绵笔蘸取褐色色粉，涂刷边缘。至此，顶层和底层的面包制作完毕，可用相同的方法再制作出另一套汉堡面饼。

## 汉堡配菜一

▼ 生菜

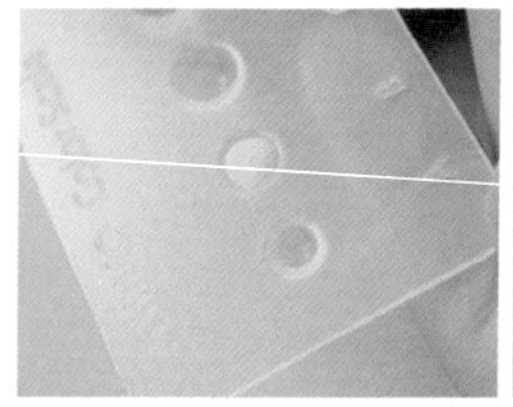

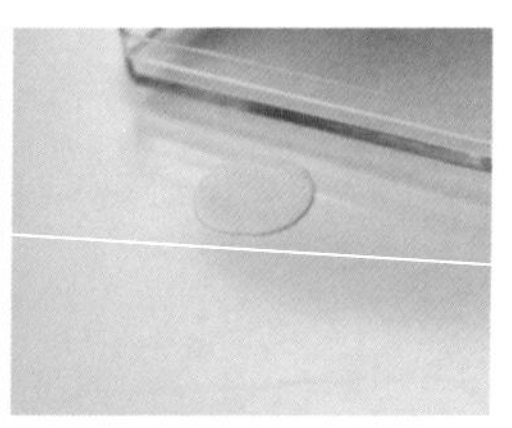

07

量取指定分量（B格）的绿色黏土，揉成圆球，用压泥板压成薄片。

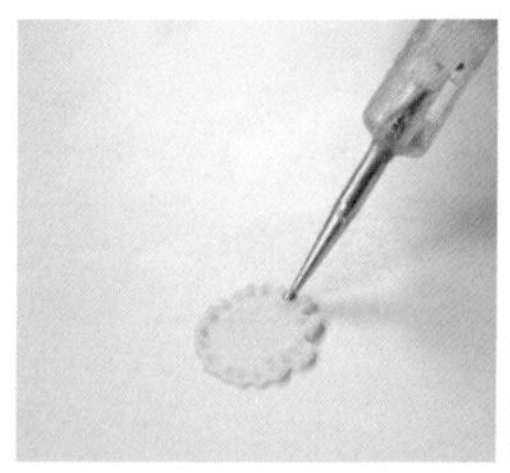

08

用压痕笔在薄片边缘压一圈小坑，再将薄片从外向内推至凹陷；用压痕笔将平整部分压出凹陷，呈现坑坑洼洼的效果。制作出2片生菜备用。

▼ 芝士块

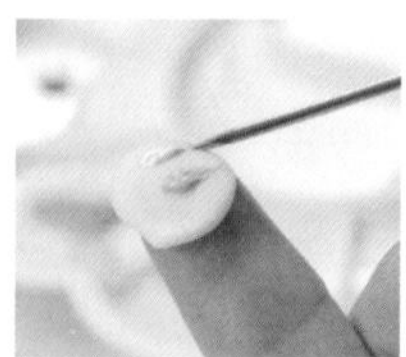
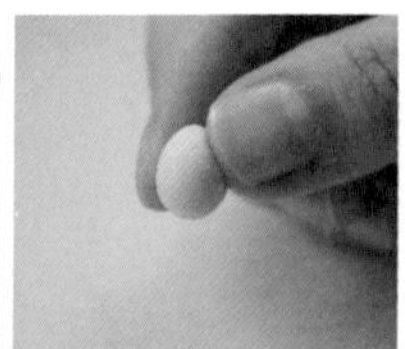
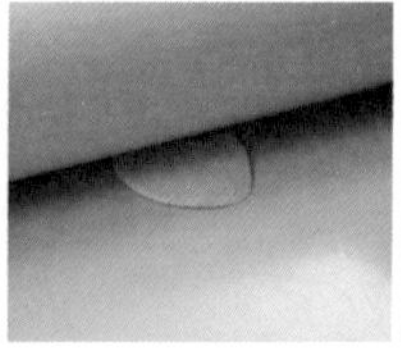

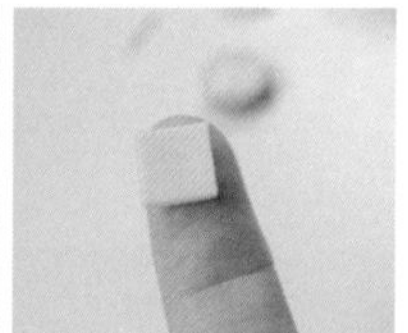

09 用细节针在半透明树脂黏土中加入白色、黄色丙烯颜料，充分揉捏，得到黄色黏土；用黏土擀棒将黏土擀薄，再用刀片将其切割成小方块。

▼ 炸鸡块

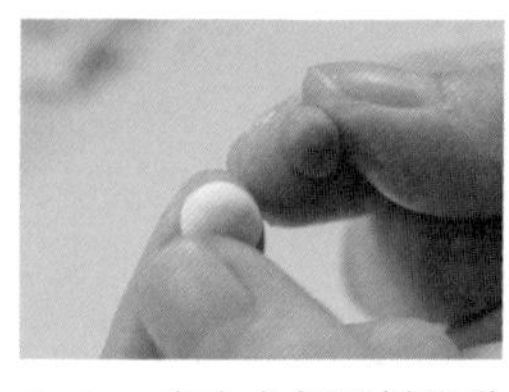
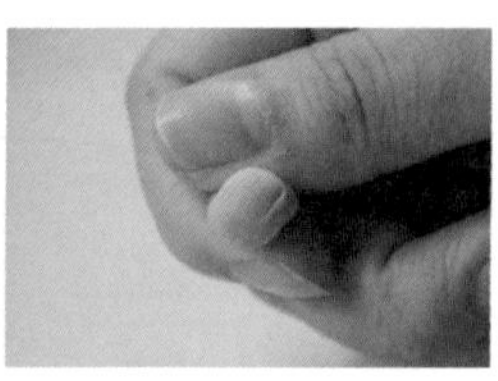
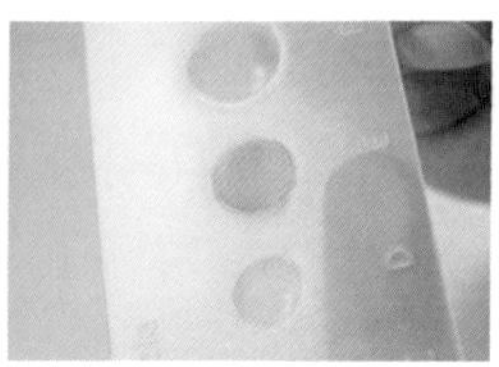
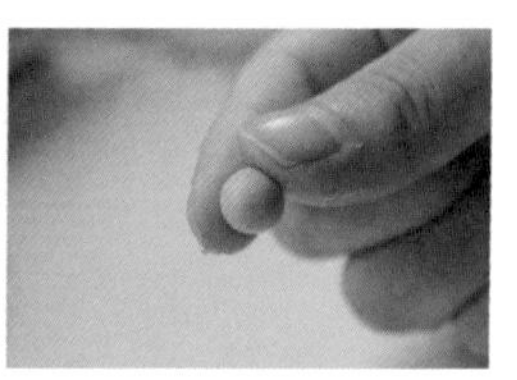

10 在白色轻量树脂黏土中加入土黄色树脂黏土，充分揉捏，得到淡土黄色黏土，用调色尺量取指定分量（E格），揉成圆球。

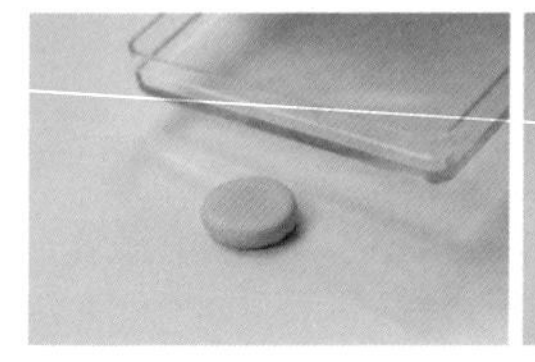
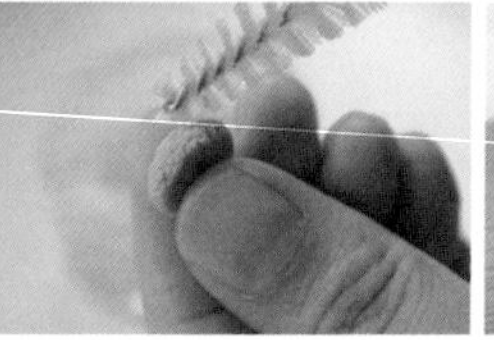
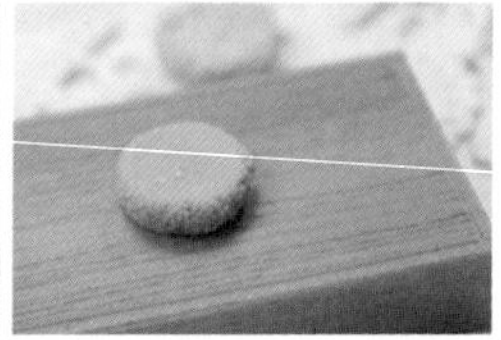

11

用压泥板将其压成饼状，用笔状刷在其边缘拍印，增加纹理质感。

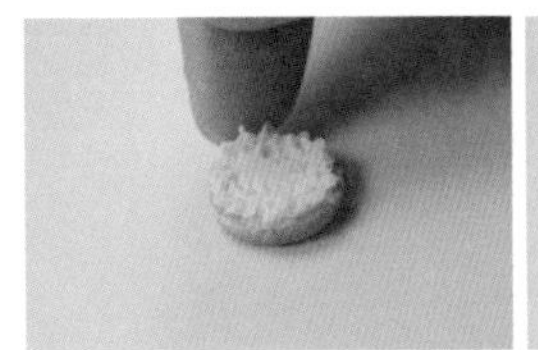

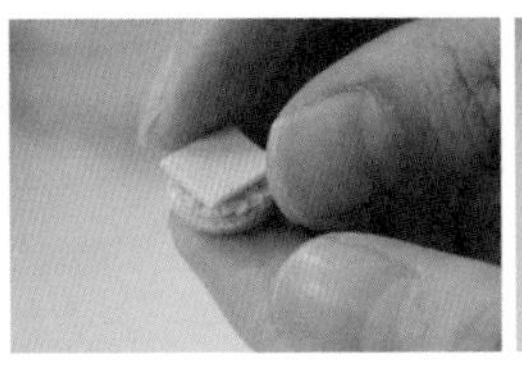
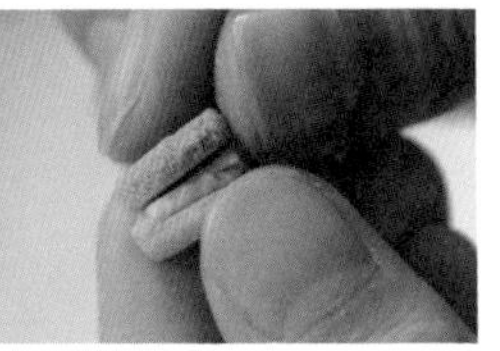

12 将生菜放在底层面包上，用镊子进行调整，再依次放上芝士块、炸鸡块。

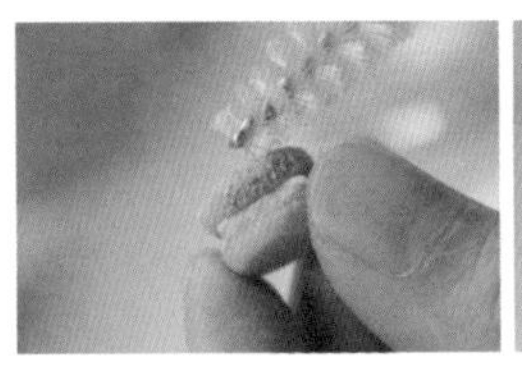
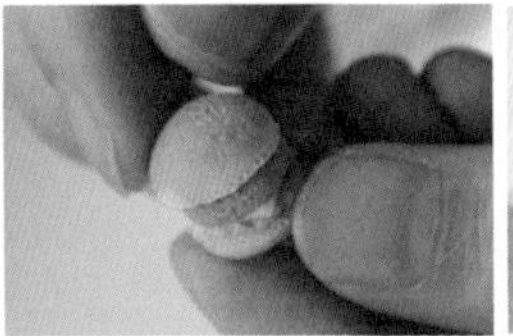

13 用笔状刷整理炸鸡块上面的纹路，再放上顶层面包，静置待干。

## 汉堡配菜二

▼ 牛排

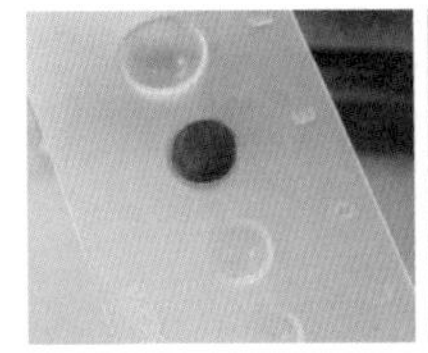
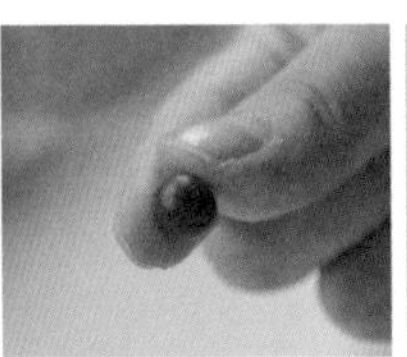
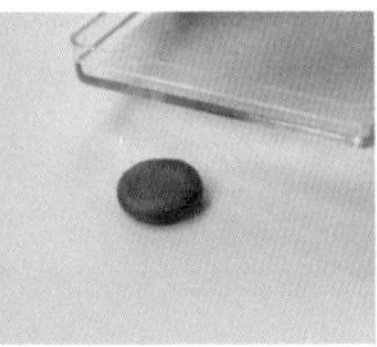
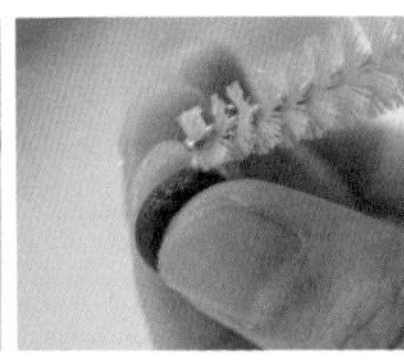

14 量取指定分量（E格）的褐色黏土，先揉成圆球，再用压泥板压成饼状，用笔状刷在其边缘拍印增加纹理质感。

▼ 蛋白

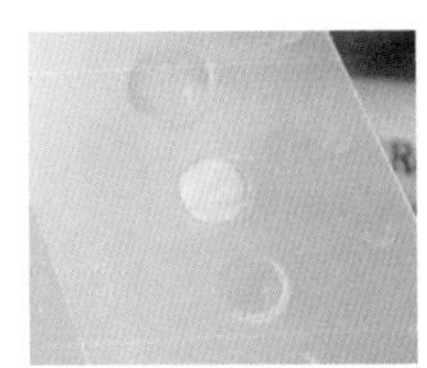

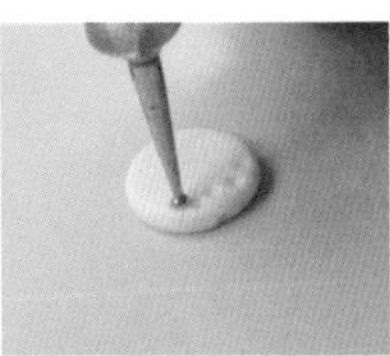

15 量取指定分量（D格）的白色轻量树脂黏土，压成饼状，用压痕笔在其上面、侧面压出浅坑。

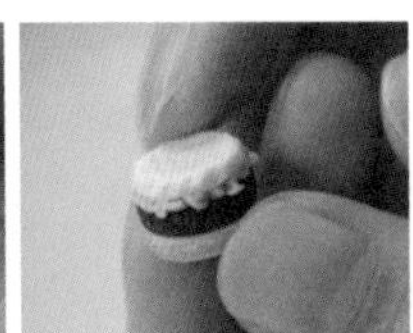

16 将牛排放在底层面包上，再依次放上生菜、蛋白，最后放上顶层面包，静置待干。

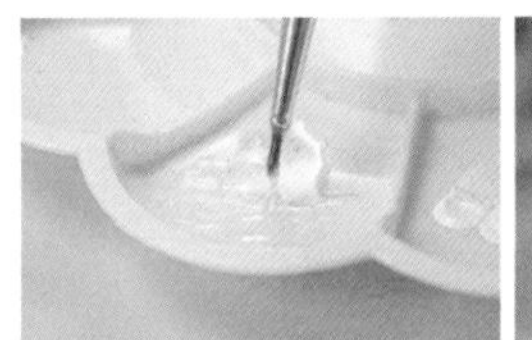
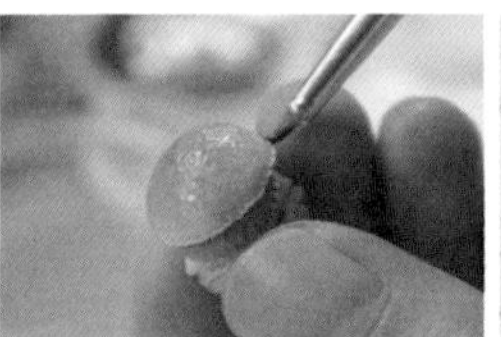

17

用细毛笔蘸取透明亮光油，刷在两个汉堡表面，静置待干。

## 薯片基础形

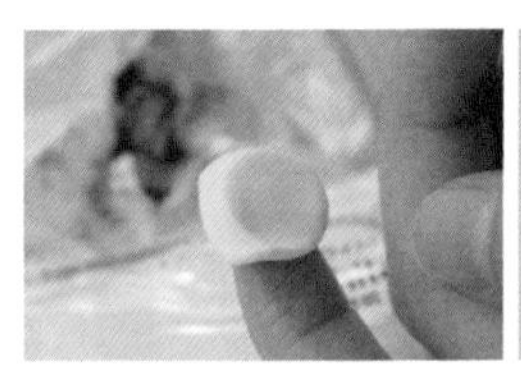

18

取适量半透明树脂黏土，加入黄色丙烯颜料，充分揉捏，得到淡黄色黏土。

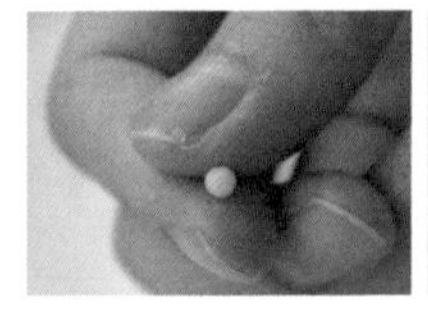
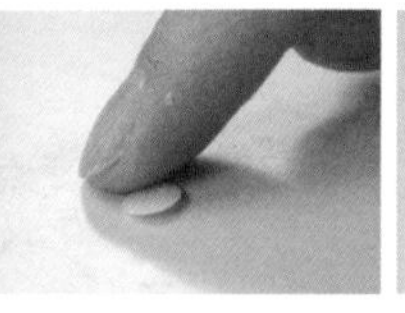

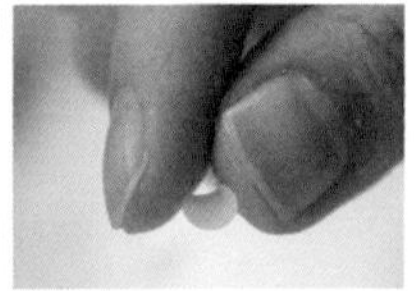

19 用指尖捏取少量淡黄色黏土，揉成圆球，用指腹将其压成薄片，用笔状刷拍印增加质感，再用指尖弯曲薄片。

## 薯片上色

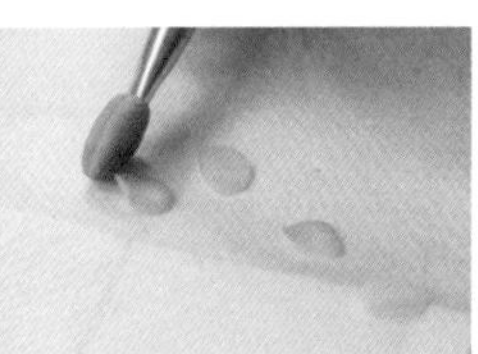
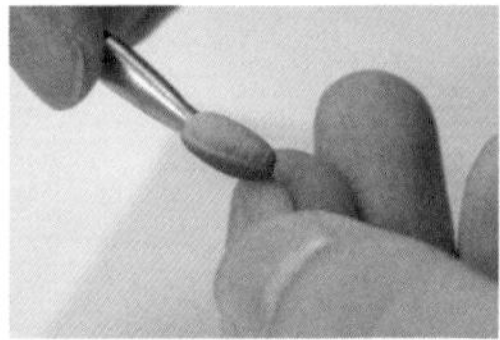

20 用海绵笔蘸取棕色色粉，涂刷薯片边缘，重复以上步骤，制作一定数量的薯片，静置待干。

## 装饰旗

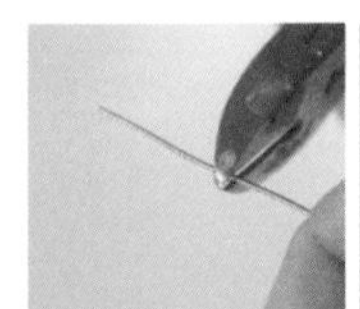
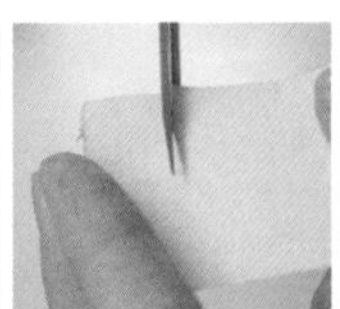

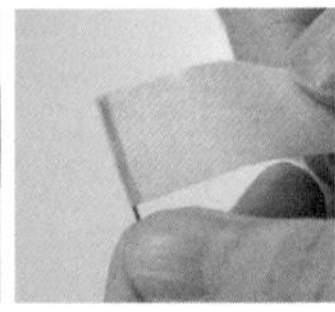
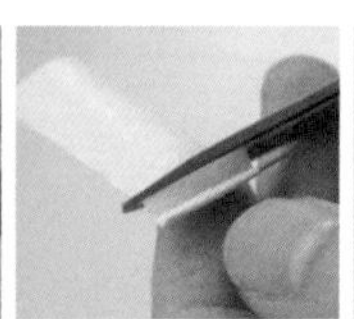

21 用剪钳截取一小段金属丝，再用细节剪刀剪下一段美纹纸胶带包裹金属丝，剪去多余部分；重复以上步骤制作两个白色纸棒。

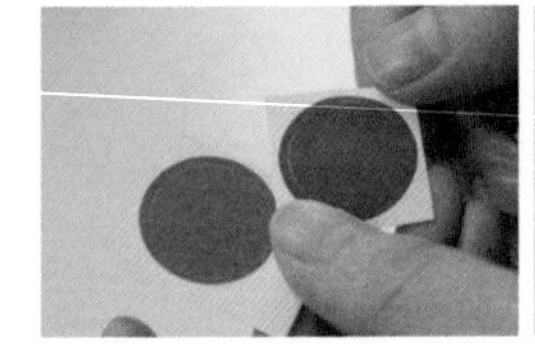
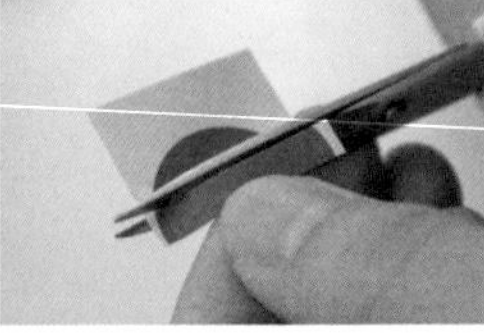

22

取红色、蓝色彩色圆形贴纸，用细节剪刀剪成长条。

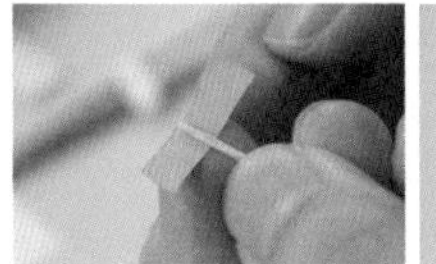
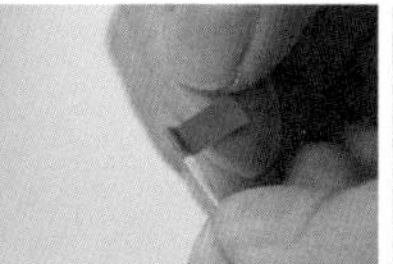

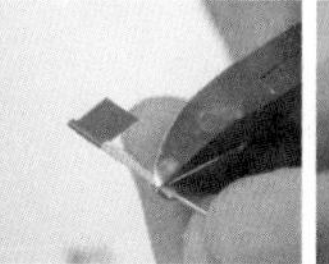
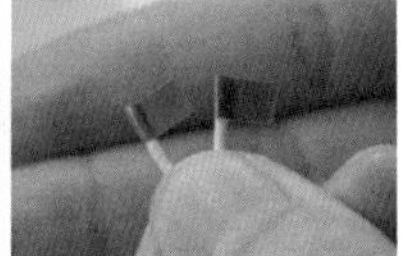

23 将纸棒放置在长条贴纸的中间，对折合起，用细节剪刀修剪旗子，用剪钳调整旗杆长度。

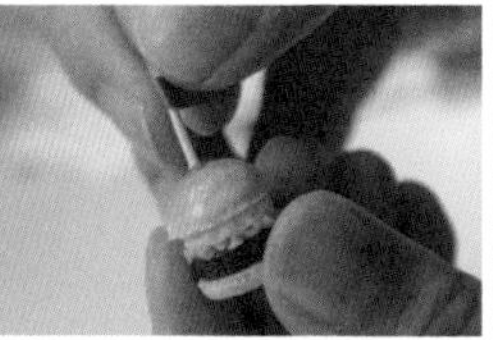

24 用细节针在汉堡中心戳孔，插入装饰旗。

▼ 纸垫

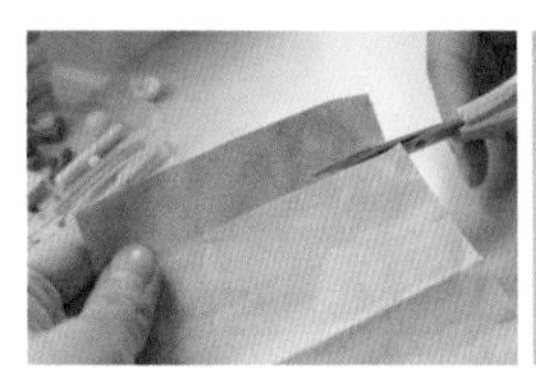

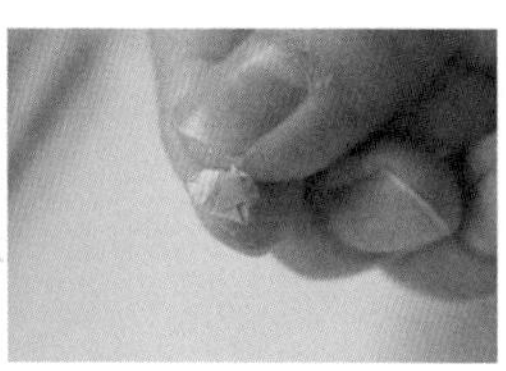
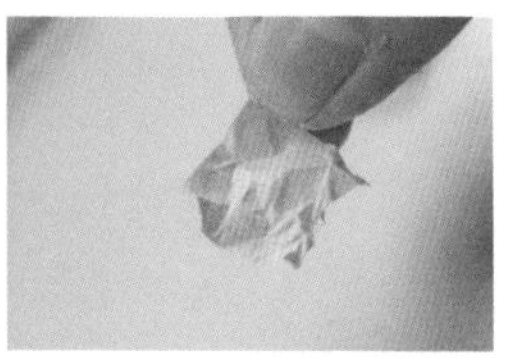

25 取牛皮色纸，用细节剪刀剪出边长约2cm的正方形，揉成纸团，再摊开，得到布满褶皱的牛皮色纸垫。

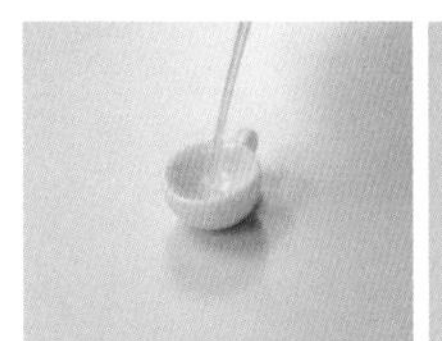

26 在容器中滴上胶水，将纸垫固定在容器底部，用丸棒按压片刻使其固定；最后用镊子装入薯片。

## 番茄酱

27 取透明亮光油和红色丙烯颜料，用油画铲搅拌混合成红色酱汁，装入调料容器。（摆盘中的圣女果的制作方法参考第3章 周一·滑蛋三明治中的圣女果。）

第4章
一整年都要
甜甜的！

# 一月·红豆马卡龙

黏　　土　日清Grace color系列白色、红色树脂黏土

上色材料　棕色系印泥，黑色、金色丙烯颜料

工　　具　调色尺、压泥板、细节针、刀片、管状胶水、圆形压模、细节剪刀、镊子、调色盘、细毛笔

## 红豆马卡龙基础形

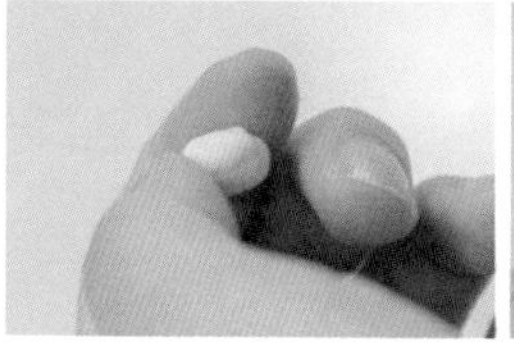
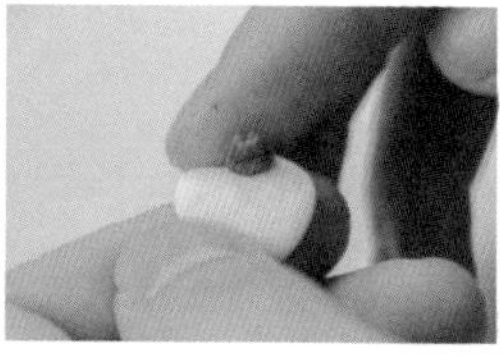
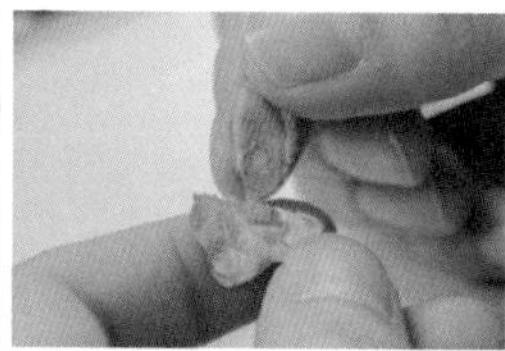
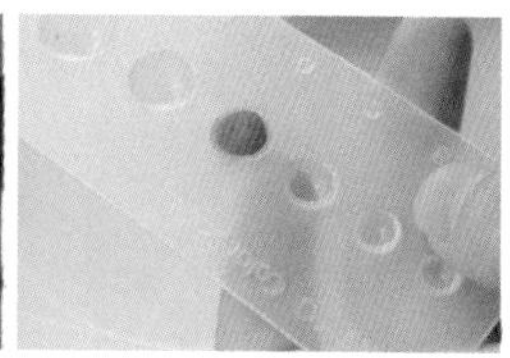

01 取适量白色树脂黏土，加入少量红色树脂黏土，用指尖将黏土揉捏混合均匀；用调色尺量取指定分量（D格）。

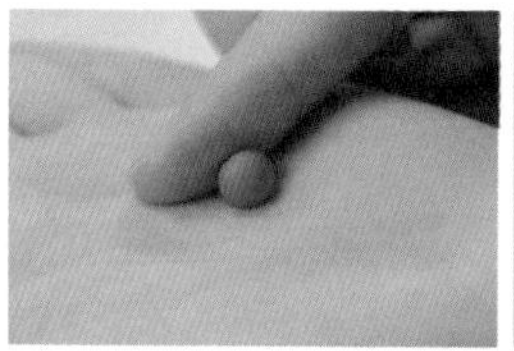

02 将其揉成圆球，用压泥板按压成饼状，用细节针通过戳进去、刮出来、推回去的动作，刻画马卡龙的裙边，制作6块相同的饼状黏土备用。

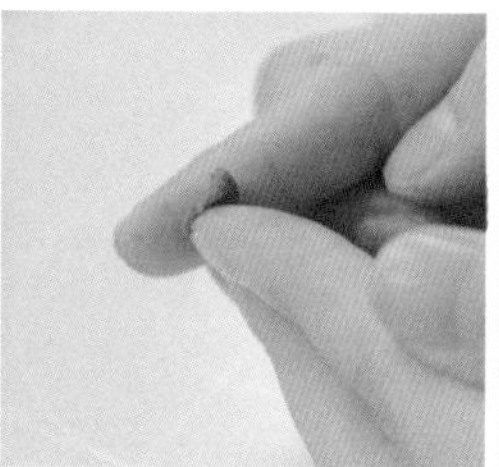
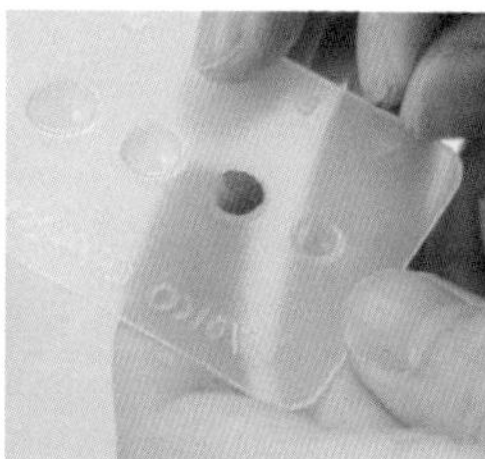

03 取步骤01的红色树脂黏土，染上棕色印泥，以指尖揉捏混合，得到暗红色黏土，量取指定分量（B格）。

04 用压泥板将量取的暗红色树脂黏土压成薄片，贴在之前制成的两块饼状黏土中间，作为马卡龙夹心。

## 红豆马卡龙装饰

▼ 春

**05** 用压泥板将黏土压成薄片，用刀片将其切成比饼状黏土稍小的方块，贴于马卡龙上方。

▼ 花

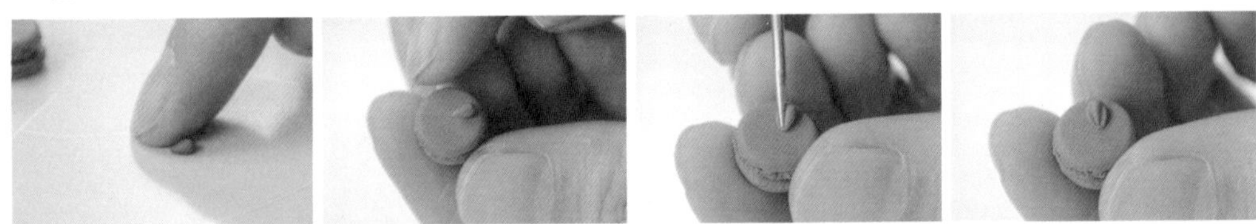

**06** 将红色树脂黏土搓成小水滴贴于马卡龙上方，再用细节针在小水滴上压两道花瓣痕。

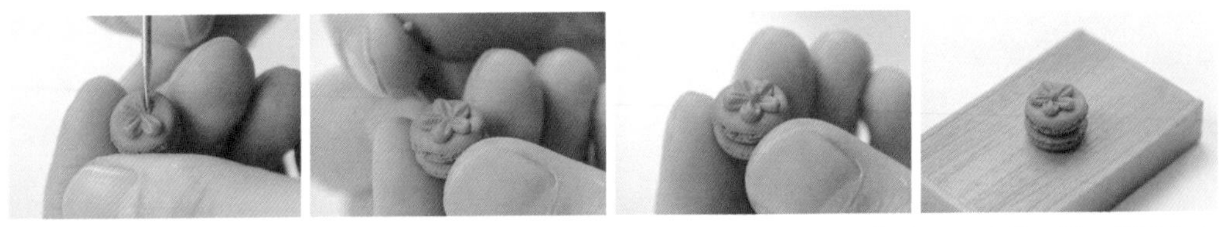

**07** 重复步骤06，制作5片花瓣，用细节针依次将其贴于马卡龙上方，组成一朵小花；搓一颗迷你小球贴于花朵中心。

▼ 扇

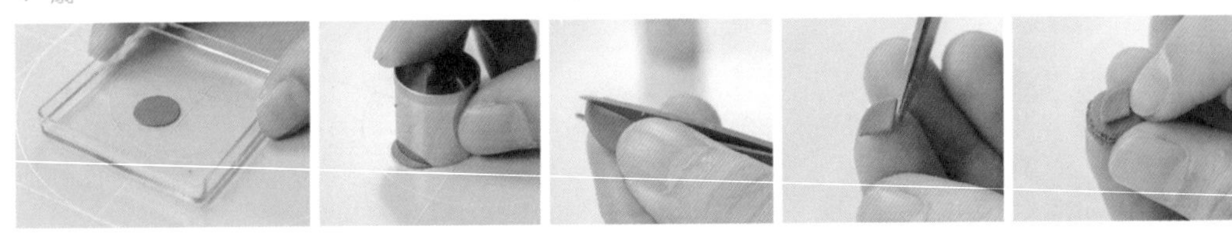

**08** 用压泥板将黏土压成薄片，用圆形压模压出弧形，用细节剪刀剪出扇形，贴于马卡龙上。

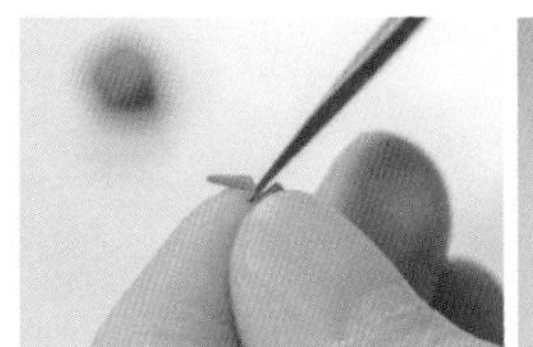

## 09

用细节剪刀剪出小块细长三角形，涂抹少量胶水，用镊子将其贴在扇形下方作为扇柄。

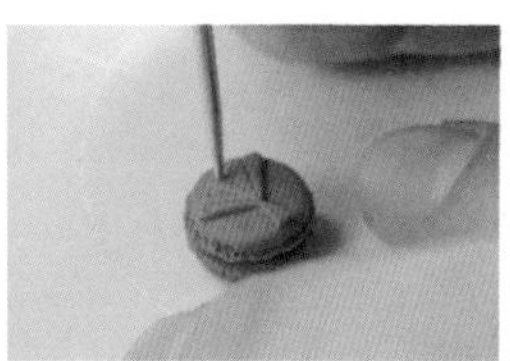
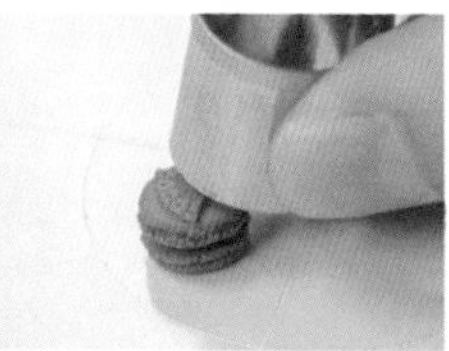

## 10

用刀片压出4道压痕作为扇纹，用细节针戳出小孔表现镂空效果，用圆形压模在扇形的1/2位置轻压，作为扇面与扇柄的分割线。

## 11

用细毛笔蘸取黑色丙烯颜料，然后涂扇柄、绘制叶子、写春字。

## 12

用细毛笔蘸取金色丙烯颜料，轻刷扇面、花瓣、春字方块边缘。用指尖取少量步骤03调制的暗红色树脂黏土搓成小椭圆，制作若干颗，作为红豆伴碟装饰。

## 4.2 二月·巧克力

**黏　土** 日清Grace color系列褐色、红色、土黄色、白色树脂黏土、液体树脂黏土

**上色材料** 褐色、红色、白色、土黄色丙烯颜料

**工　具** 调色尺、黏土刀、压泥板、刀片、透明亮光油、雕刻刀、调色盘、油画铲、压痕笔、细毛笔

## 巧克力基础形

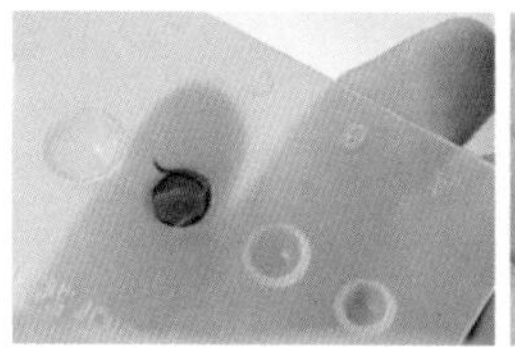
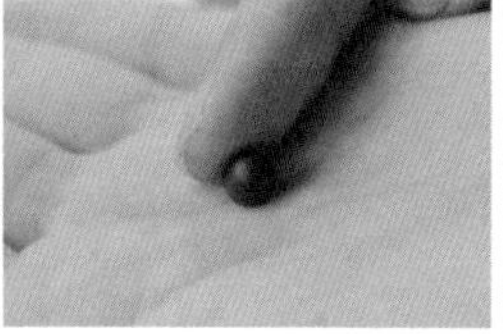

01

取褐色树脂黏土量取指定分量（C格），揉成圆球。

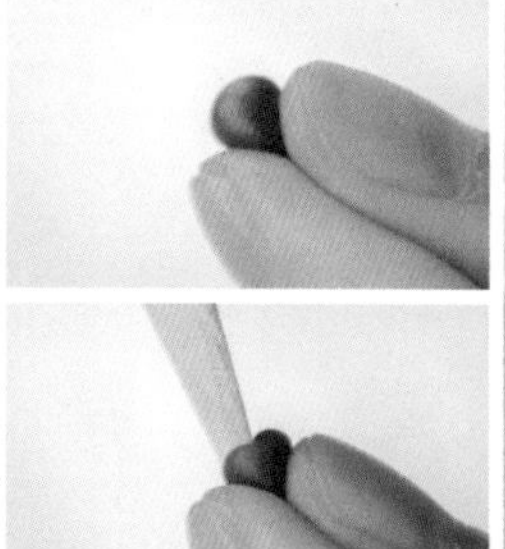

02

用指尖捏尖圆球一端并固定在指尖处，用黏土刀在另一端的中央划出凹陷，用压泥板将其压平至0.5mm厚度。心形巧克力制作完成。

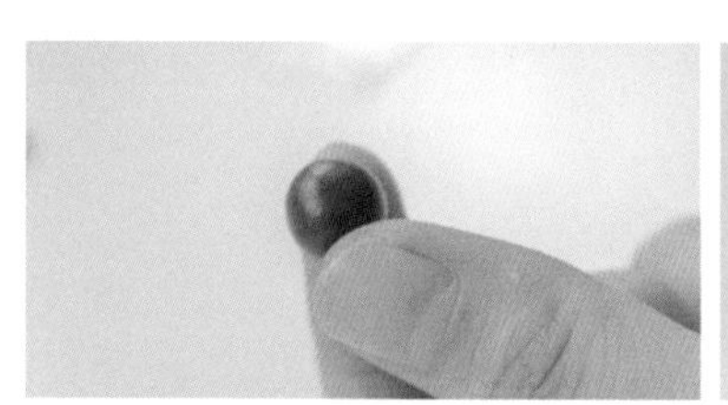
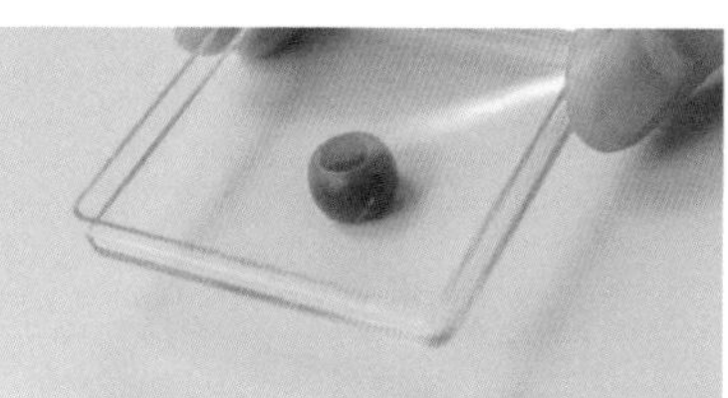

03

将褐色树脂黏土搓成圆球，用压泥板将其轻压平至0.5mm厚度。方块巧克力制作完成。

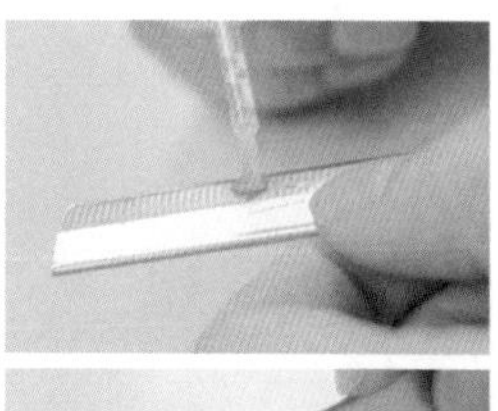

04

在刀片上涂一层透明亮光油，以防切面不光滑；用刀片切割圆球，并调整四边成方块砖。

## 巧克力装饰

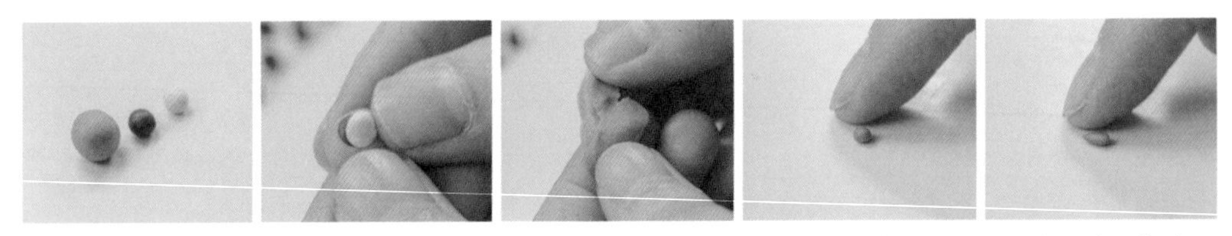

05 制作杏仁装饰，按图中比例取土黄色、褐色、白色树脂黏土，混合均匀；用指尖取少量揉成圆球，再搓成水滴。

06 将水滴贴于方块巧克力上方，用雕刻刀在水滴上划出细纹。

07 用油画铲取适量液体树脂黏土，再滴入褐色丙烯颜料，用压痕笔搅拌均匀，并在巧克力表面拉线。巧克力装饰线制作完成。继续用相同的方法做出白色和红色的心形巧克力。

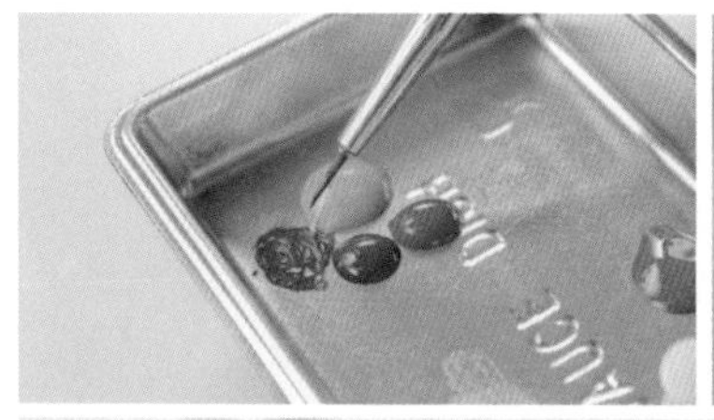


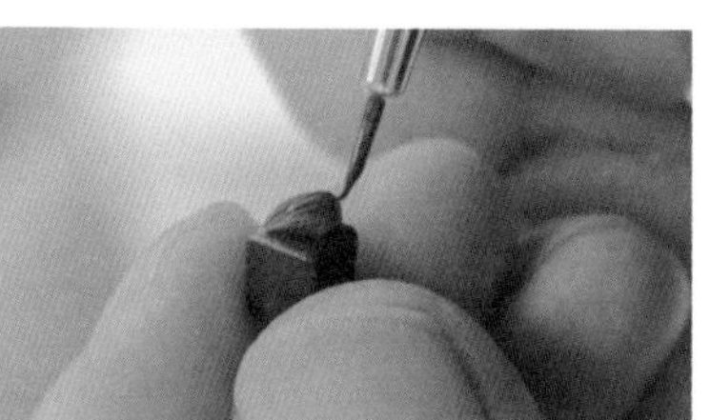

## 08

取土黄色、褐色、红色丙烯颜料混合，用细毛笔蘸取丙烯颜料刷在杏仁表面，表现杏仁的烘烤色泽，静置待干。继续做出各种各样的巧克力，制作的方法基本一致。

## 09

用细毛笔蘸取透明亮光油，刷在杏仁表面，静置待干（小面积透明亮光油干透需20～30分钟）。

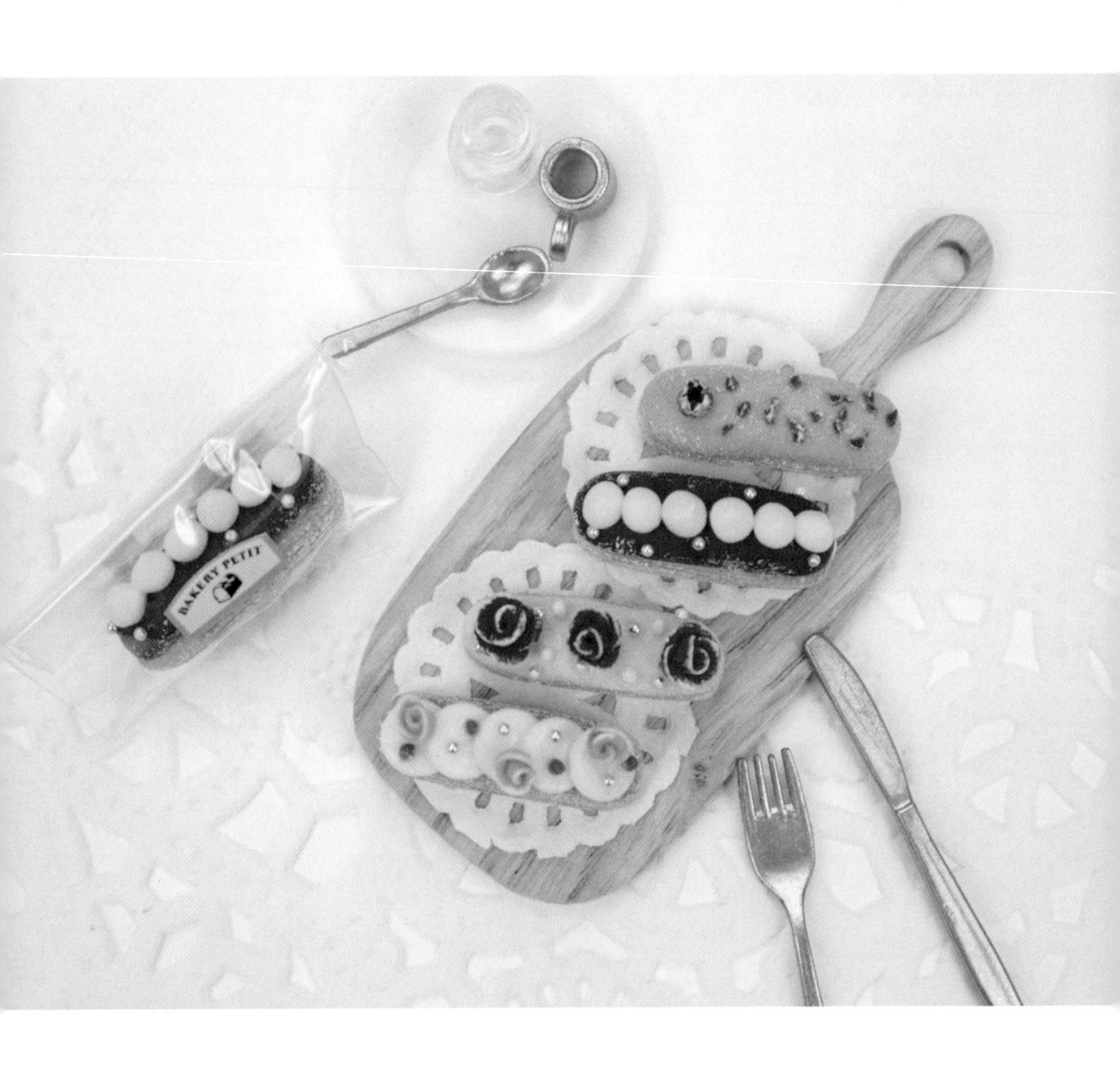

## 4.3 三月·闪电泡芙

**黏　　土** 日清Grace color系列黄色、白色、红色、蓝色树脂黏土

**上色材料** 紫色系印泥、白色丙烯颜料、烧烤达人色粉盒

**工　　具** 调色尺、羊角刷、钢尺、海绵笔、管状胶水、镊子、银色颗粒、细节针、压泥板、细节剪刀、海绵块

## 泡芙饼底基础形

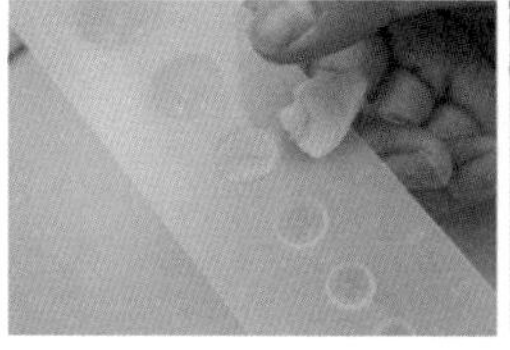
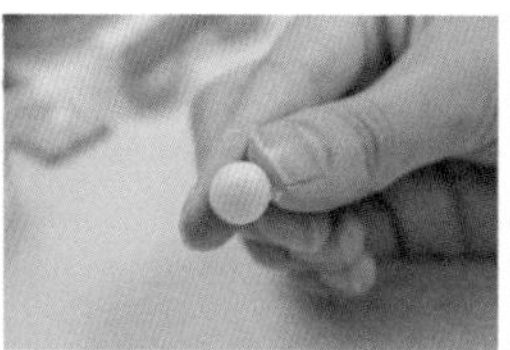

01 取淡黄色树脂黏土量取指定分量（F格），搓成圆球，再滚成长条。

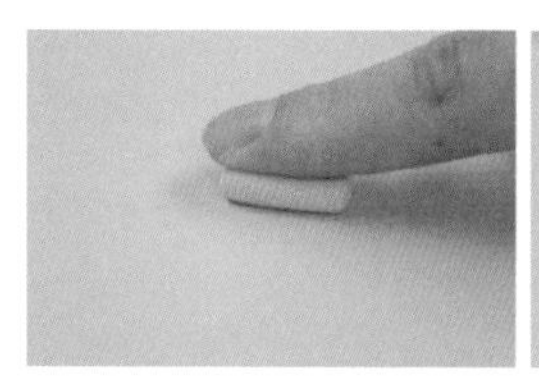
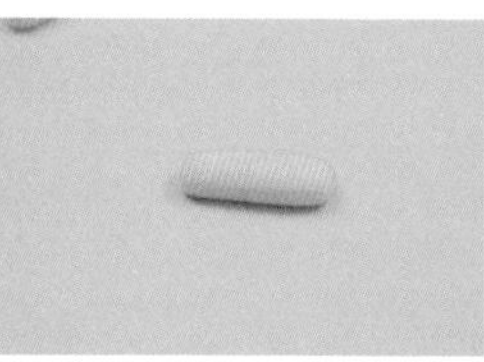
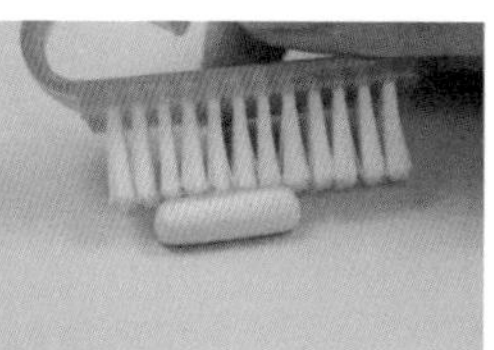
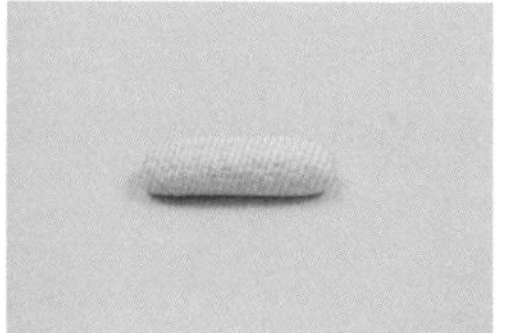

02 用指腹轻压长条黏土，再用羊角刷在黏土表面拍压出粗糙纹理，增加质感。

03 用钢尺在黏土表面划几道纹路，重复步骤01～03，制作4个饼底备用。

▼ 泡芙饼底上色

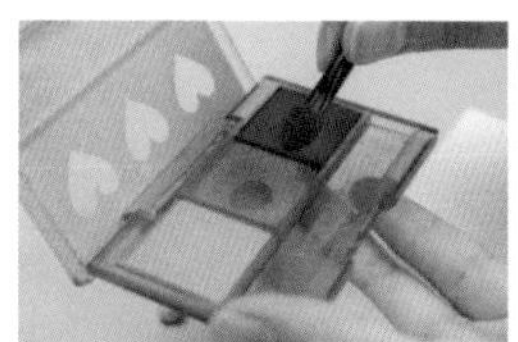
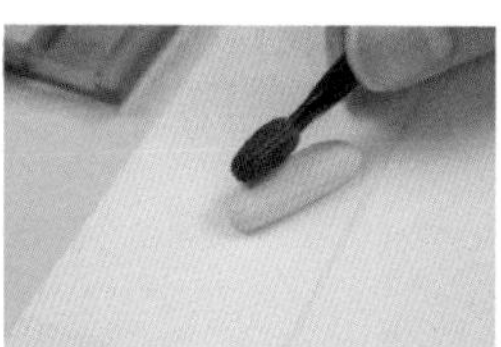
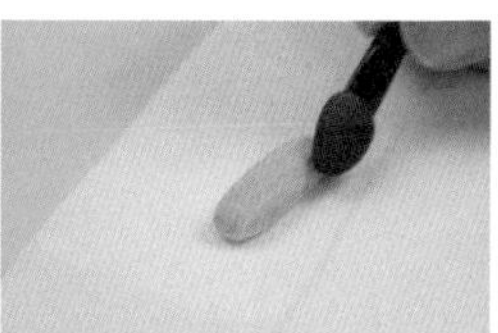
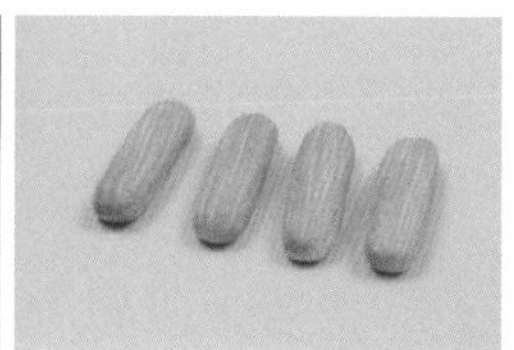

04 用海绵笔蘸取棕色色粉，刷在饼底表面，表现烘烤色泽。

## 泡芙款式一

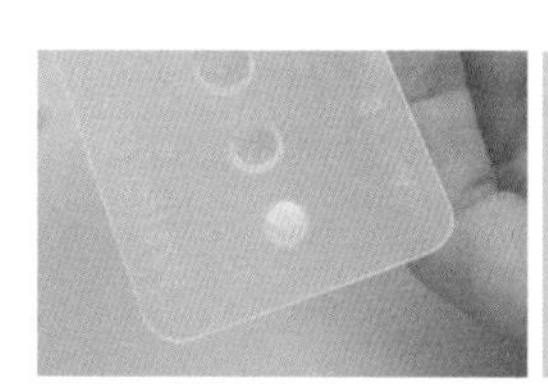

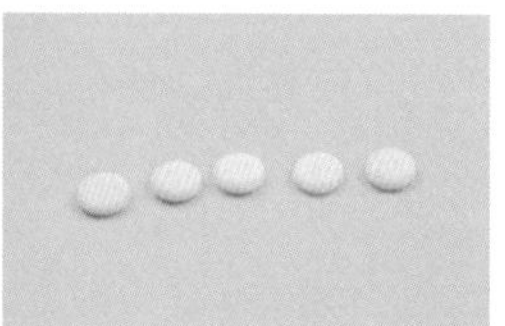

05 取白色树脂黏土量取指定分量（A格），搓成圆球，压成饼状，制作5个备用。

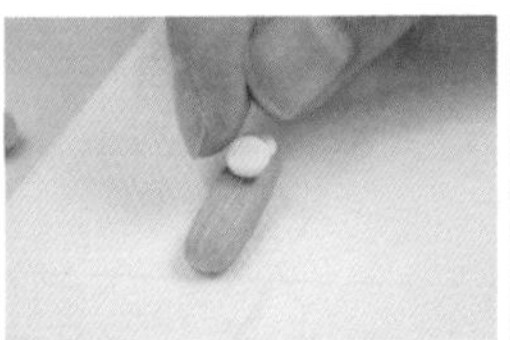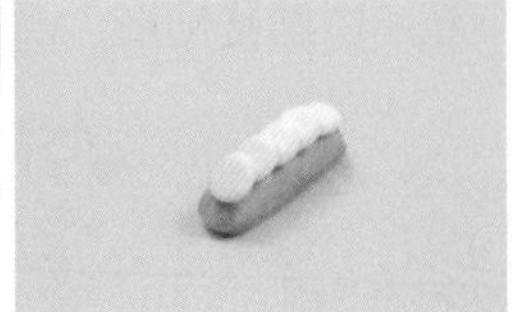

06 在泡芙饼底的一端滴上胶水，在其上粘贴白色饼状装饰，依次叠放并用胶水固定另外4个白色饼状装饰。

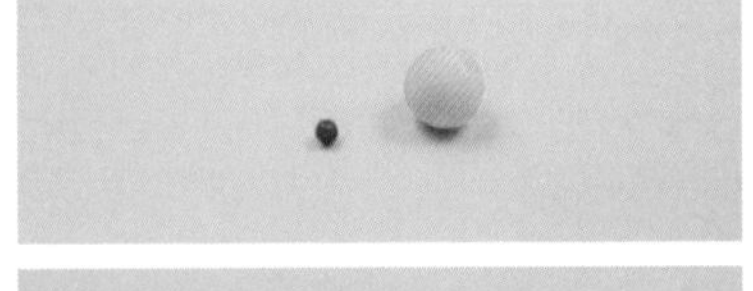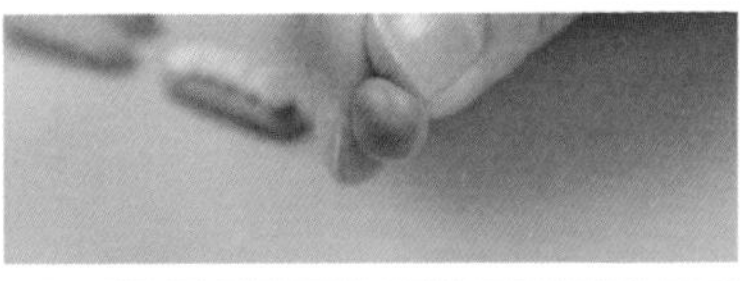

07

取适量黄色树脂黏土与少量红色树脂黏土，混合成深橘色黏土；取适量白色树脂黏土与少量深橘色黏土，混合成淡橘色黏土。

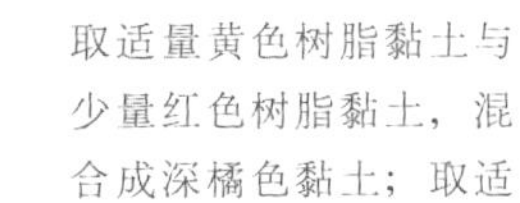

08

取少量淡橘色树脂黏土，搓成圆球，用指腹压成圆薄片，用相同的方法制作3片备用。

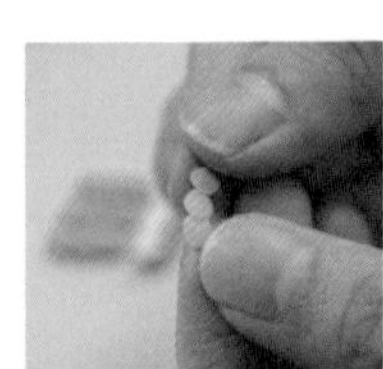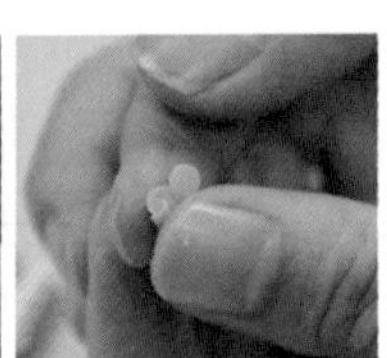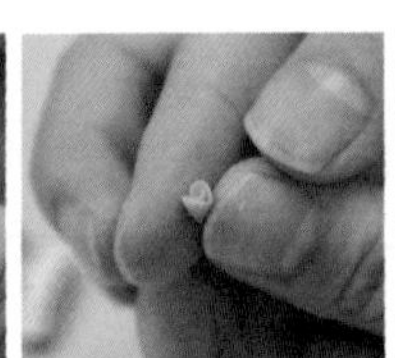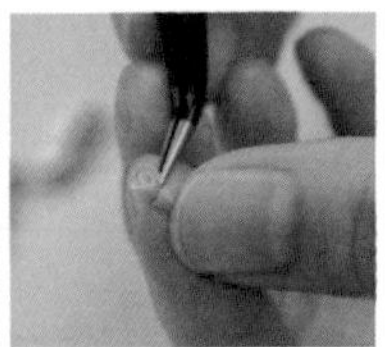

09 将3片圆薄片首尾叠放，用指腹将其卷成小花蕾状，用镊子调整顶部花型，小花完成。重复步骤，制作若干朵小花。

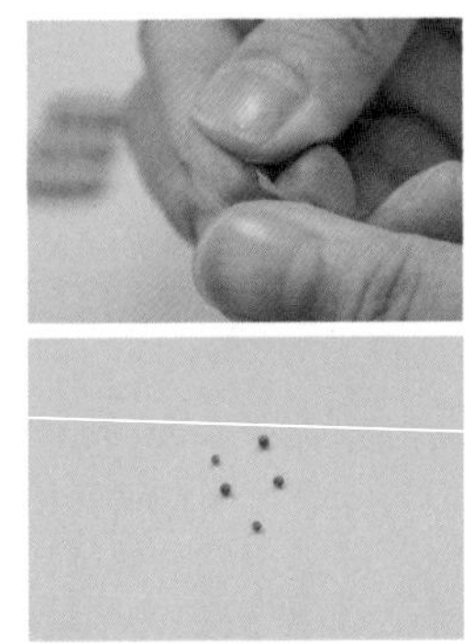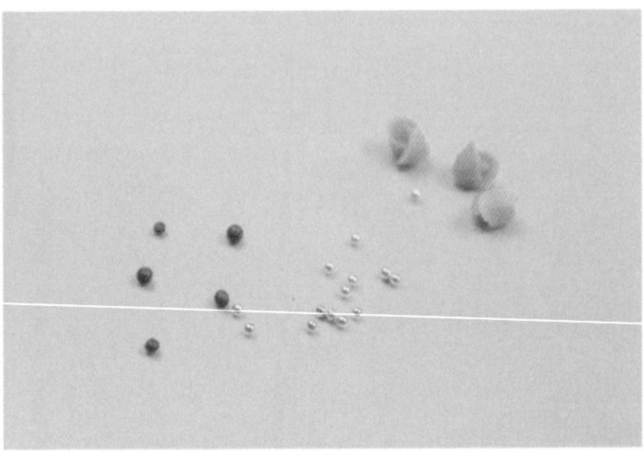

10

用指尖取少量深橘色黏土，制作若干小颗粒，准备银色颗粒若干。

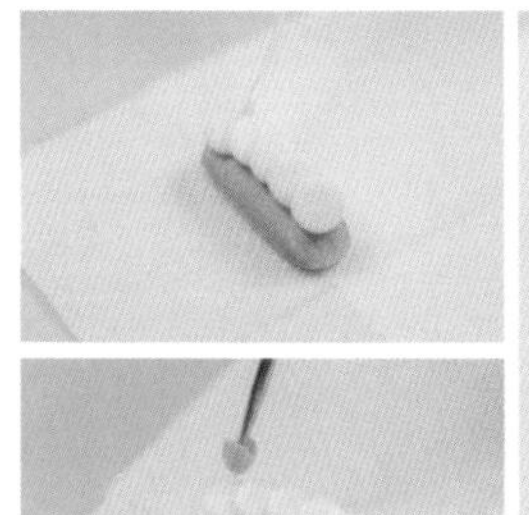
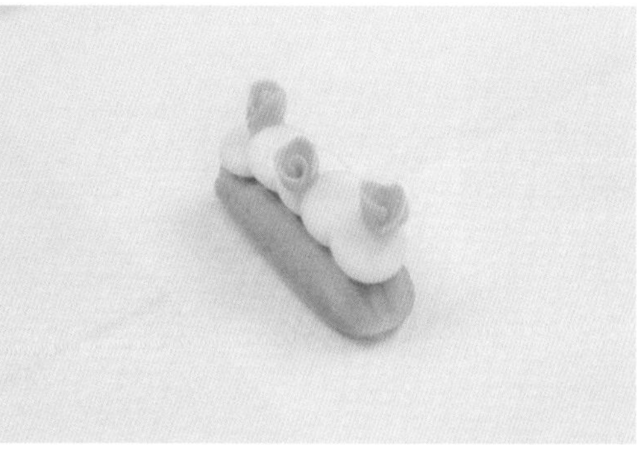

11

在白色饼状装饰顶部滴胶水，用细节针戳小花中心，将其固定在第一个白色饼状装饰上。将剩余的小花装饰在其他白色饼状装饰上。

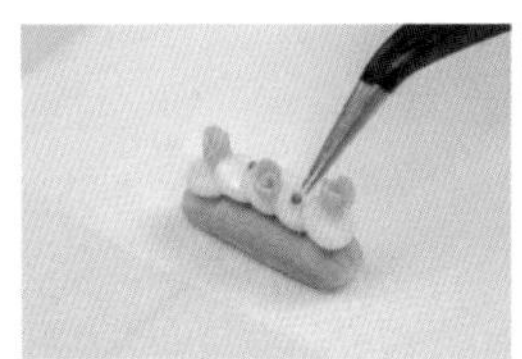
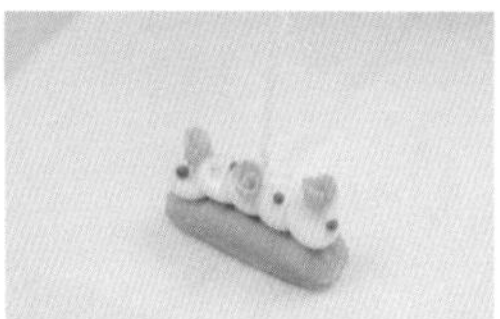
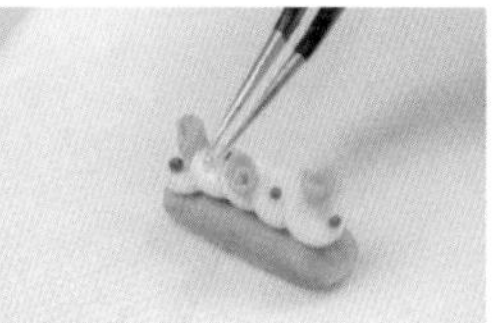
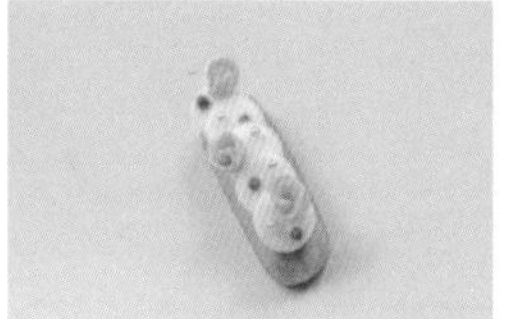

12 用镊子装饰上深橘色颗粒和银色颗粒。

## 泡芙款式二

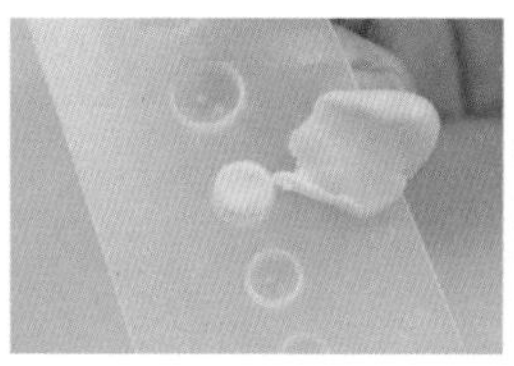
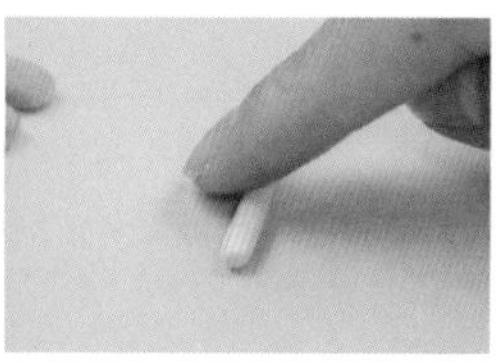

13 取适量白色树脂黏土与少量红色树脂黏土，混合成粉红色树脂黏土，量取指定分量（D格），滚成长条。

14

用压泥板将其压成薄片，贴在泡芙饼底上。

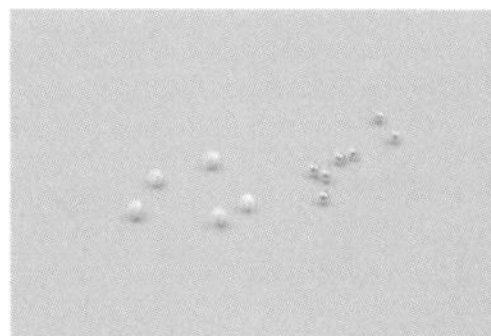

15 用红色树脂黏土制作小花若干朵，用白色树脂黏土制作颗粒若干，准备银色颗粒若干，将其用胶水固定在粉红色装饰上。

## 泡芙款式三

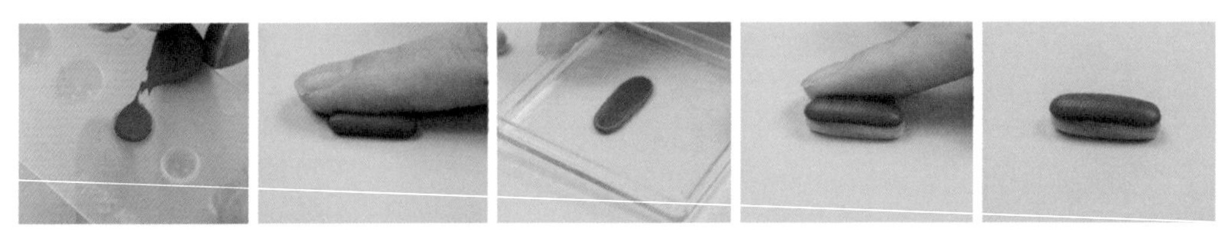

16 取红色树脂黏土量取指定分量（D格），滚成长条，用压泥板压成薄片，贴于泡芙饼底上。

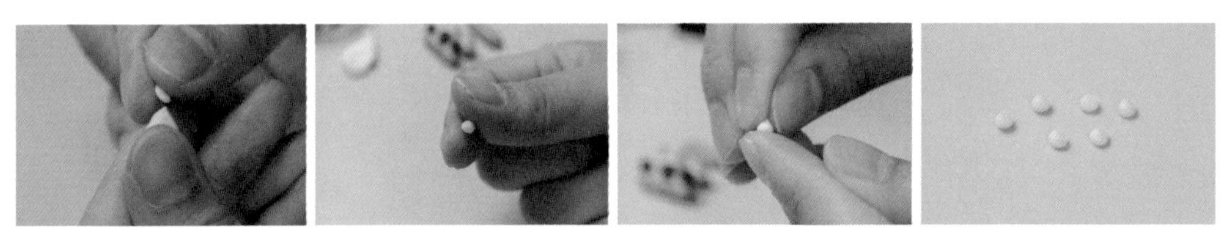

17 用指尖取少量白色树脂黏土，搓成圆球，用两根手指的指腹捏尖顶部，制作成胖水滴装饰。重复以上步骤制作若干装饰备用。

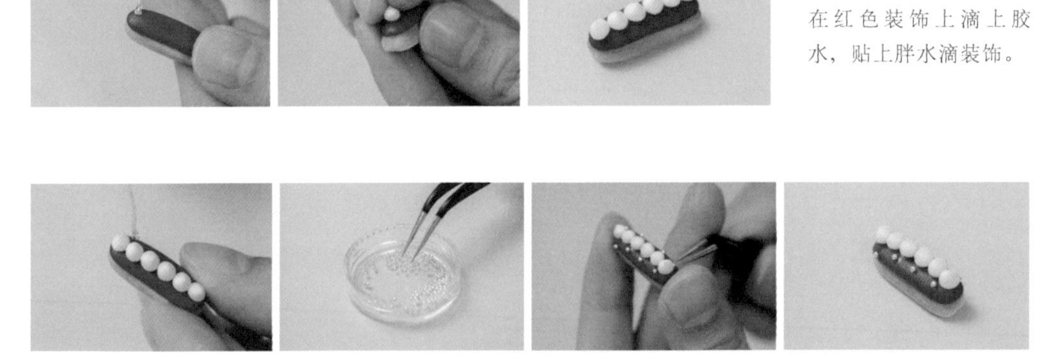

18 在红色装饰上滴上胶水，贴上胖水滴装饰。

19 用镊子装饰上银色颗粒。

## 泡芙款式四

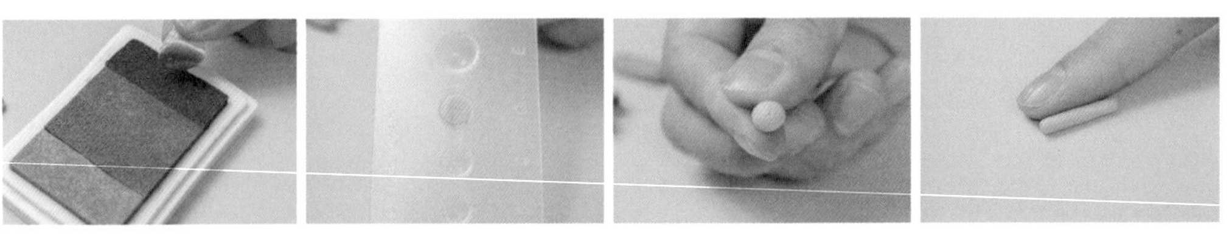

20 取适量白色树脂黏土，染上深紫色印泥，混合均匀，揉成淡紫色树脂黏土，量取指定分量（D格），搓成圆球，再滚成长条。

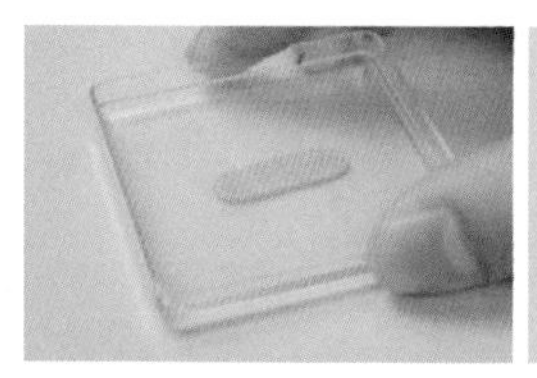  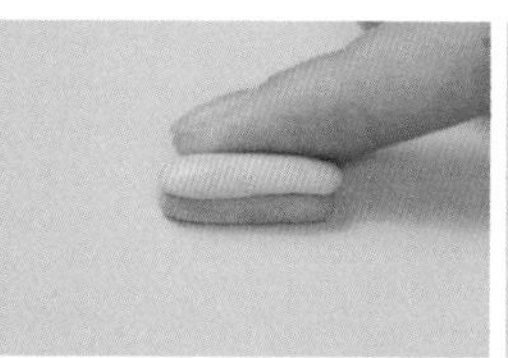 

21 用压泥板将其压成薄片，贴于泡芙饼底上。

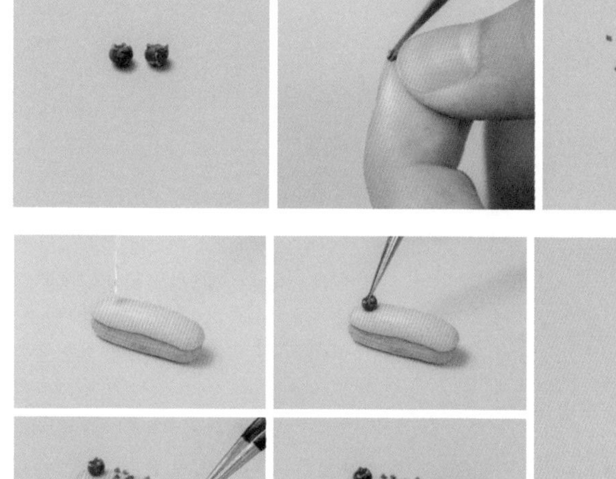 

22

参考第3章 周二 · 水果丹麦酥中的水果蓝莓的制作方法制作两颗蓝莓，待其干透后，将一颗蓝莓用细节剪刀剪成蓝莓碎。

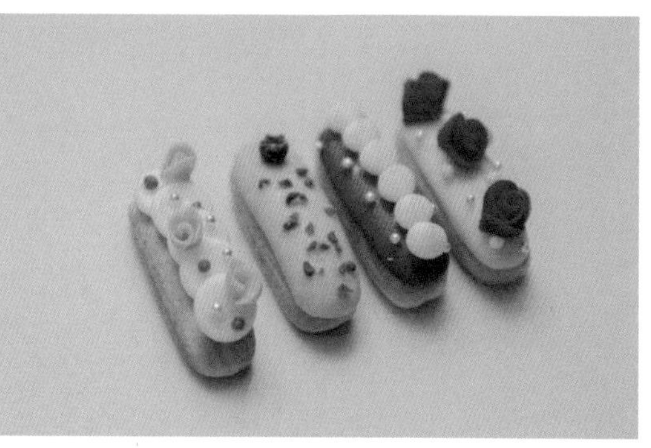

23 用胶水将完整的一颗蓝莓贴于泡芙一端，再将蓝莓碎分散装饰在其他位置。

24 用海绵块蘸取白色丙烯颜料，轻拍于泡芙表面，增加糖霜质感。

# 四月·花香戚风裸蛋糕

**黏　　土** 日清Grace系列轻量树脂黏土，日清Grace color系列红色、蓝色、绿色树脂黏土

**上色材料** 土黄色、白色丙烯颜料，烧烤达人色粉盒

**工　　具** 调色盘、细节针、调色尺、压泥板、圆形压模（2cm直径）、脱模油、羊角刷、细毛笔、丸棒（0.5cm直径）、海绵笔、油画铲、液体树脂黏土、细节剪刀、镊子

## 蛋糕基础形

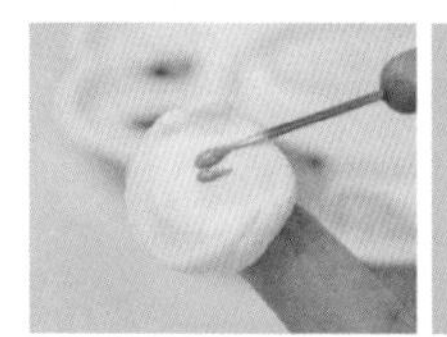
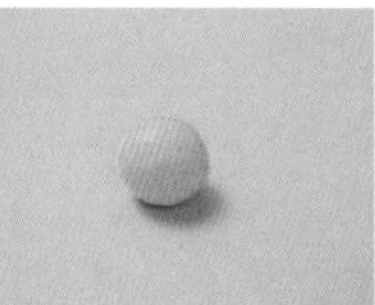
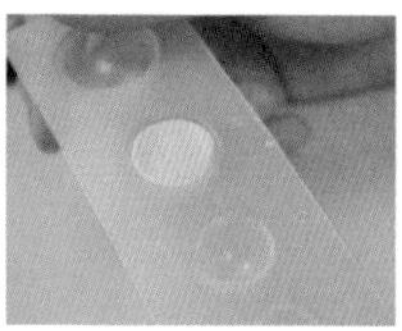
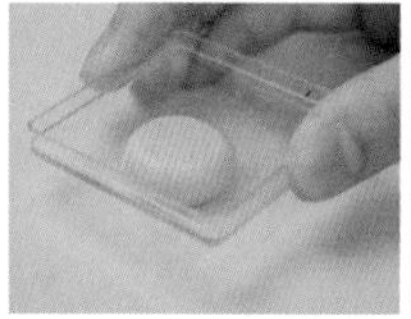

**01** 取适量白色轻量树脂黏土，用细节针蘸取土黄色丙烯颜料与黏土混合，揉成淡黄色树脂黏土，用调色尺量取指定分量（F格），用压泥板压平上、下表面。

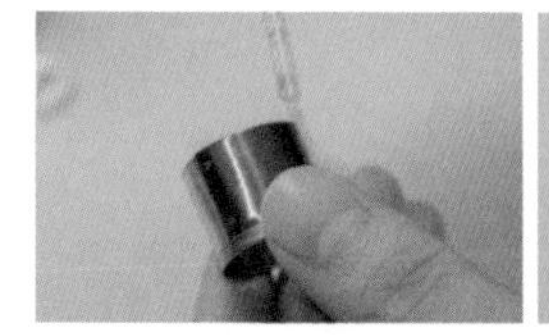
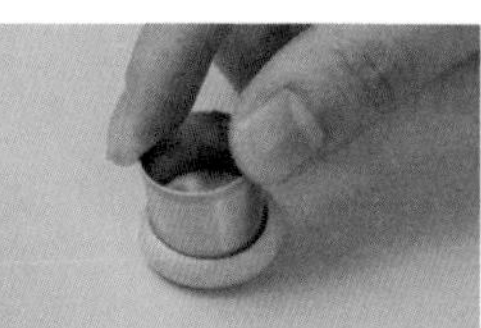
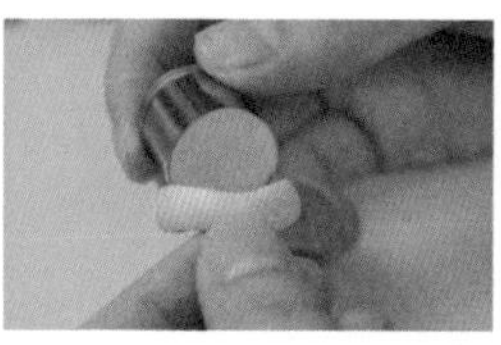
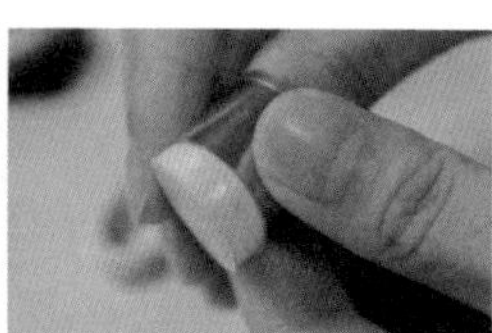

**02** 在直径为2cm的圆形压模上刷上脱模油，压在步骤01制作的黏土上，将多余部分去除；用指腹轻推黏土脱模，得到扁柱形蛋糕坯。

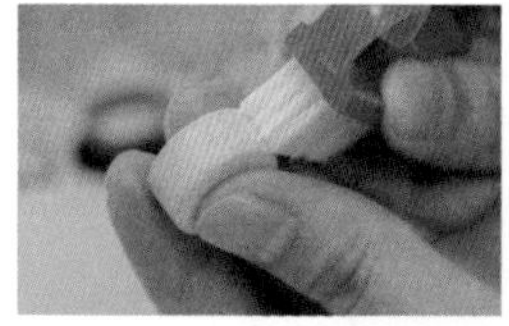
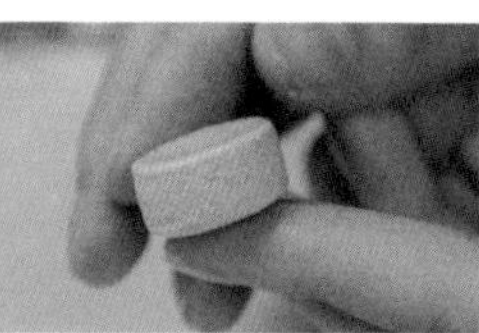
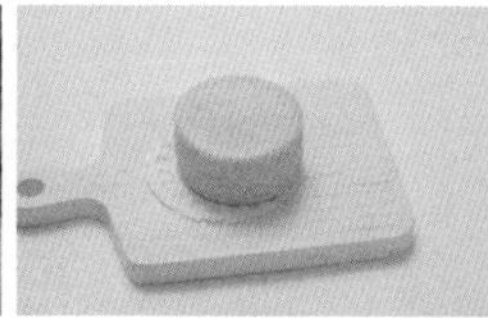

**03** 用羊角刷在蛋糕坯上压出纹路。

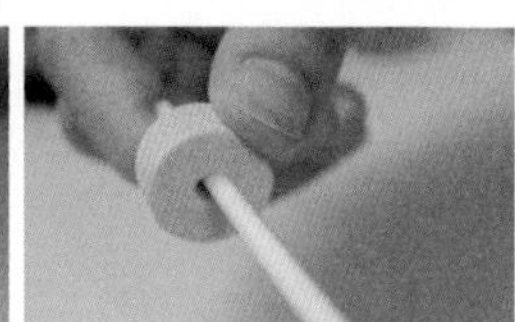

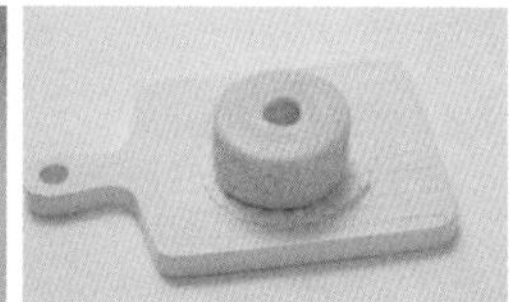

**04** 将细毛笔末端戳入蛋糕坯中心，直穿底部，再用直径为0.5cm的丸棒轻压空心位置，使缺口平整。

## 白色奶油

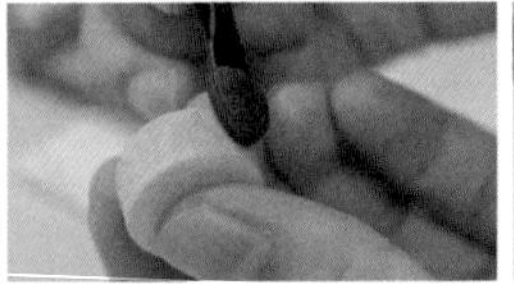

05 用海绵笔蘸取棕色色粉，刷在蛋糕坯表面，表现烘烤色泽。

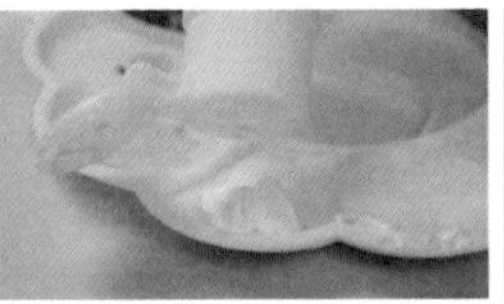
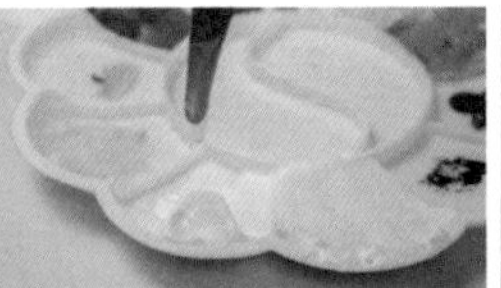
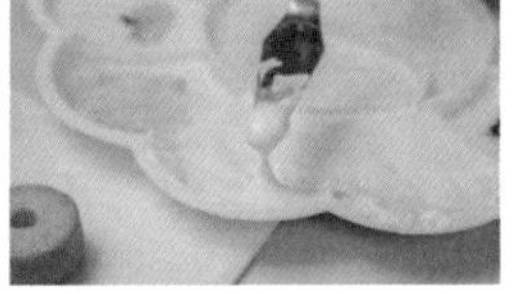

06 用油画铲取适量液体树脂黏土，滴入白色丙烯颜料，将其搅拌均匀至呈绵滑奶油状。

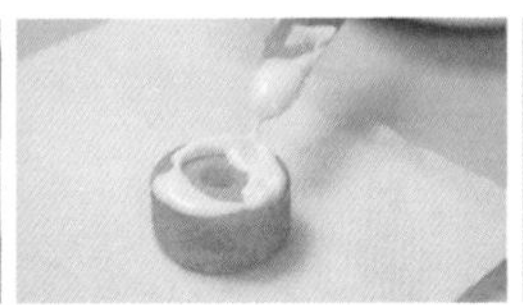
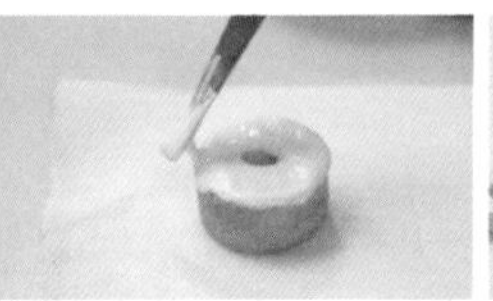

07 用油画铲将奶油抹于蛋糕坯顶部。

## 蛋糕装饰

▼ 花1

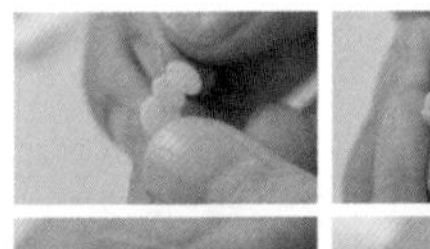
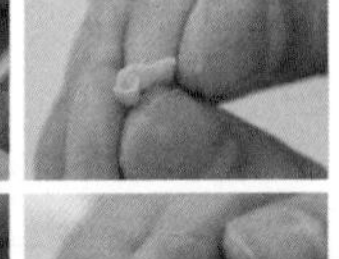

08

将淡黄色树脂黏土压成圆薄片，制作3片，首尾叠放，用指腹将其卷成小花蕾状。再在小花蕾外添加3～4片圆薄片花瓣，花朵部分制作完成，制作若干朵备用。

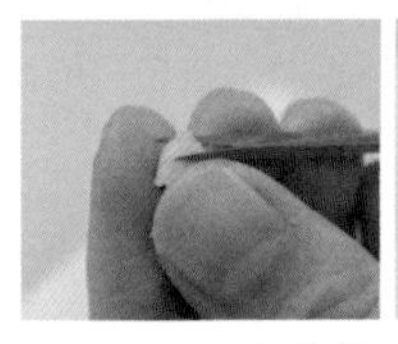
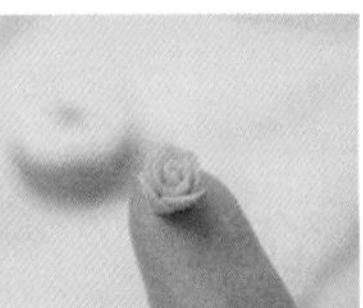
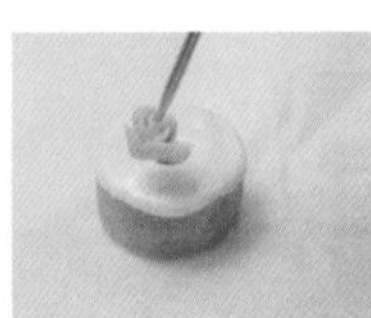
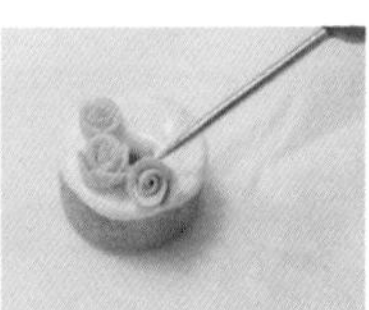
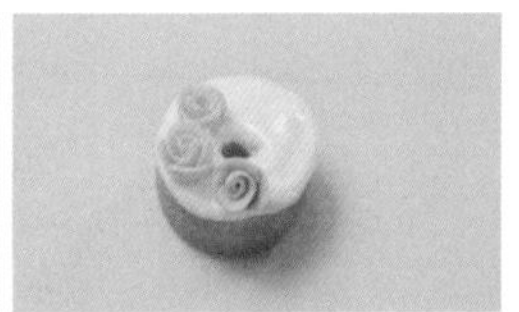

09 用细节剪刀剪去花朵底部，使底部平整，用细节针戳取并将其放置于蛋糕顶部。

▼ 花2

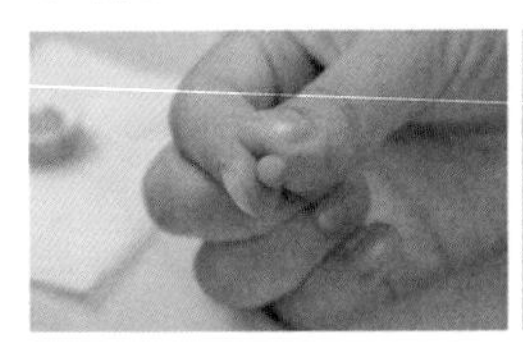
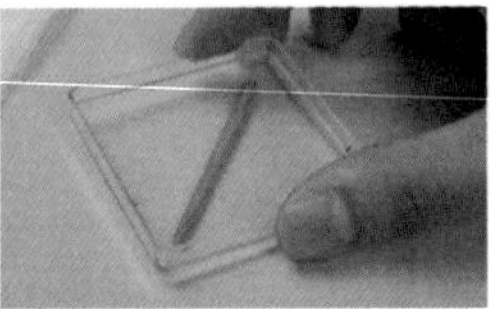
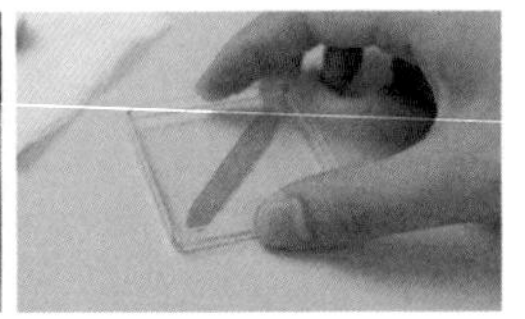

10

取适量橘色树脂黏土，用压泥板搓成均匀细长条，再压扁。

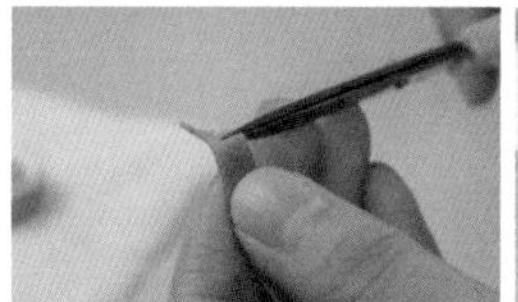
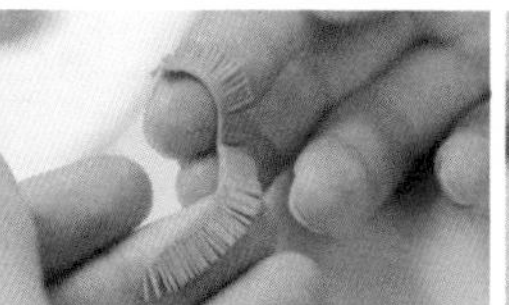
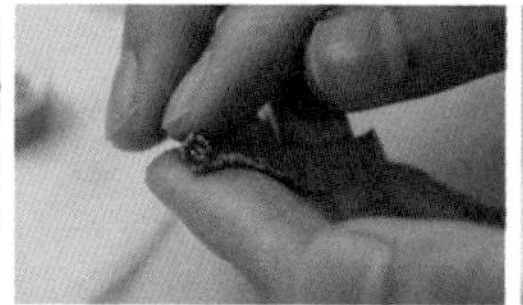
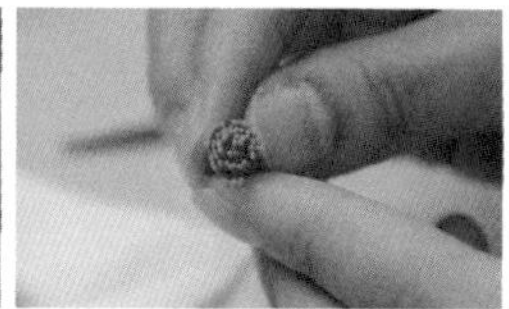

**11** 用细节剪刀剪出流苏，用指腹卷成花形。

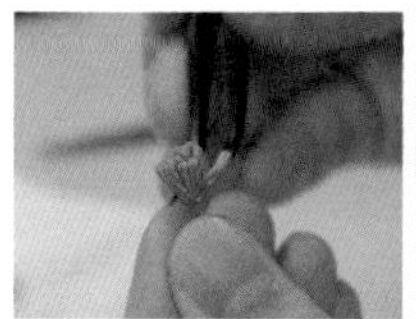

**12** 用镊子截取花的上半部分，调整花形，将其固定于蛋糕上。

▼ 果实 1

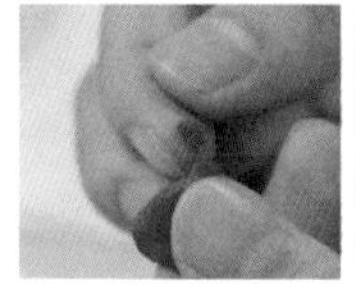

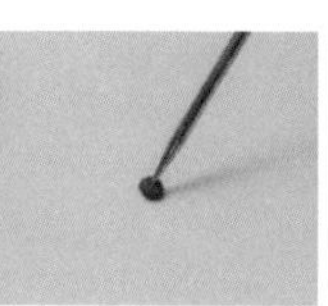
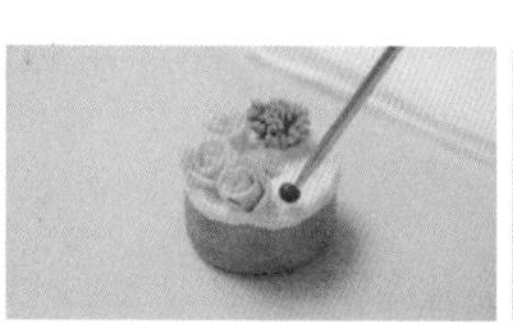

**13** 用指尖捏取少量红色树脂黏土，搓成圆球，用细节针在中心戳孔，制作若干颗，装饰于花朵的周边。

▼ 果实 2

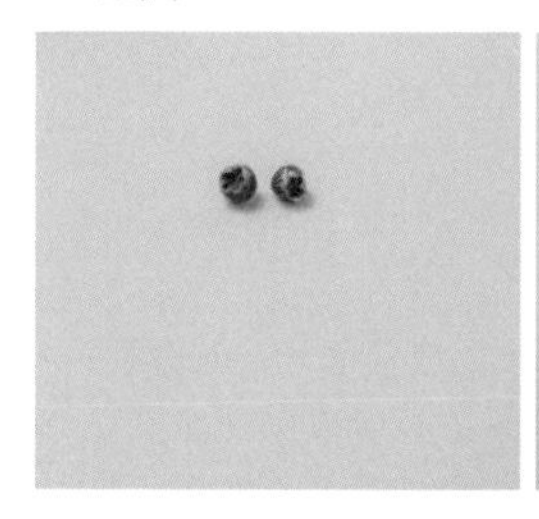

**14**

制作蓝莓两颗（制作方法参考第3章 周二 · 水果丹麦酥-水果蓝莓），轻刷白色颜料表现糖霜质感，装饰于适当位置。

▼ 叶子

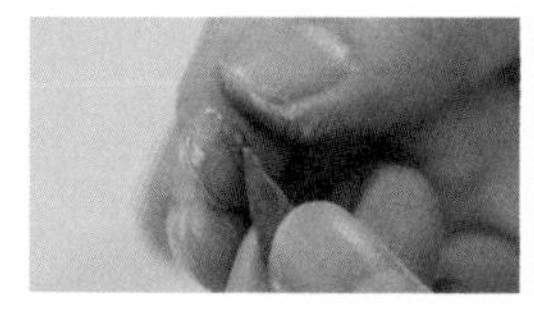

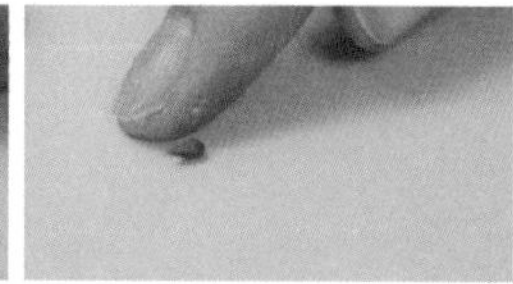
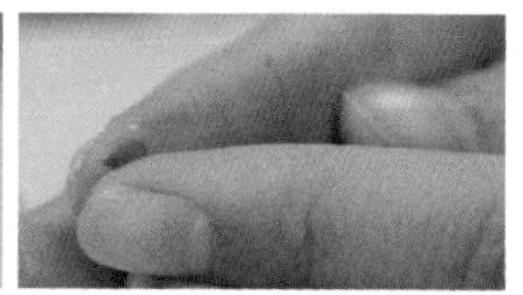

**15** 用指尖捏取少量绿色树脂黏土，搓成圆球，再搓成水滴，压扁成叶子状。

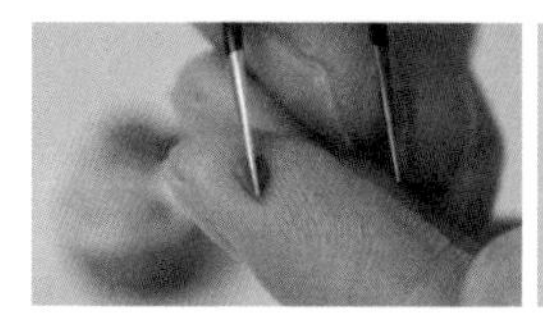
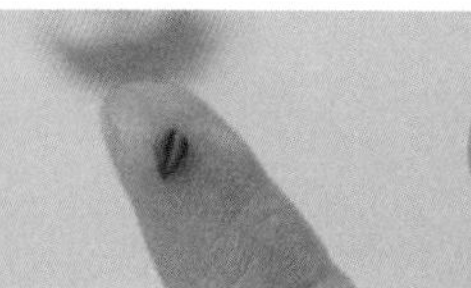

**16** 用镊子的尖端在叶子上压一道压痕，叶子制作完成。制作若干片叶子，将其装饰在花的底部、果实的旁边。

# 4.5 五月·甜甜圈

**黏土** 日清Grace color系列白色、黄色树脂黏土

**上色材料** 黄色、白色、土黄色、深棕色、红色、柠檬黄色丙烯颜料

**工具** 调色盘、细节针、调色尺、压泥板、硅胶软头笔或丸棒、羊角刷、黏土刀、管状胶水、压痕笔、平头毛笔、液体树脂黏土、细毛笔、镊子、银色颗粒、透明亮光油、仿真糖粉、细节剪刀

## 甜甜圈基础形

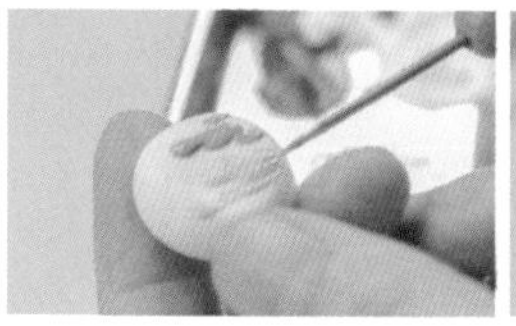
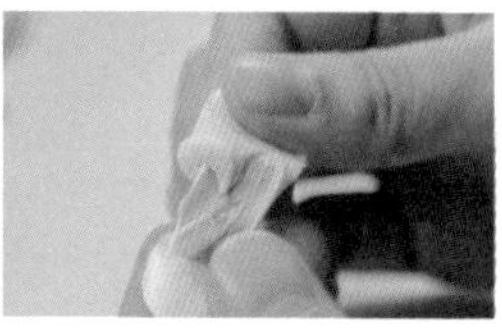
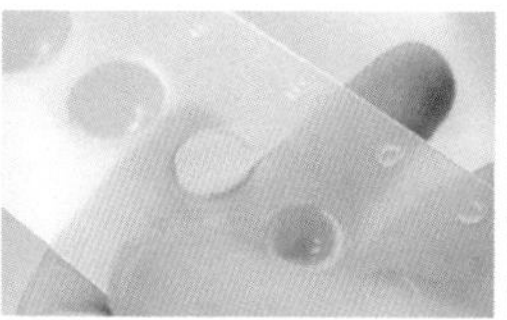
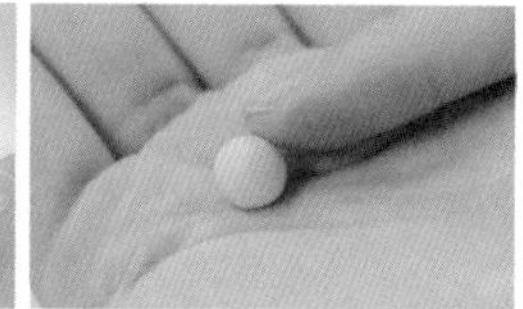

01 取适量白色树脂黏土，用细节针蘸取土黄色、黄色丙烯颜料与黏土混合，充分揉捏，得到淡黄色树脂黏土，取指定分量（E格），揉成圆球。

▼ 甜甜圈 1

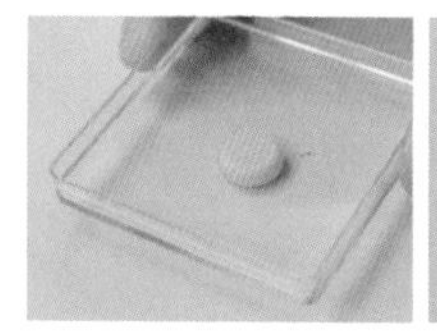
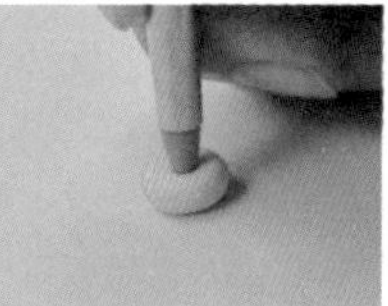

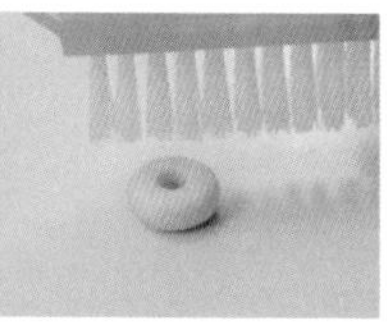

02 用压泥板将圆球压成圆饼，再用硅胶软头笔或丸棒戳孔，用羊角刷拍印纹理，增加质感。

▼ 甜甜圈 2

03 按照步骤02先做出圆饼，用黏土刀划出放射状纹路，再用羊角刷拍印增加质感。

▼ 甜甜圈 3

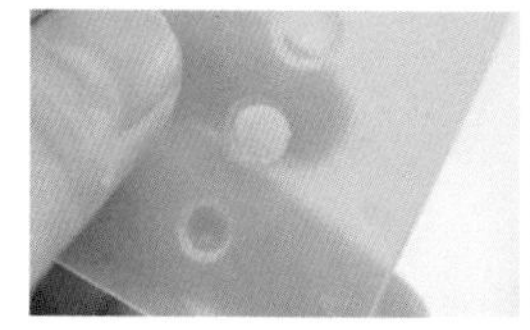

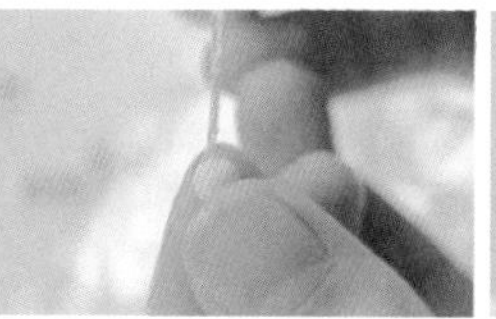
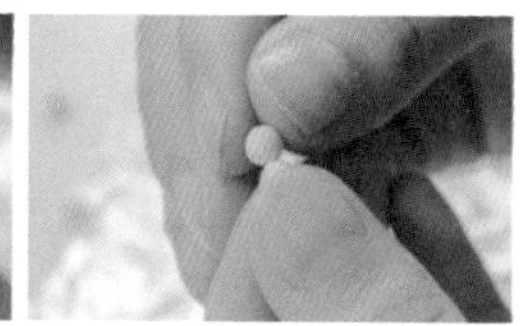

04 量取指定分量（B格）的淡黄色黏土，揉成圆球，制作6个，用胶水将它们组合，围成一圈。

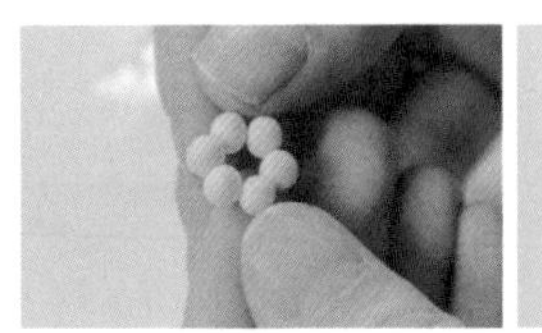

05

用羊角刷整体拍印纹理，增加质感。

## 甜甜圈上色

06 取土黄色和少量柠檬黄色丙烯颜料调色，用平头毛笔蘸取丙烯颜料，在纸巾上轻印吸走多余水分，再在3个甜甜圈上干刷上色。

## 甜甜圈上酱

07 取液体树脂黏土混合白色丙烯颜料，调制成白色奶油，用压痕笔抹在甜甜圈1上；用细毛笔蘸取深棕色丙烯颜料，涂在甜甜圈2上，只涂半个圆环。

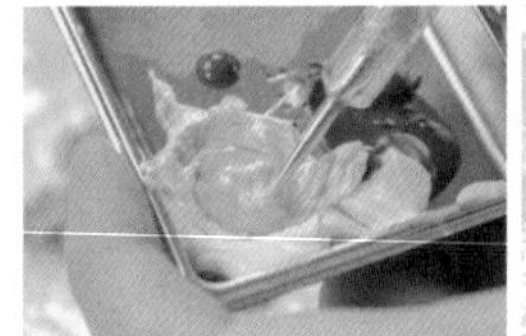

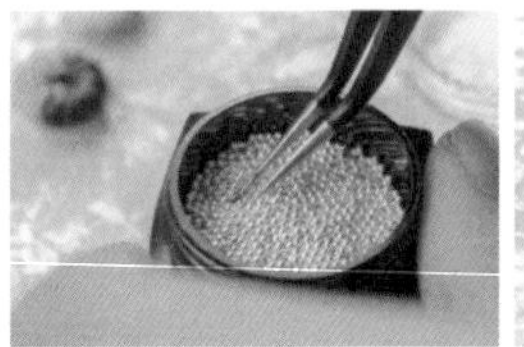
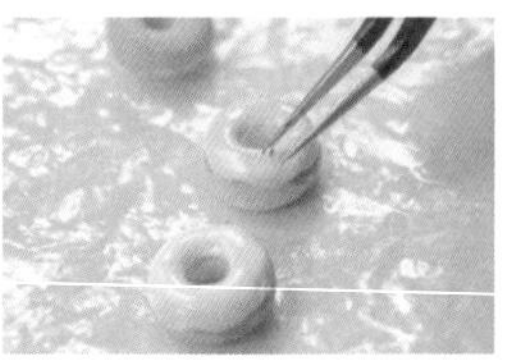

08 取液体树脂黏土混合白色、红色丙烯颜料，调制成粉红色奶油，用压痕笔抹在另一个甜甜圈1上，再用镊子夹取银色颗粒装饰于奶油上。

▼ 糖霜

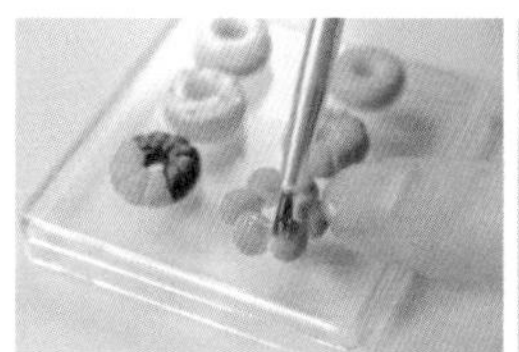

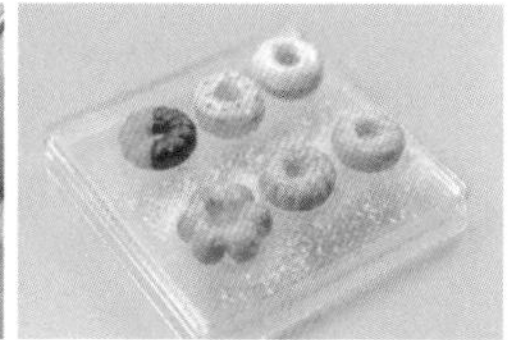

09 在已着烘烤色的3个未上酱的甜甜圈上，用细毛笔刷透明亮光油，撒上仿真糖粉，制作出糖霜质感。

▼ 杏仁粒

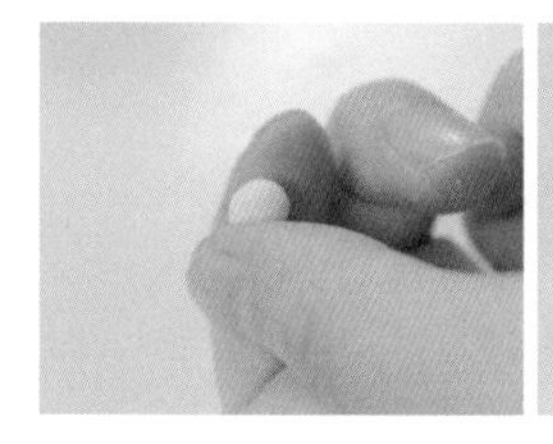

10

取适量淡黄色树脂黏土，用压泥板压成薄片，用羊角刷拍印薄片增加质感。

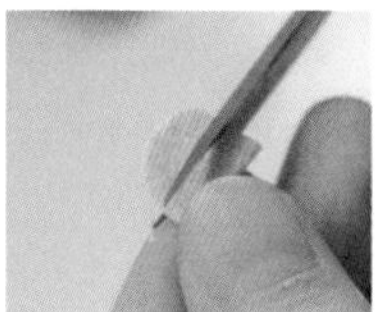
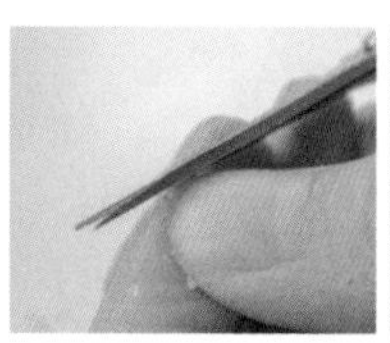

11 取土黄色和少量柠檬黄色丙烯颜料调色，用平头毛笔蘸取丙烯颜料干刷，再用细节剪刀剪成小颗粒。

12

在甜甜圈2的巧克力位置用细毛笔刷透明亮光油，再用镊子装饰步骤11制作的小颗粒。

# 4.6 六月·甜脆爆米花和棉花糖

**黏　　土** 日清Grace系列轻量树脂黏土

**上色材料** 黄色、红色、深棕色丙烯颜料，肉粉色、淡紫色、淡蓝色、草绿色印泥

**工　　具** 白色卡纸、细节剪刀、管状胶水、调色盘、细毛笔、压痕笔、透明亮光油、黑色签字笔、镊子、剪钳、金属丝、美纹纸胶带、调色尺、笔状刷、海绵笔

## 爆米花纸筒

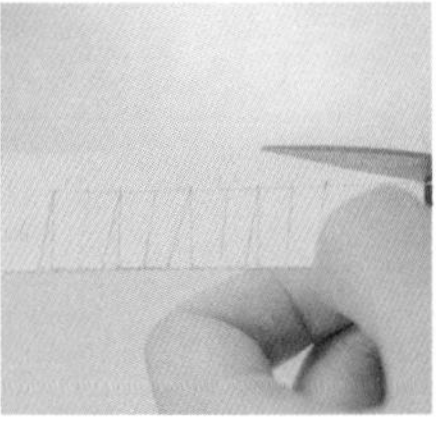

01

在白色卡纸上绘制图样，包括4个梯形（上底为1.2cm、下底为0.9cm、高为1.6cm），1个正方形（边长为0.9cm）。绘制完成，用细节剪刀剪下备用。

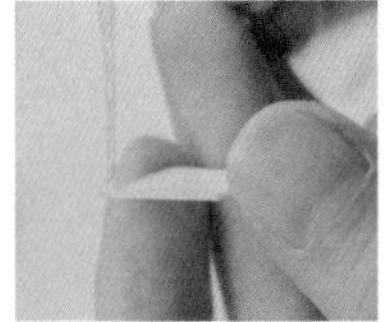
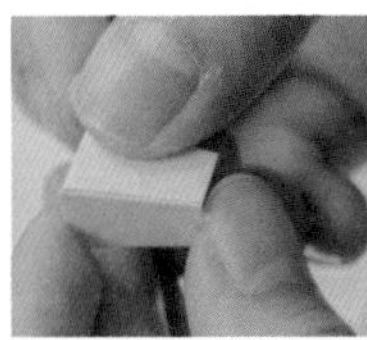
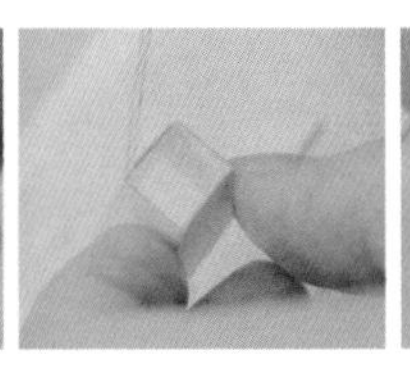

02 在梯形纸片边缘涂胶水，粘贴连接4个梯形，制成筒形，最后将正方形纸片贴于底部。

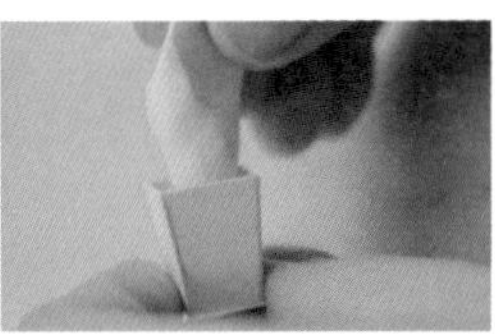
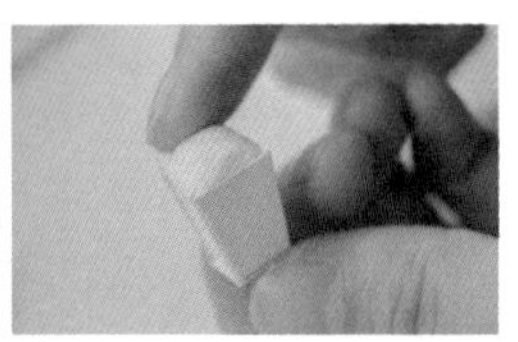

03 取白色轻量树脂黏土混合黄色丙烯颜料，揉搓均匀，得到淡黄色树脂黏土，用它填充纸筒，顶部凸出一小部分。

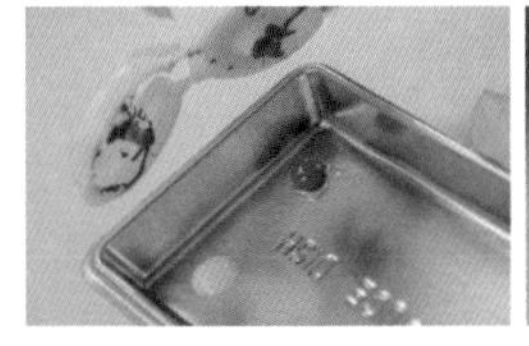

04

用细毛笔蘸取红色丙烯颜料，绘制出纸筒上的条纹。

## 爆米花基础形

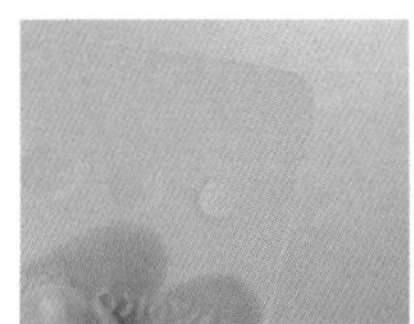
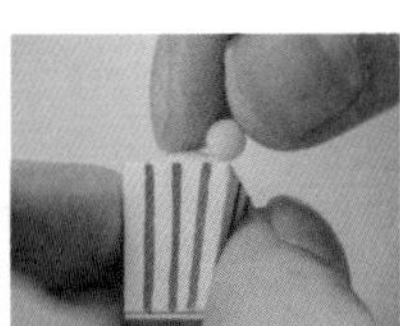
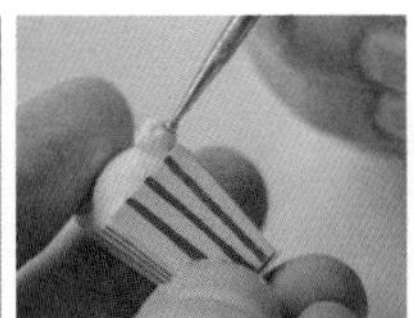
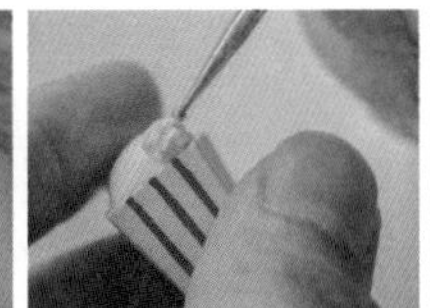

05 量取指定分量（A格）的淡黄色树脂黏土，揉成圆球贴于纸筒一角，用压痕笔压出爆米花坑坑洼洼的质感，用相同的方法制作若干爆米花并围成一圈，完成第一层的爆米花。

06

用相同的方法制作第二层和顶层的爆米花。

## 爆米花上色

▼ 第一层色

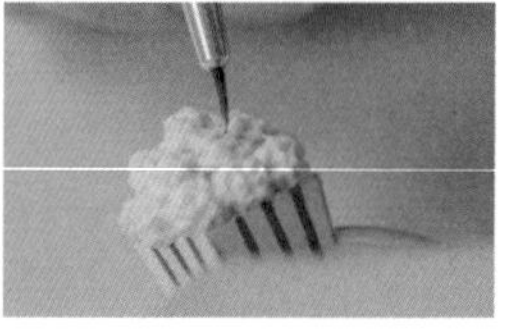
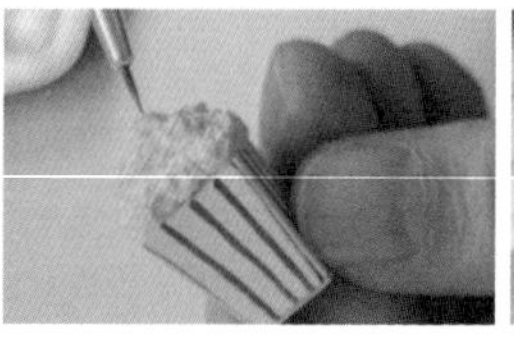

**07** 取黄色丙烯颜料，加水调和，用细毛笔错落地涂刷于爆米花表面。

▼ 第二层色

**08** 取黄色和少量红色丙烯颜料，混合得到橘黄色，用细毛笔涂刷在爆米花凸起的“棱”位置。

▼ 第三层色

**09** 取深棕色、少量黄色和少量红色丙烯颜料，用细毛笔点涂在爆米花的凹陷处。

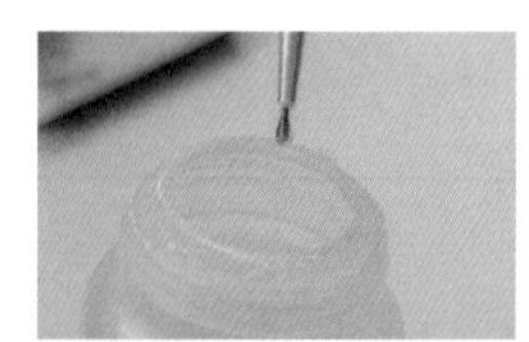

**10** 待黏土干燥1天，用细毛笔在爆米花上刷上透明亮光油。

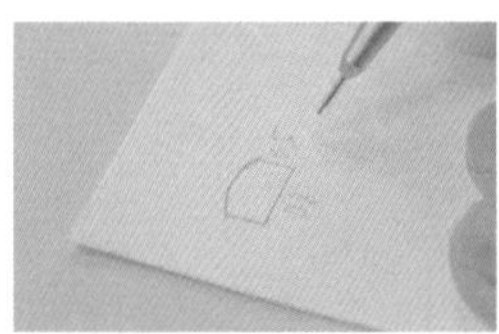
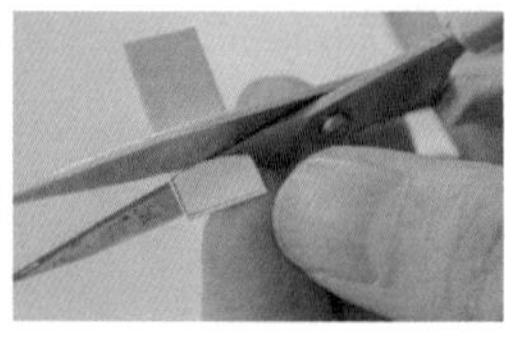

**11** 用黑色签字笔在白色卡纸上绘制长为0.8cm，宽为0.5cm的小纸牌，用细节剪刀裁剪下来，用黑色签字笔绘制出简单的边框并写上爆米花的英文单词。

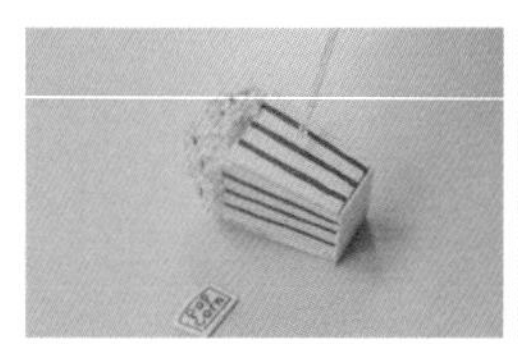
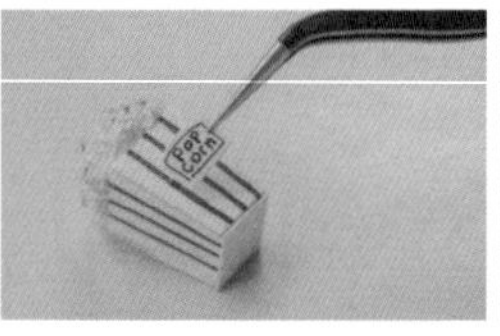

**12** 在纸筒上滴胶水，用镊子夹取小纸牌粘贴在纸筒中部。

## 棉花糖基础形

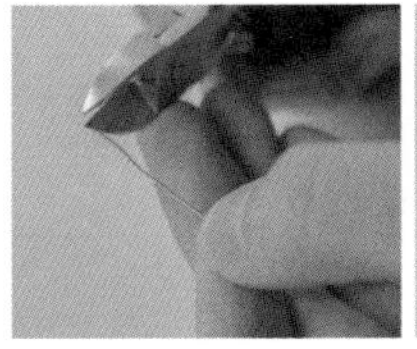
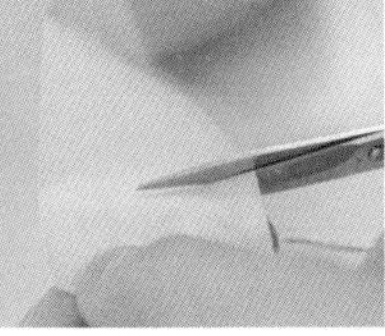
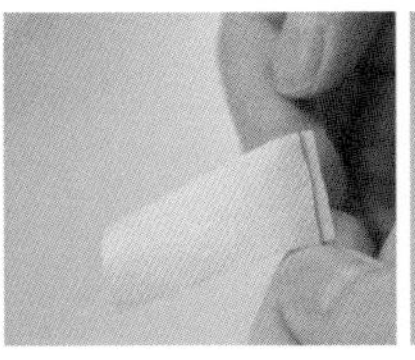
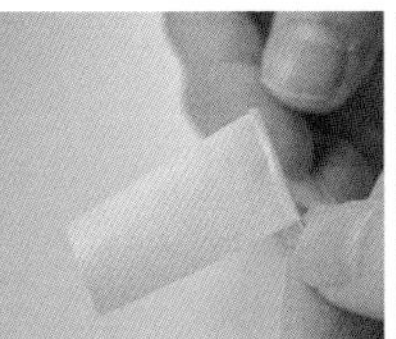
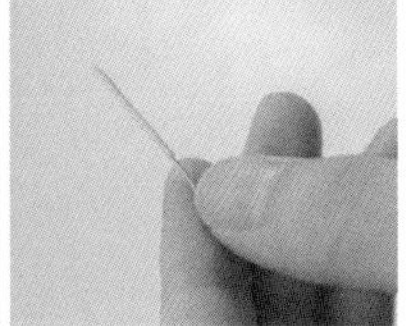

13 用剪钳剪一段长约2cm的金属丝，再用细节剪刀剪一段美纹纸胶带，包裹金属丝，做成纸棒。

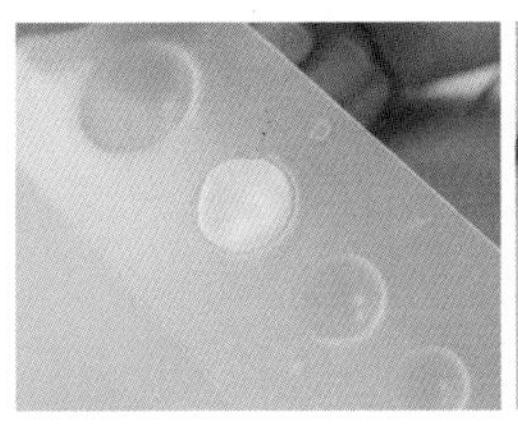
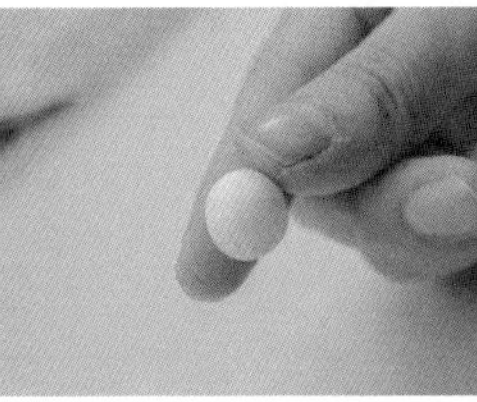
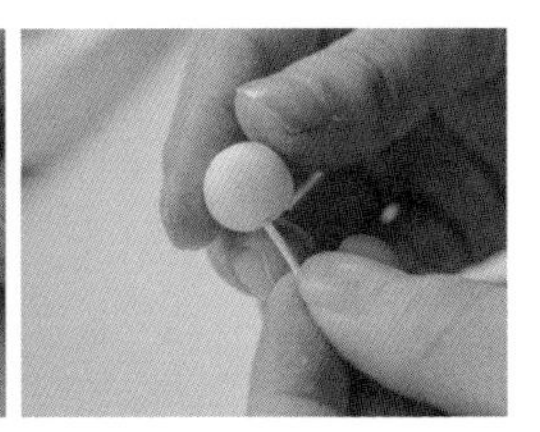

14

用调色尺量取指定分量（G格）的白色轻量树脂黏土，搓成圆球，将纸棒插入圆球底部。

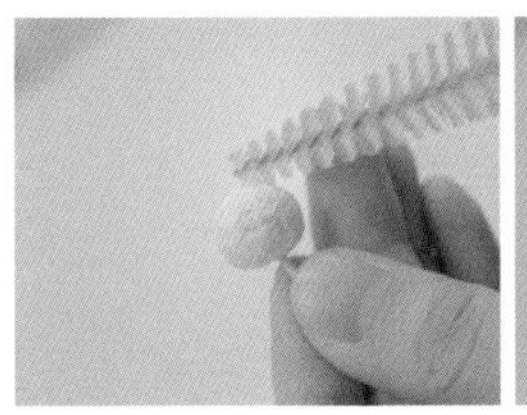

15

用笔状刷拍印圆球增加质感，用镊子尖端将黏土刮向纸棒，以衔接黏土与纸棒。

## 棉花糖上色

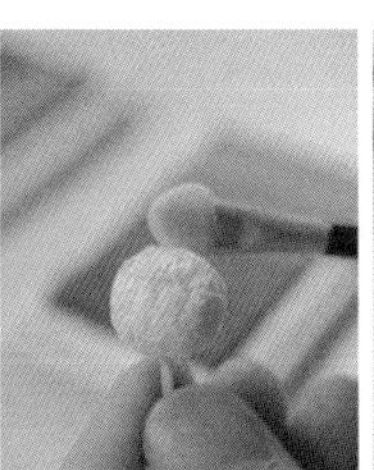

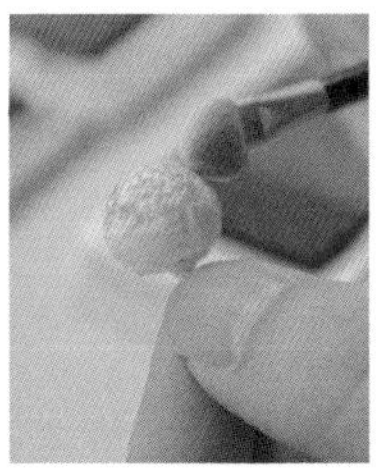

16

用海绵笔蘸取肉粉色印泥，轻印于圆球顶部1/3处；再蘸取淡紫色印泥，轻印于肉粉色印泥下方。

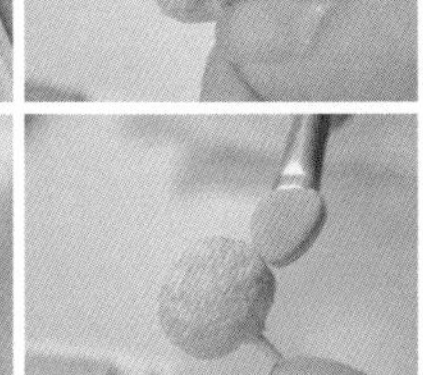

17

蘸取淡蓝色印泥，轻印于圆球底部1/3处；再蘸取草绿色印泥，轻印于淡蓝色印泥上方。

# 4.7 七月·马卡龙色冰激凌

黏　土　日清Grace系列轻量树脂黏土

上色材料　蓝色系、黄色系、粉色系、绿色系、紫色系印泥

工　具　容器（杯子）、调色尺、脱模油、细节针、压泥板、细节剪刀、镊子

## 冰激凌基础形

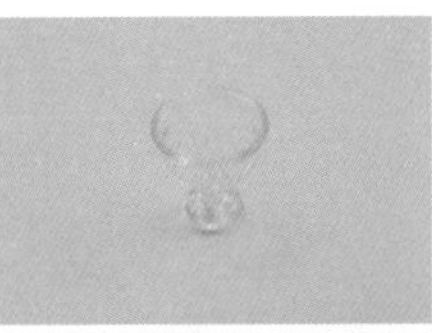

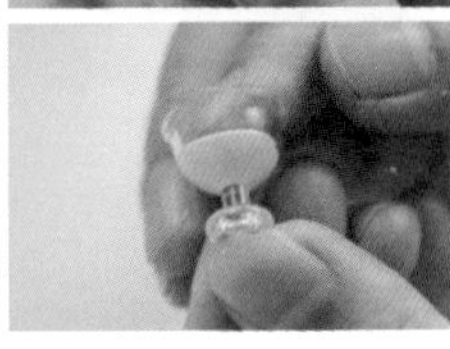

01

用印泥分别将黏土调制成淡蓝色、淡黄色、粉红色、淡绿色、淡紫色黏土备用，在容器中放入适量淡黄色树脂黏土，按压填满容器底部。（调色方法参考第2章 制作迷你黏土食物的基础技法及窍门。）

02 叠放淡蓝色黏土，用手指将淡蓝色黏土压平；再叠放粉红色黏土，依旧用手指将其压平。

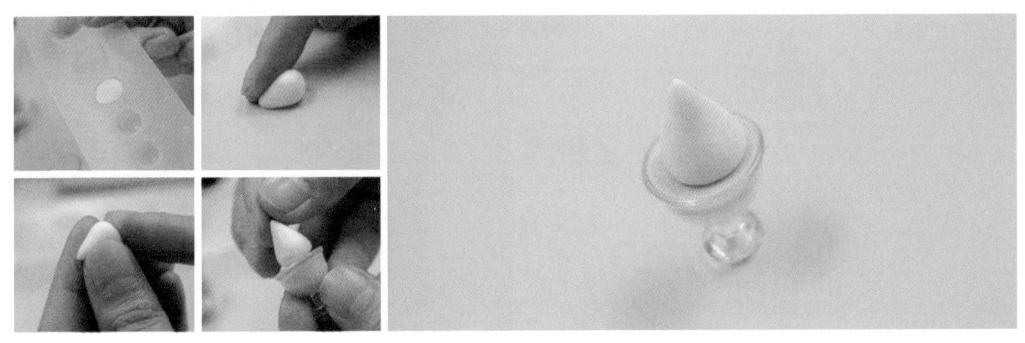

03 用调色尺量取指定分量（F格）的白色轻量树脂黏土，搓成胖水滴，用指腹轻压底部，做成圆锥状，贴于冰激凌杯顶部。

04

将脱模油刷在圆锥上，用细节针从上往下划几道斜线，作为冰激凌的纹路，再用指腹将顶部捏尖。

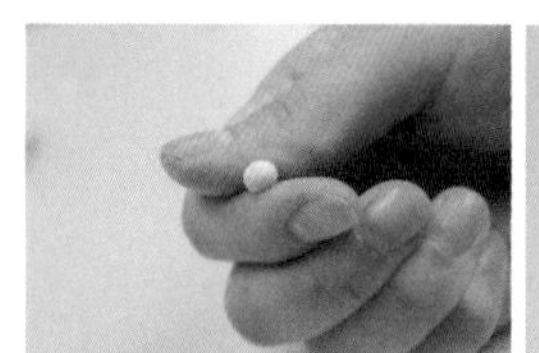
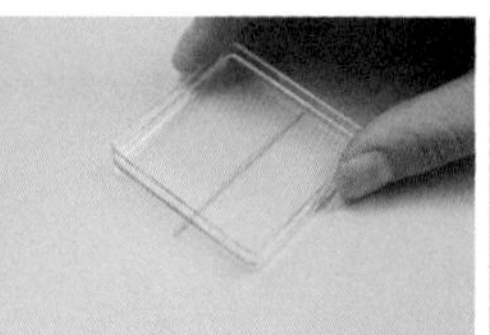

05 将淡蓝色、淡黄色、粉红色、淡绿色、淡紫色黏土分别搓成圆球，再用压泥板滚成细长条。

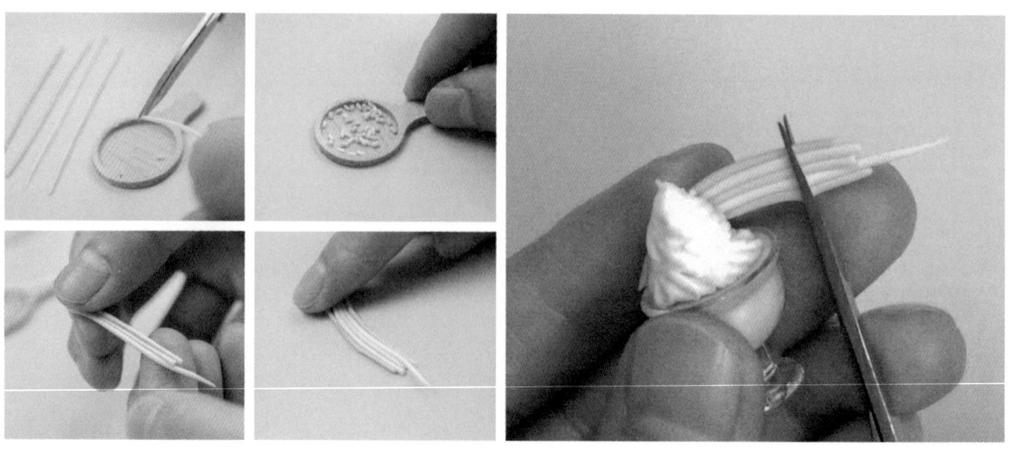

06 用细节剪刀把细长条剪成小段的颗粒装饰；用同样的方法再制作一些不同颜色的各色细长条，将细长条按照彩虹颜色排列组合，贴在冰激凌后方，并用细节剪刀裁剪平整。

07 用镊子将不同颜色的颗粒错落地装饰在冰激凌上。

08 参考第3章 周四·欧式乡村面包制作小圆饼干，将其装饰在合适的位置。

# 八月·芋圆丸子冰沙

**黏　　土** 日清Grace color系列白色树脂黏土

**上色材料** 黄色系、紫色系印泥，深棕色丙烯颜料

**工　　具** 调色尺、压泥板、细节剪刀、仿真冰沙、调色盘、透明亮光油、油画铲、容器（碗）、镊子、细毛笔

## 芋圆、丸子、珍珠

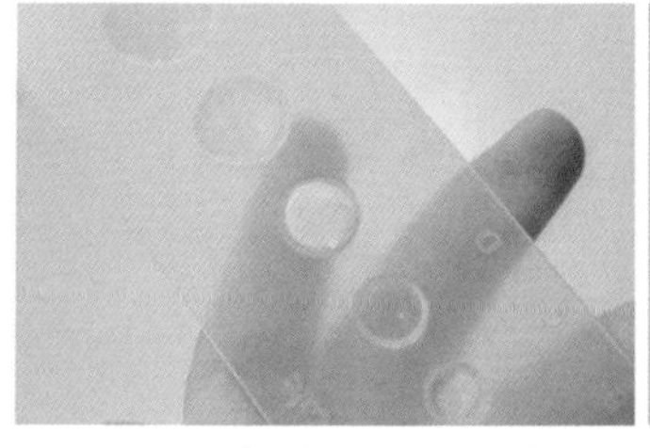
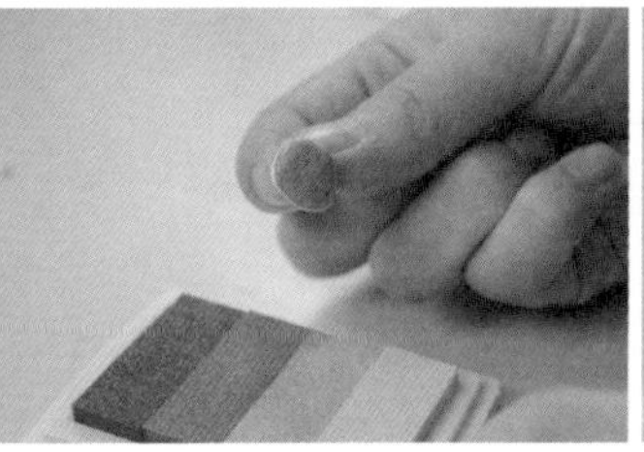
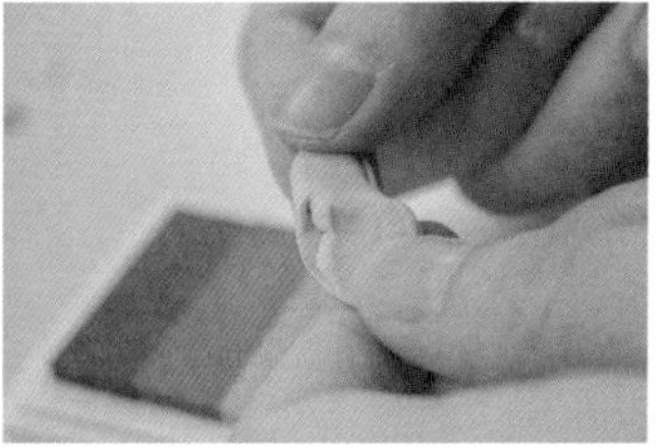

01 取白色树脂黏土用调色尺量取指定分量（E格），染上橘色印泥，混合均匀。

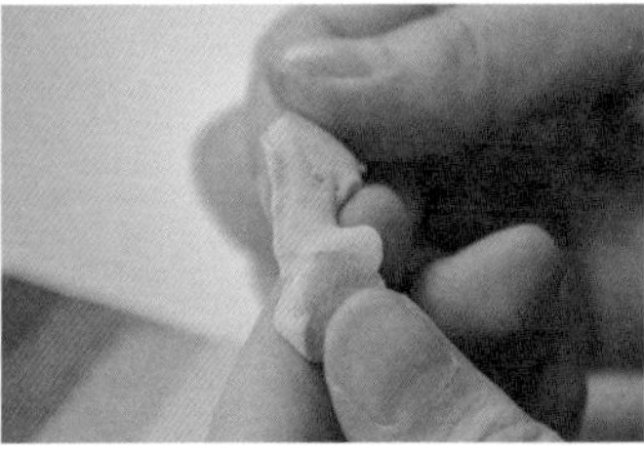
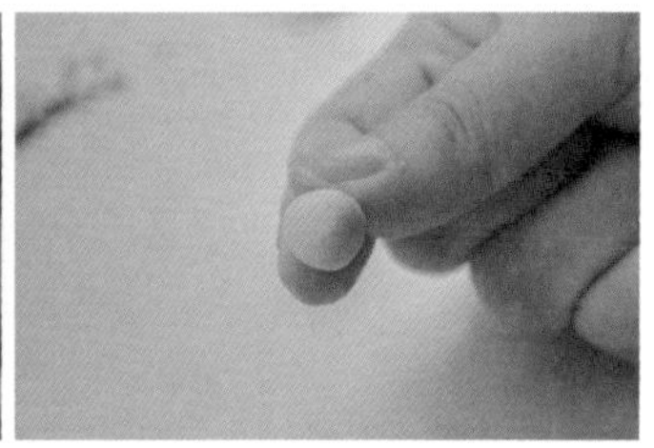

02 用步骤01的黏土染一次橘黄色印泥，混合均匀，并搓成圆球。

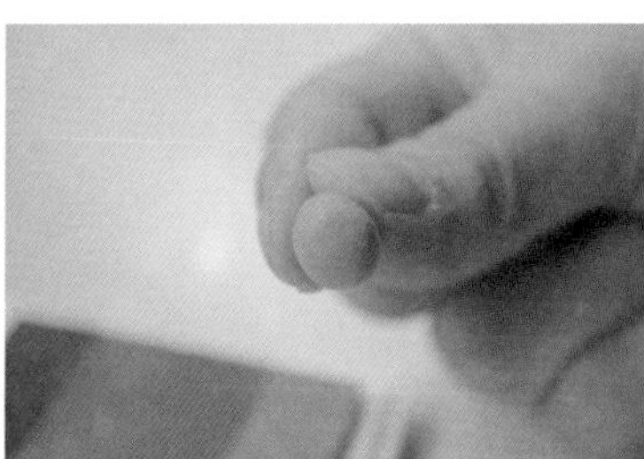

03 取白色树脂黏土染上深紫色印泥，混合均匀，并搓成圆球。

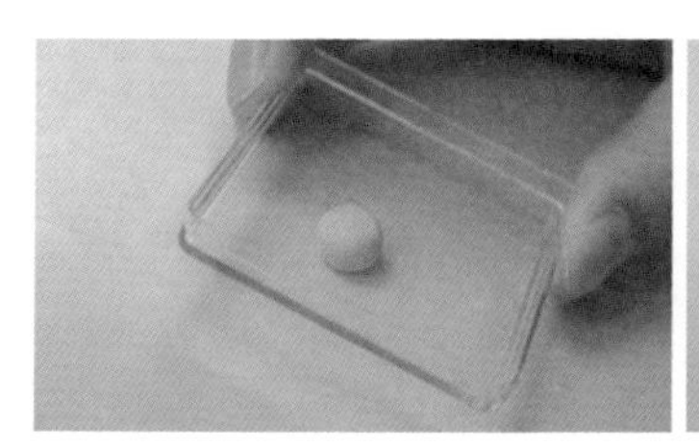

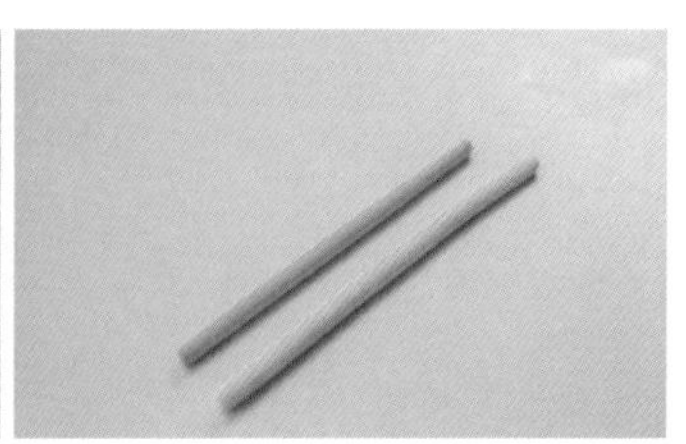

04 用压泥板分别将两个颜色的黏土搓成长条。

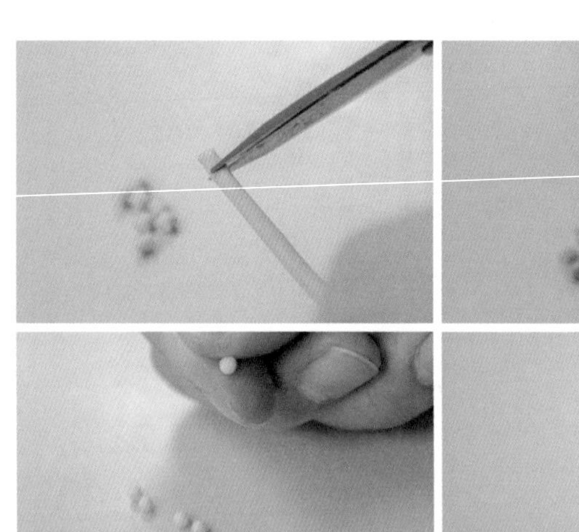

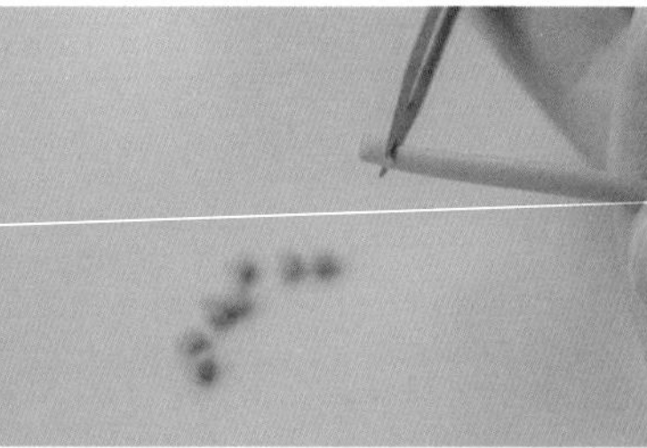

## 05

将黄色、紫色长条用细节剪刀剪成小段，制成“芋圆”；用指尖取少量白色树脂黏土搓成若干圆球，待干后作为“丸子”备用。用指尖取少量褐色黏土搓成若干圆球，待干后作为“珍珠”备用。

## 冰沙

## 06

取适量仿真冰沙，用调色盘或其他容器盛放，用油画铲在其中加入透明亮光油，搅拌均匀，以增强仿真冰沙的黏性。

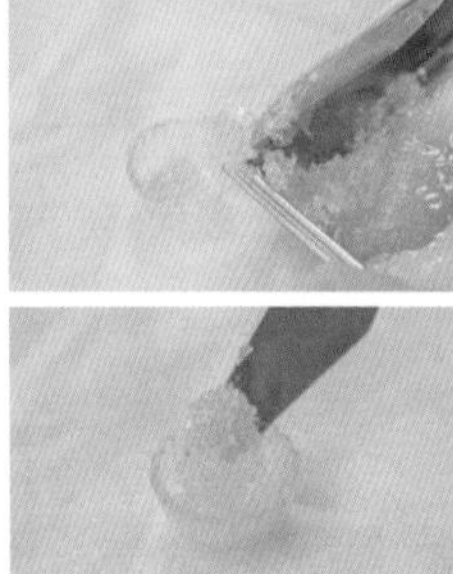

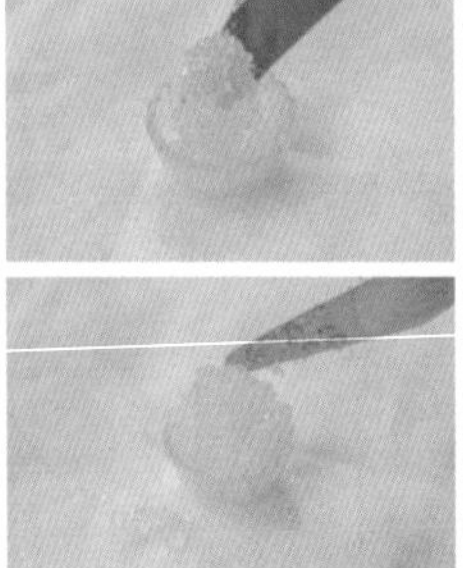

## 07

用油画铲将冰沙装入碗中，堆放成有一定高度的小山形。

## 组合

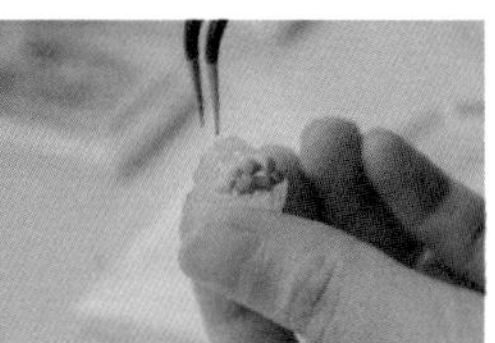

08

用镊子夹取芋圆，蘸取透明亮光油，以增强黏性，装饰于冰沙上，装饰时适当错开放置两种颜色的芋圆。

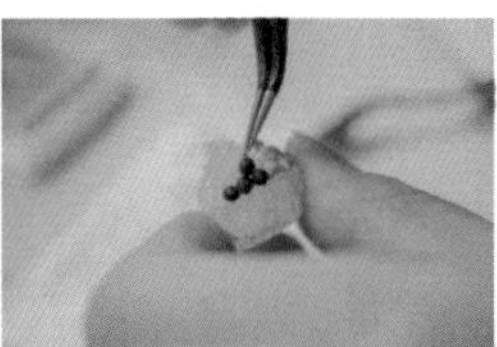

09 用镊子夹取褐色珍珠、白色丸子，蘸取透明亮光油，以增强黏性，装饰于冰沙上。

## 调酱汁

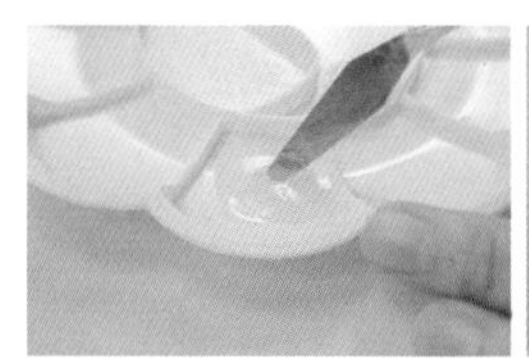
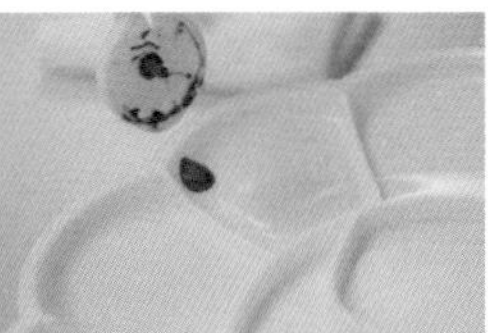
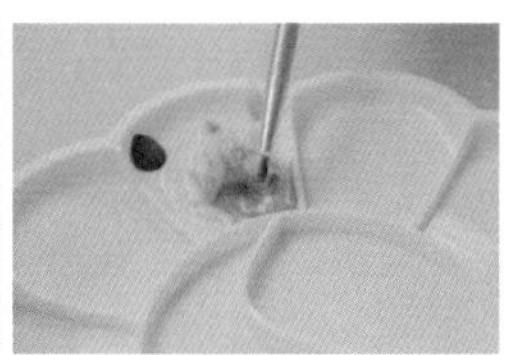

10

在透明亮光油中加入少量深棕色丙烯颜料，调成半透明酱汁。

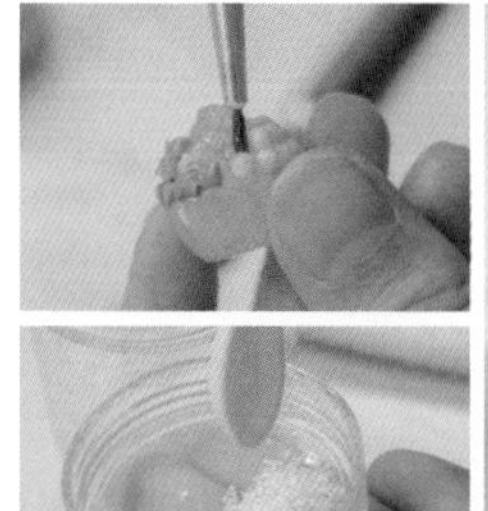

11

用细毛笔蘸取酱汁，并将其刷于冰沙和部分装饰上，可在顶部适当增加冰沙。

# 4.9 九月·水果奶油吐司

**黏　土** 日清Grace系列轻量树脂黏土，帕蒂格MODENA系列半透明树脂黏土，日清Grace color系列红色、蓝色树脂黏土

**上色材料** 黄色、白色、红色丙烯颜料，烧烤达人色粉盒，绿色系印泥

**工　具** 调色尺、调色盘、细节针、压泥板、刀片、脱模油、雕刻刀、镊子、丸棒（0.5cm直径）、笔状刷、海绵笔、液体树脂黏土、油画铲、透明亮光油、压痕笔、细节剪刀、细毛笔

## 吐司基础形

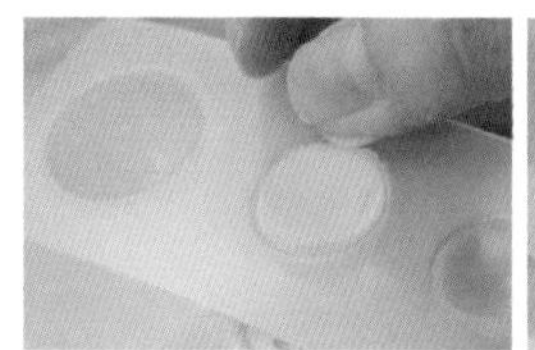
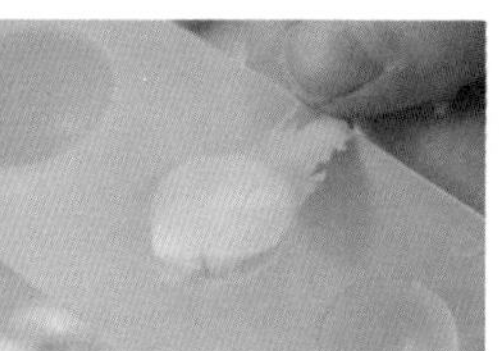
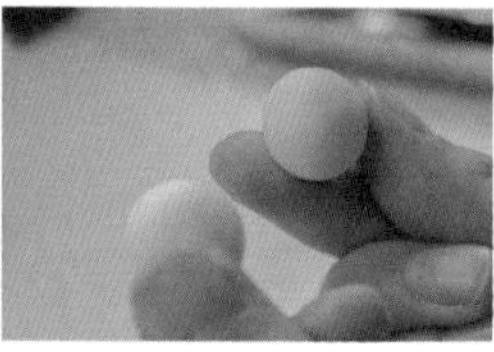

**01** 取半透明树脂黏土和白色轻量树脂黏土，用调色尺分别量取指定分量（H格），混合两种黏土。（混合两种黏土的作用：吐司需用硬度较高的白色树脂黏土，半透明树脂黏土的硬度较高，但是呈半透明色，加入白色轻量树脂黏土可使混合黏土在保持较高硬度的同时呈白色。）

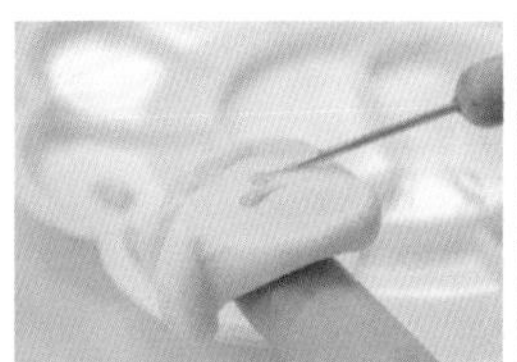
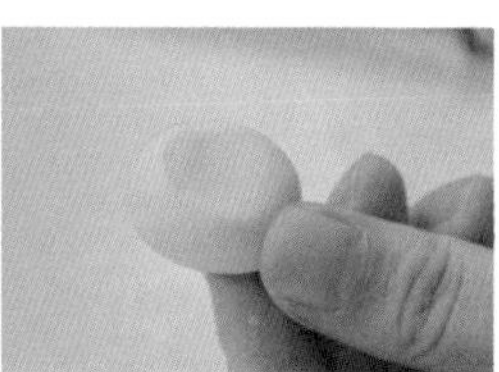
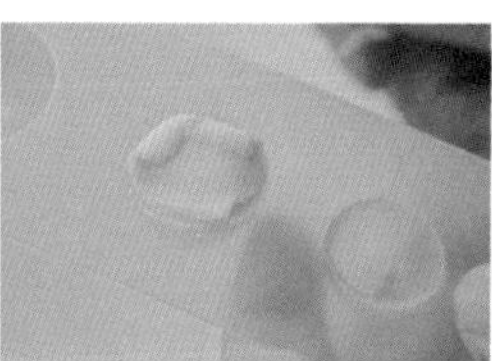
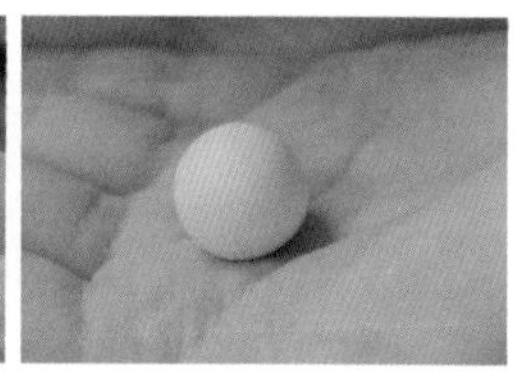

**02** 在混合好的黏土中加入黄色丙烯颜料，充分揉捏，得到淡黄色树脂黏土，量取指定分量（H格），揉成圆球。

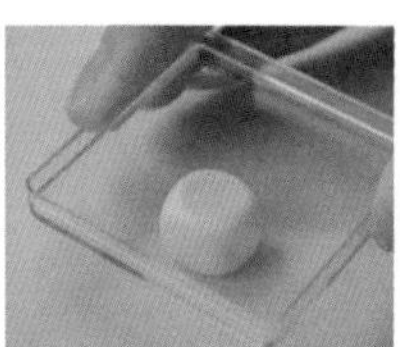
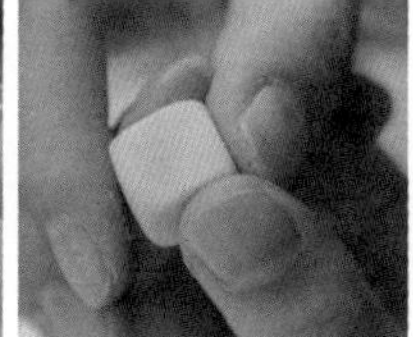
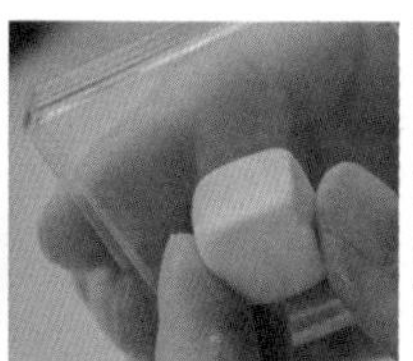

**03** 用压泥板轻轻将其压平，双手食指、拇指交错并用，塑造立方体，得到吐司的基础形；再用压泥板压平立方体的每一面。

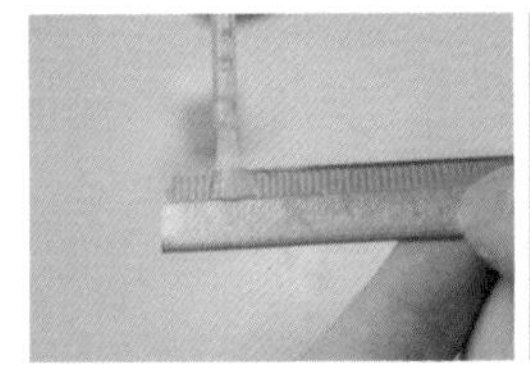

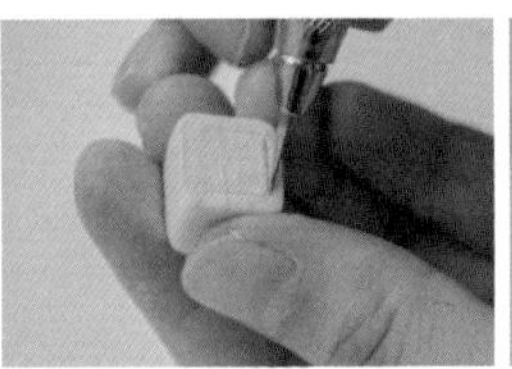
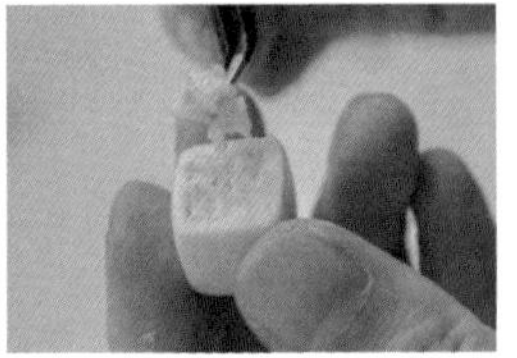

**04** 在刀片上刷脱模油，再切掉吐司基础形某一面的顶部；用雕刻刀划出切面上的四边框，再用镊子边挖边夹出边框中的黏土。

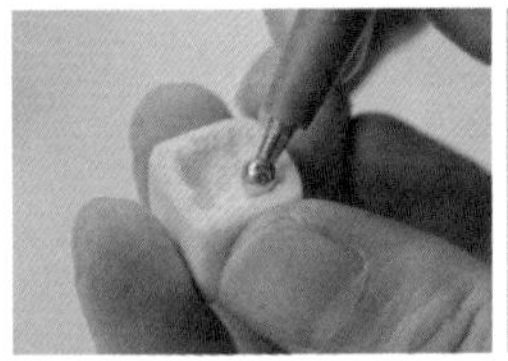
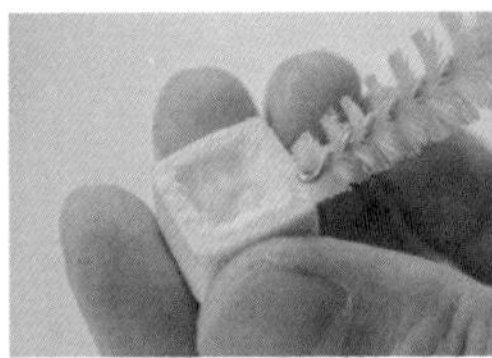

**05** 用丸棒按平夹出黏土后的坑，再用笔状刷拍印边缘，增加纹理质感。

## 吐司上色

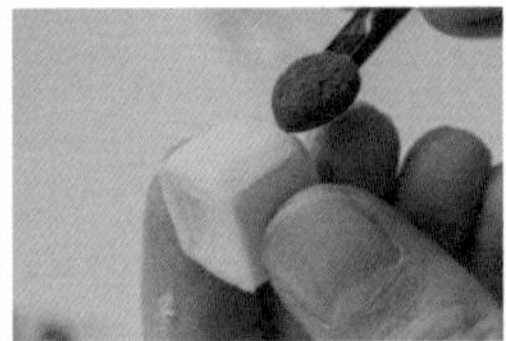
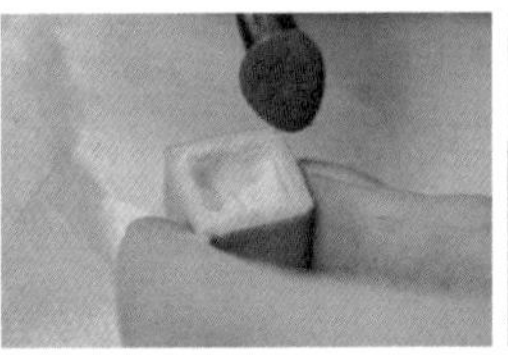

**06** 用海绵笔蘸取棕色色粉，刷在吐司外层，边缘和棱角部分加深颜色。

## 调制奶油

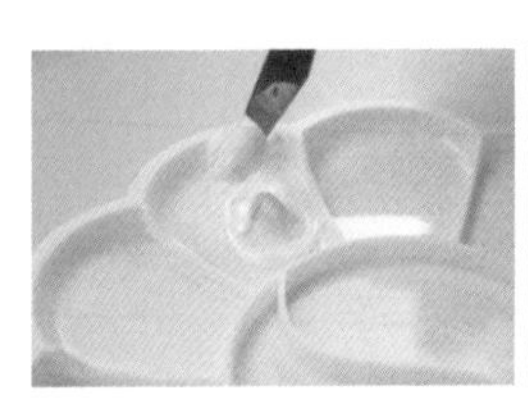

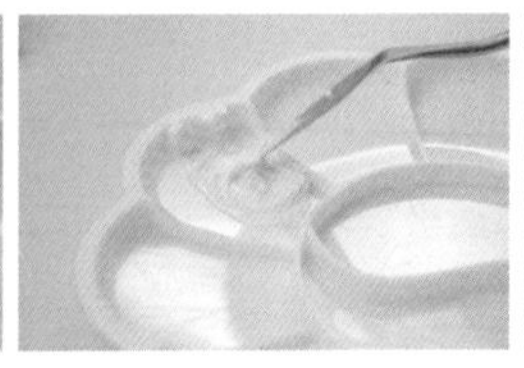
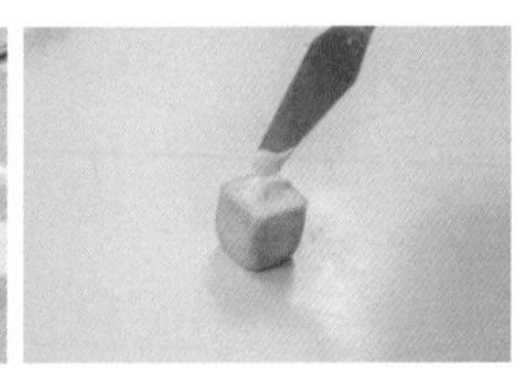

**07** 用液体树脂黏土混合白色丙烯颜料调制白色奶油，用油画铲取适量奶油装入吐司的凹陷处。

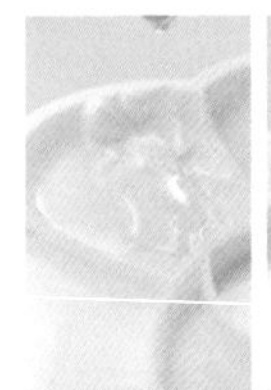
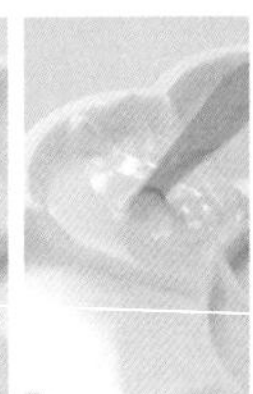
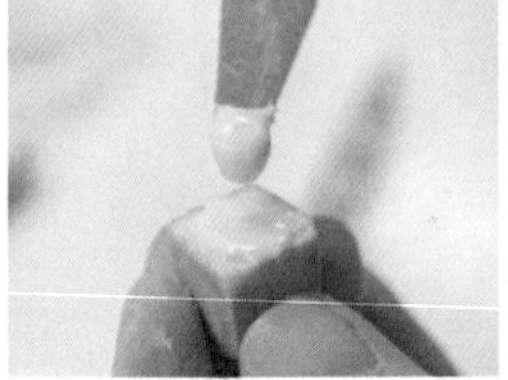
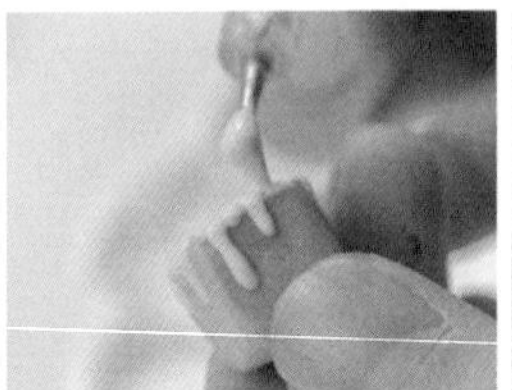
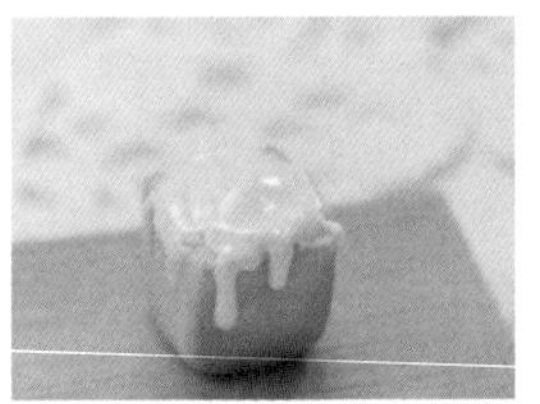

**08** 向奶油中添加透明亮光油（可增强奶油的流动性，以便制作奶油溢出效果），取适量奶油滴在吐司中间，再用压痕笔从中间向外将奶油拨至边缘，再往下轻拉，制作出奶油溢出的效果。

## 冰激凌球

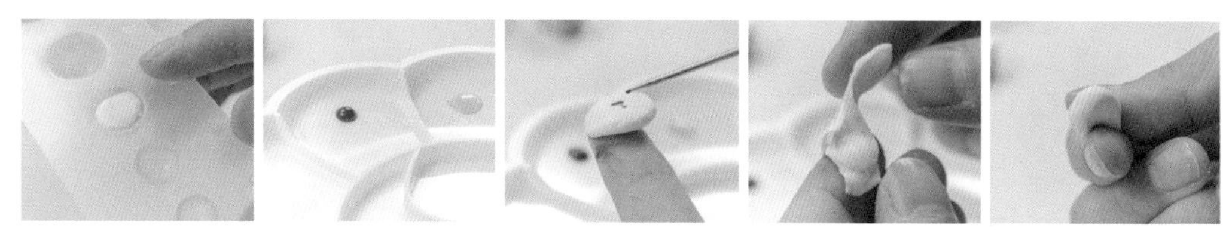

09 取白色轻量树脂黏土量取指定分量（F格），加少量红色丙烯颜料，混合均匀，揉成淡粉色树脂黏土。

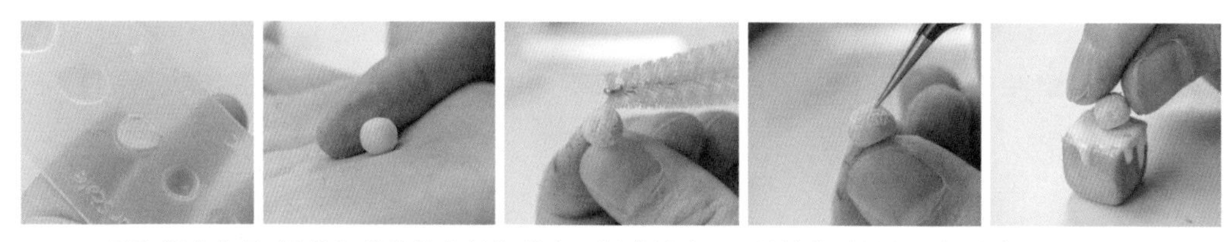

10 量取指定分量（D格）的淡粉色树脂黏土，揉成圆球，再用笔状刷拍印增加质感，然后用镊子尖细化质感，最后将其放置在奶油上。

## 奶油水果吐司装饰

11 参考第3章 周二·水果丹麦酥中草莓、蓝莓的制作方法制作若干草莓、蓝莓备用，用镊子夹取水果，蘸取奶油，再装饰于冰激凌球周边。

▼ 饼干

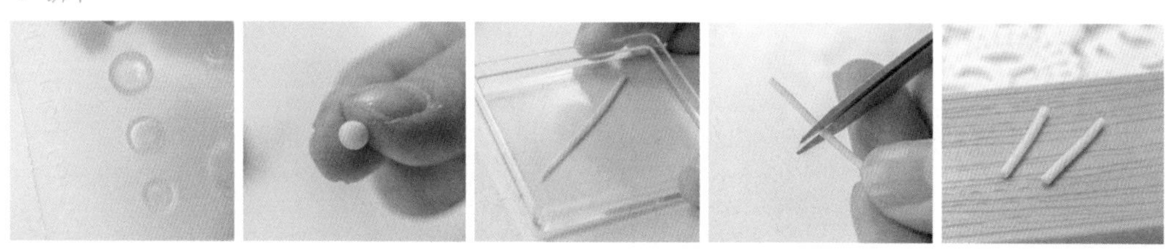

12 取淡黄色树脂黏土量取指定分量（B格），揉成圆球，再用压泥板搓成细长条，然后用细节剪刀将细长条剪成两小段作为饼干棒。

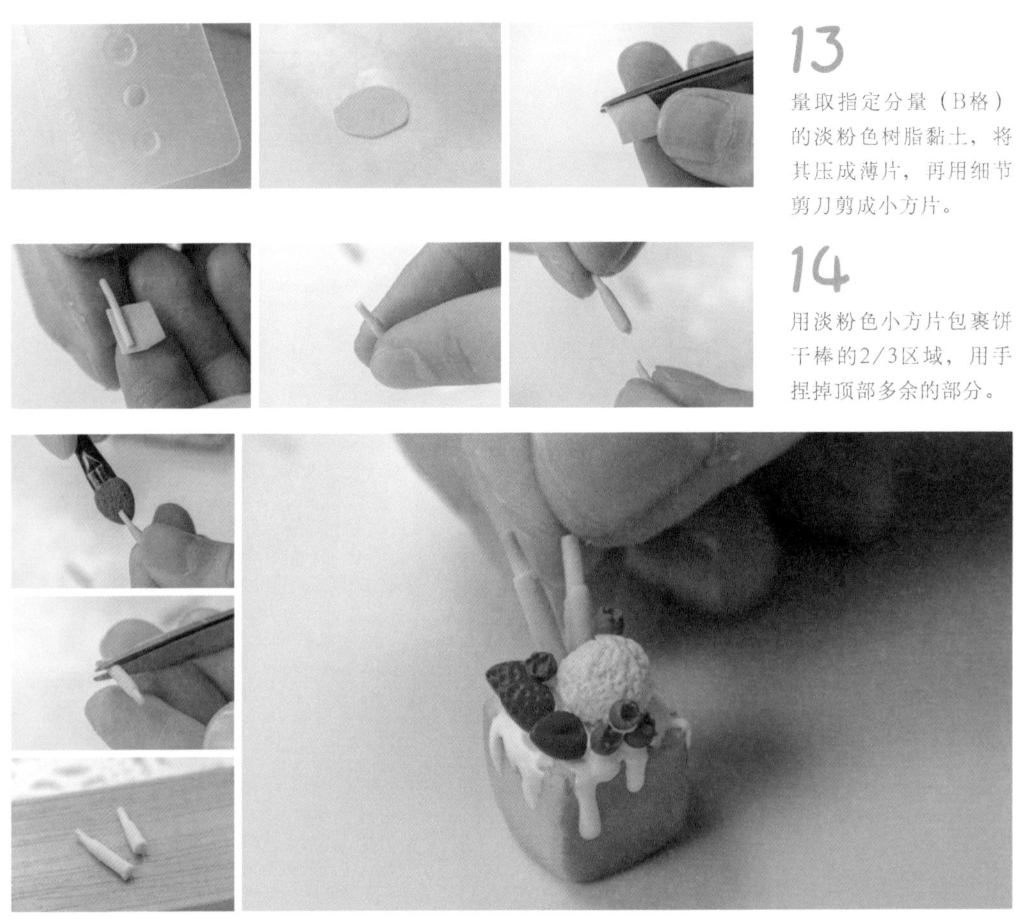

## 13

量取指定分量（B格）的淡粉色树脂黏土，将其压成薄片，再用细节剪刀剪成小方片。

## 14

用淡粉色小方片包裹饼干棒的2/3区域，用手捏掉顶部多余的部分。

## 15

在饼干棒底部刷棕色色粉，分别做成一长一短的饼干棒，底部朝上插入冰激凌球后面的奶油中。

## 16

用细毛笔蘸取白色丙烯颜料，绘制草莓脉络，轻刷蓝莓增加质感。

▼ 叶子

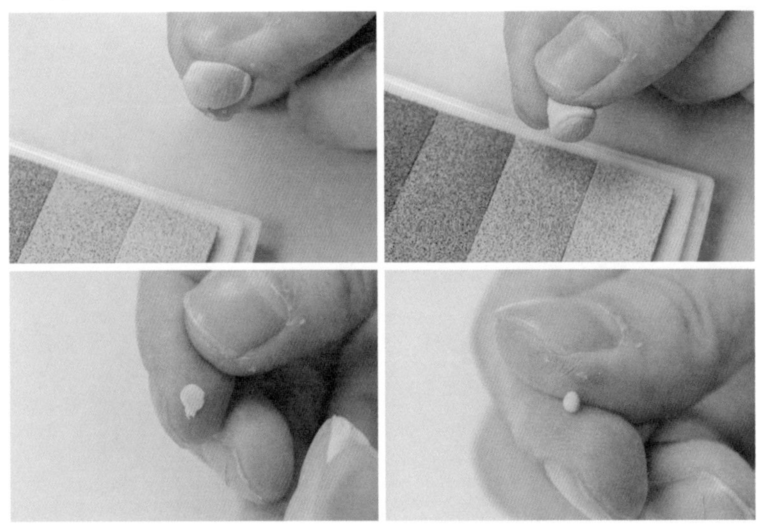

## 17

将白色轻量树脂黏土或半透明树脂黏土，染上绿色印泥，充分揉捏，得到草绿色树脂黏土；用指尖捏取少量草绿色黏土并搓成细椭圆。

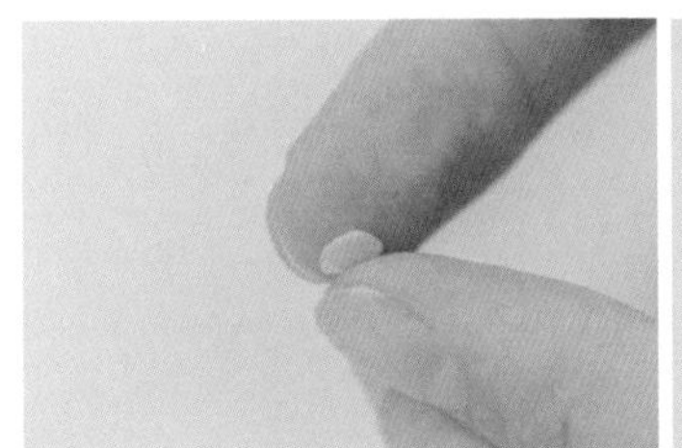

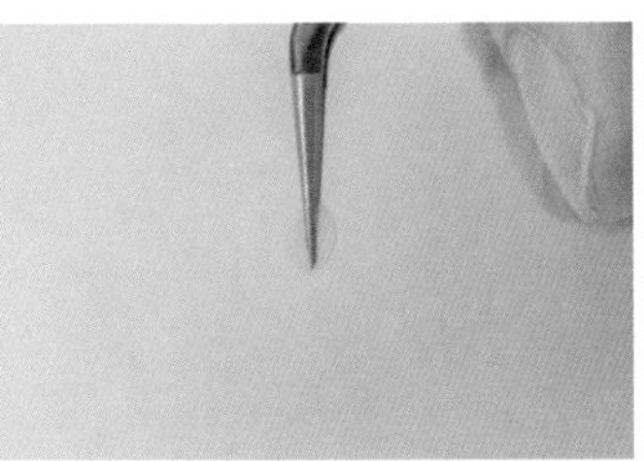

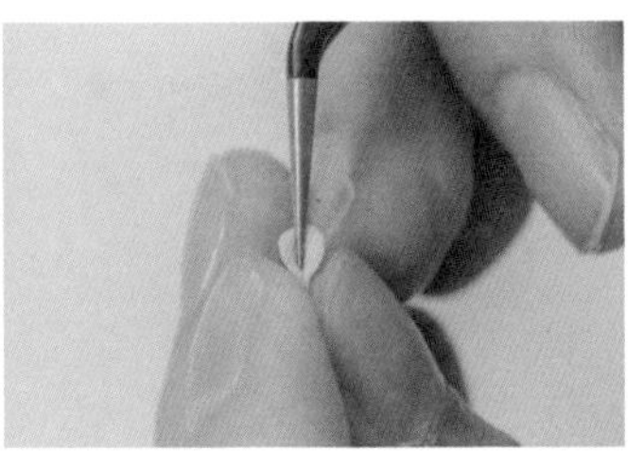

## 18

将其压扁，用镊子在中间夹一道夹痕，用指尖将其一端捏尖。

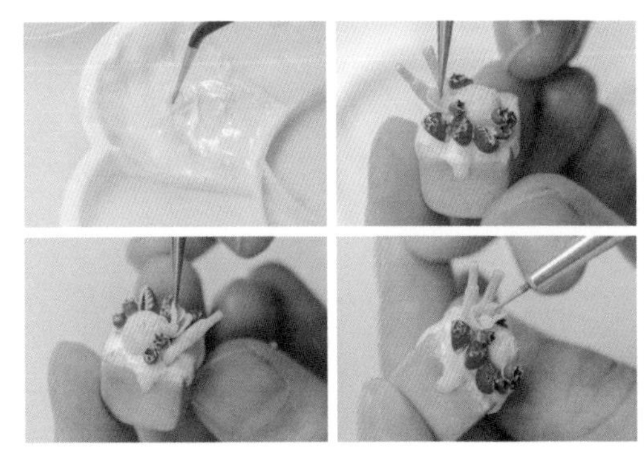

## 19

用镊子夹取叶子，蘸取少量奶油，再贴在饼干棒前。叶子固定好后，再用镊子轻夹，刻画叶子两侧的叶脉。重复以上步骤制作2～3片叶子并组合。最后用细毛笔蘸取白色丙烯颜料轻刷装饰以及水果，增加糖霜质感。

# 4.10 十月·金秋栗子奶油蛋糕

**黏　　土** 日清Grace系列轻量树脂黏土，日清Grace color系列土黄色、褐色与黄色的树脂黏土

**上色材料** 白色丙烯颜料

**工　　具** 调色尺、脱模油、压泥板、钢尺、细节剪刀、雕刻刀、镊子、调色盘、细毛笔、海绵块、透明亮光油、彩色圆形贴纸、英文字母贴纸、管状胶水

## 蛋糕基础形

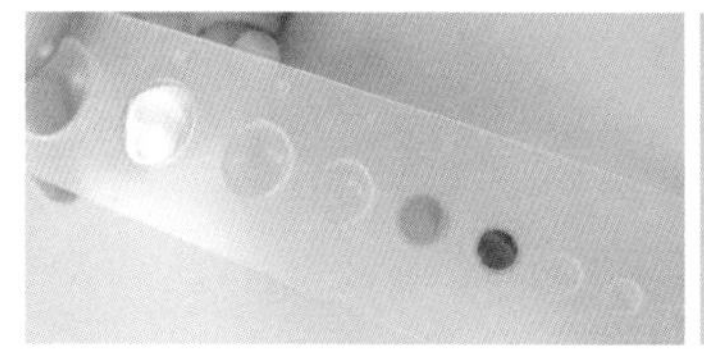
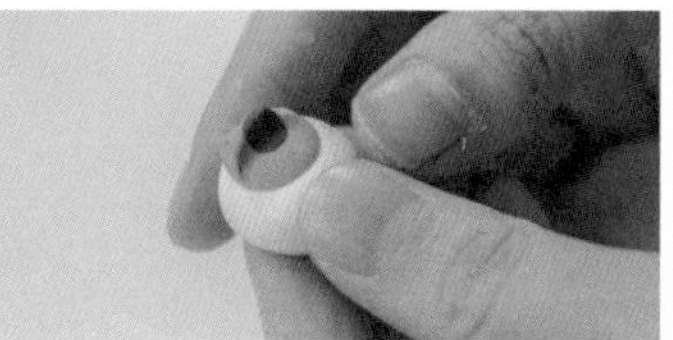
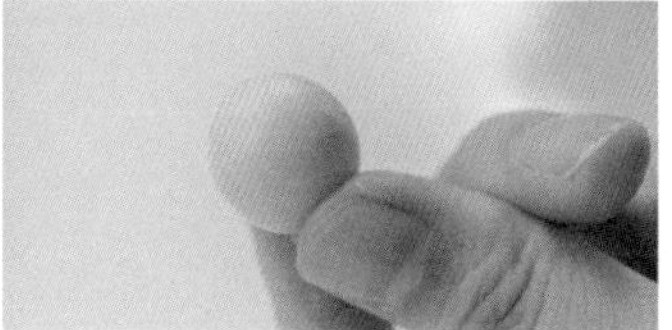

01 用调色尺量取指定分量的白色轻量树脂黏土（H格）、土黄色树脂黏土（E格）、褐色树脂黏土（D格），混合成奶油棕色黏土。

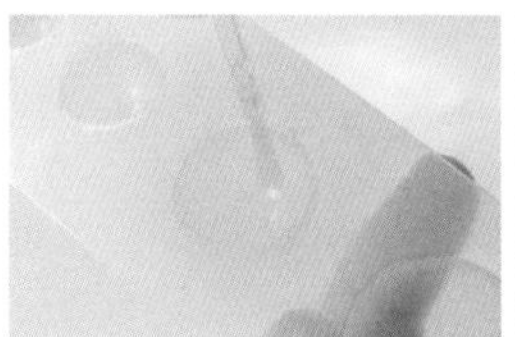
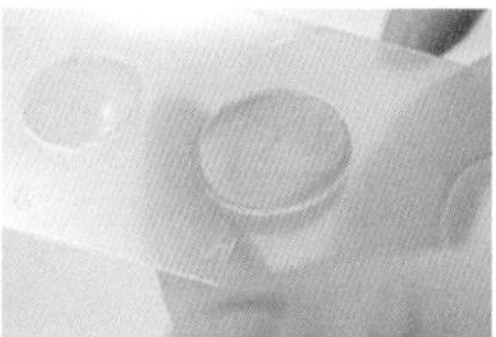
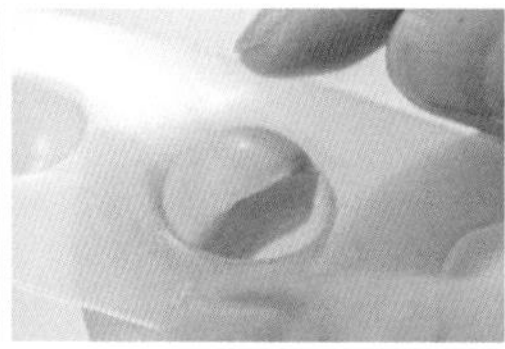

02 在调色尺的H格中均匀地刷上脱模油，以奶油棕色树脂黏土填充，再将黏土脱模，得到一个半球。

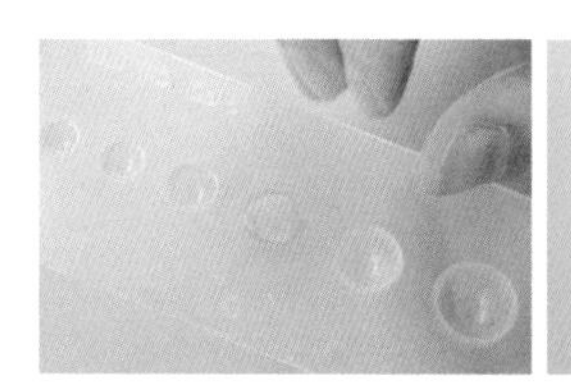

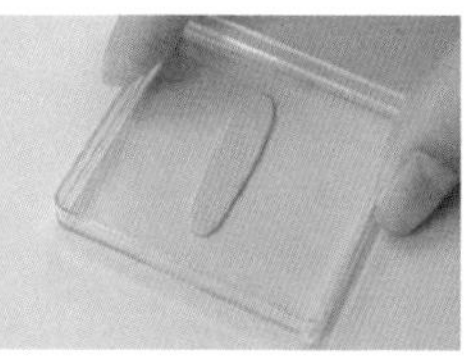
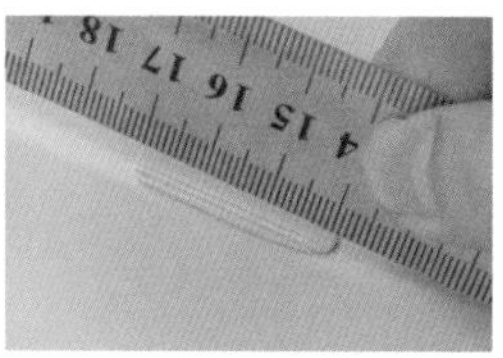

03 量取指定分量（D格）的奶油棕色树脂黏土，用压泥板将其搓成细长条再压扁，再用钢尺压出整齐的竖纹。制作多个备用。

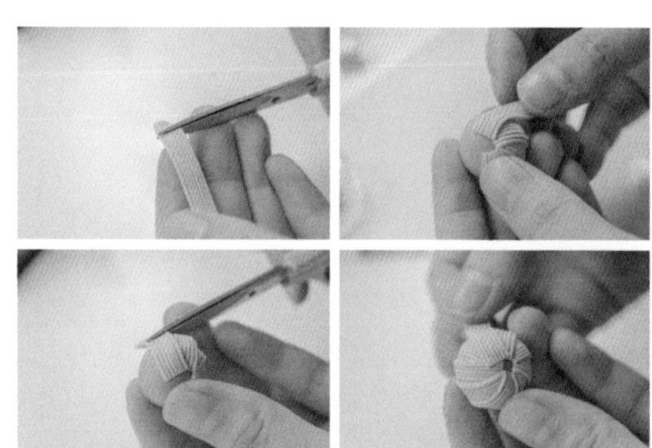

04 用细节剪刀剪去不平整的两端，一层叠一层地贴于半球上，剪去多余部分，直至贴满半球。

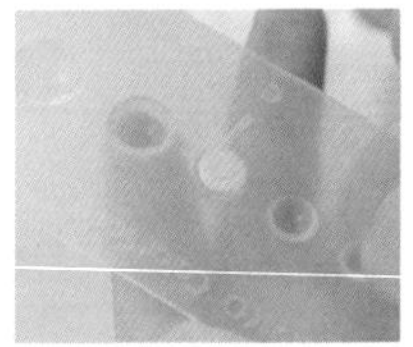
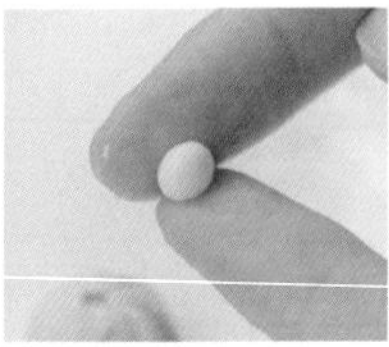
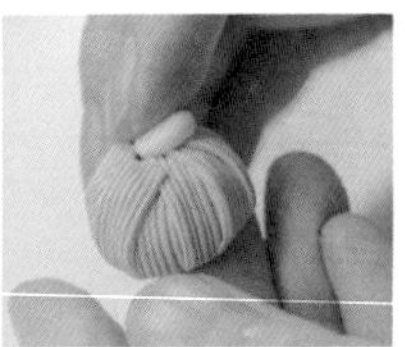

05 量取指定分量（C格）的白色轻量树脂黏土，搓成椭圆，一边贴于半球中心，一边压平，叠放3片。

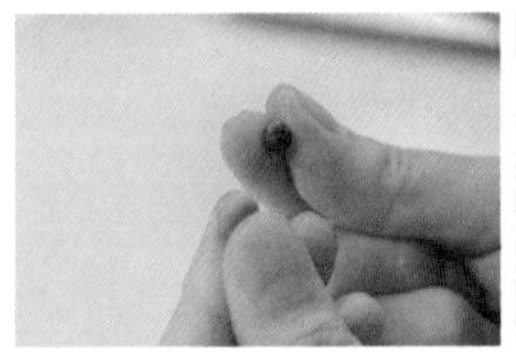
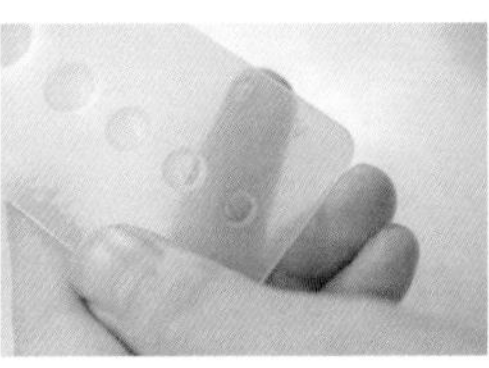
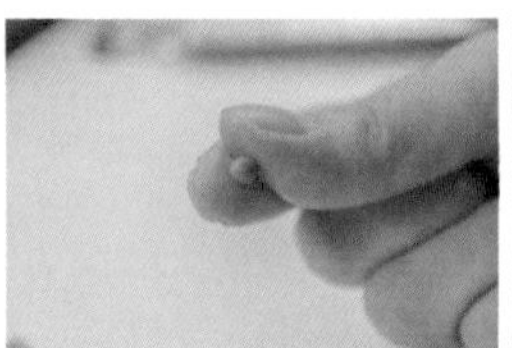
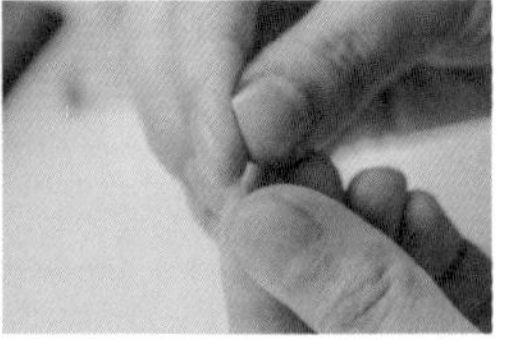

06 将土黄色树脂黏土与少量褐色树脂黏土混合，得到栗子色黏土，量取指定分量（A格），揉成圆球，再捏尖顶部。

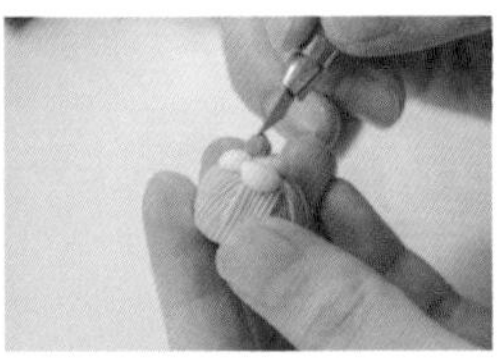
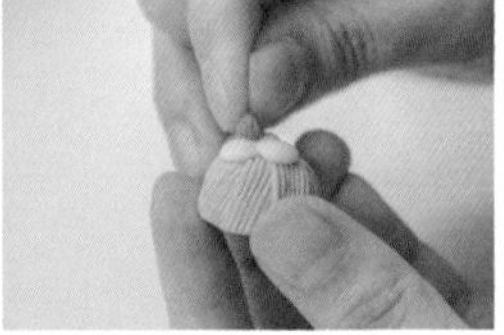
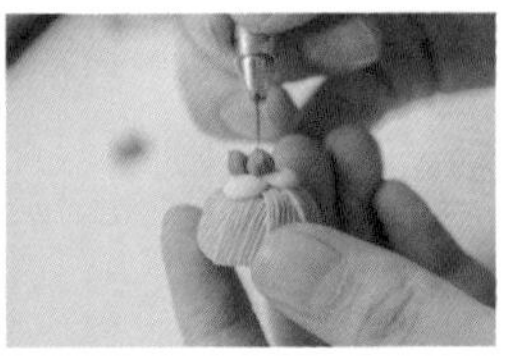

07 将圆球贴在蛋糕上，再用雕刻刀划出褶皱纹理，重复以上步骤制作另一个圆球。

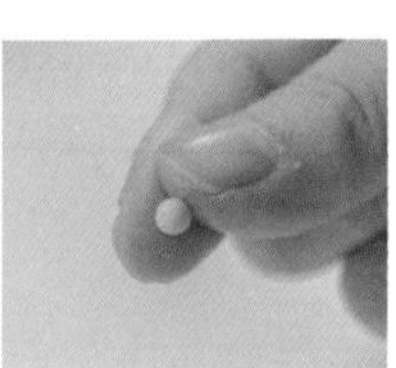
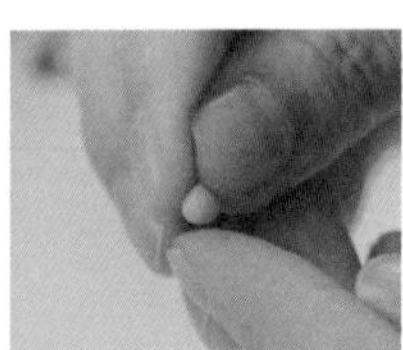
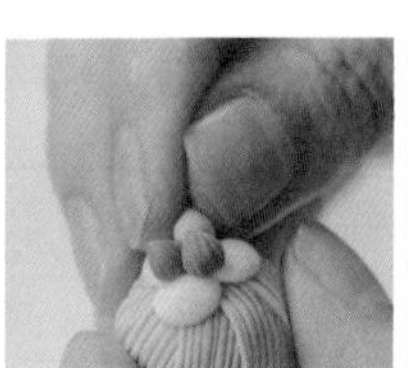
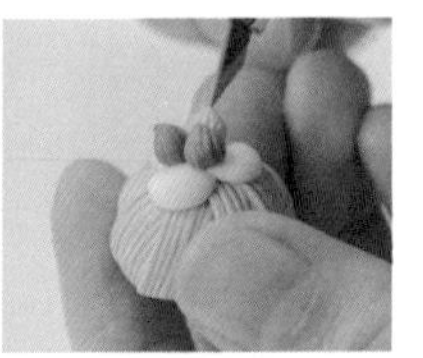

08 量取指定分量（A格）的黄色树脂黏土，揉成圆球状，捏尖顶部，贴在蛋糕上，再用雕刻刀划出其褶皱纹理。

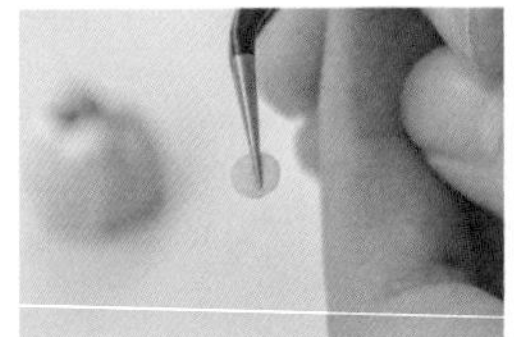
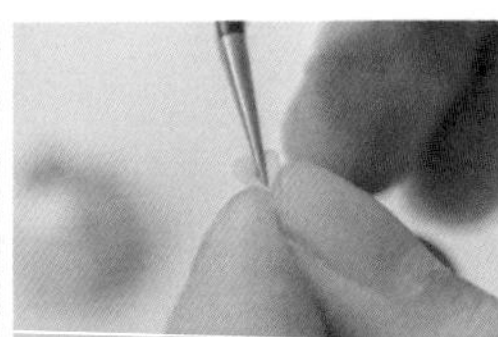
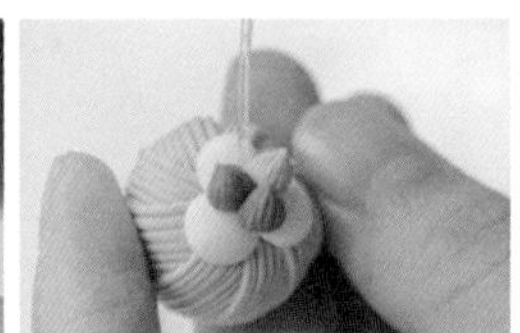

09 取少量草绿色树脂黏土，先将其压扁，再用镊子在中间夹一道夹痕，再用指尖将一端捏尖；将叶子贴在栗子后面，叶子固定好后，用镊子轻夹，刻画叶子两侧的叶脉；重复以上步骤制作2～3片叶子并组合。

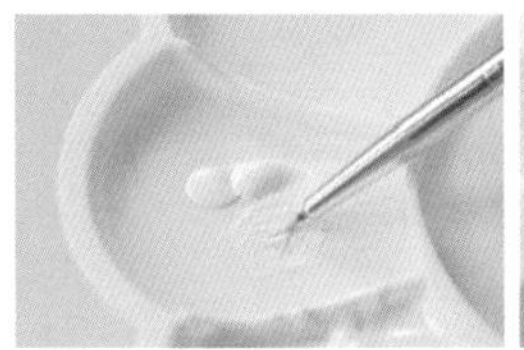

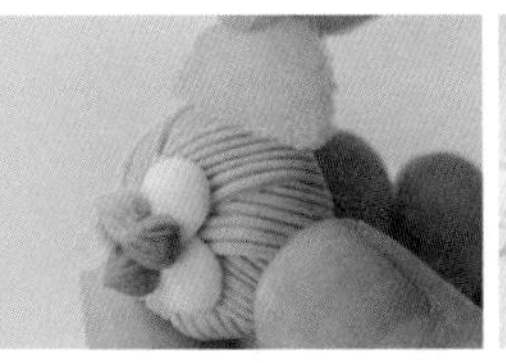

10 用细毛笔晕开白色丙烯颜料，再用海绵块轻蘸，将丙烯颜料拍印在蛋糕与装饰上，增加糖霜质感，静置待干。

11

用细毛笔在蛋糕表面刷上透明亮光油，增加光泽。

▼ 字牌

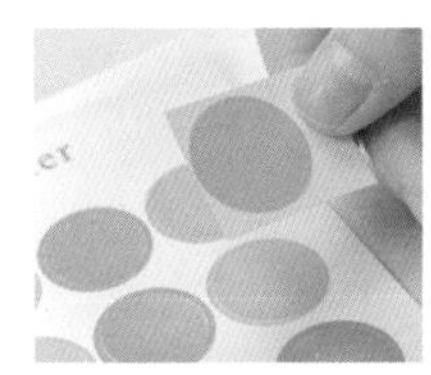
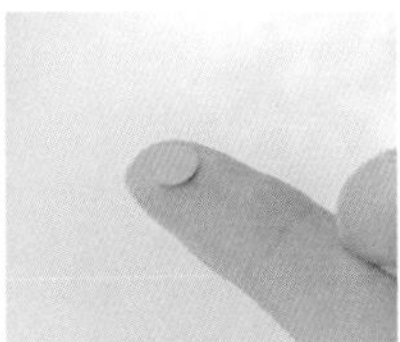
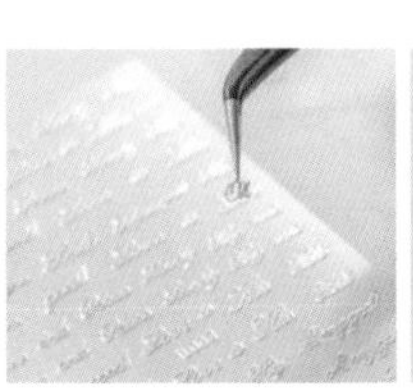
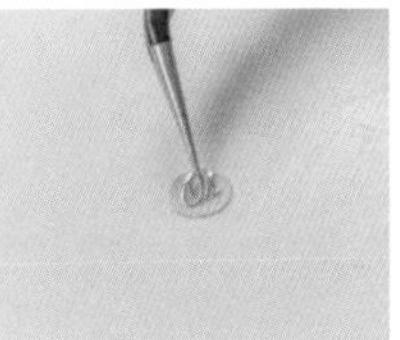
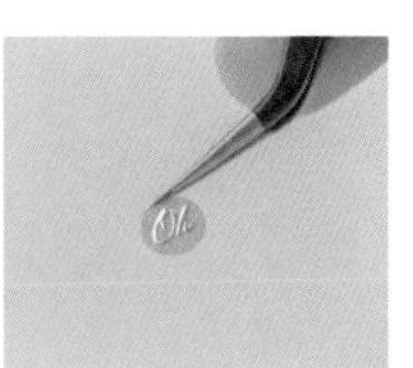

12 取下一小片彩色圆形贴纸，将其裁小，用镊子夹取英文字母贴纸贴在彩色圆形贴纸上。

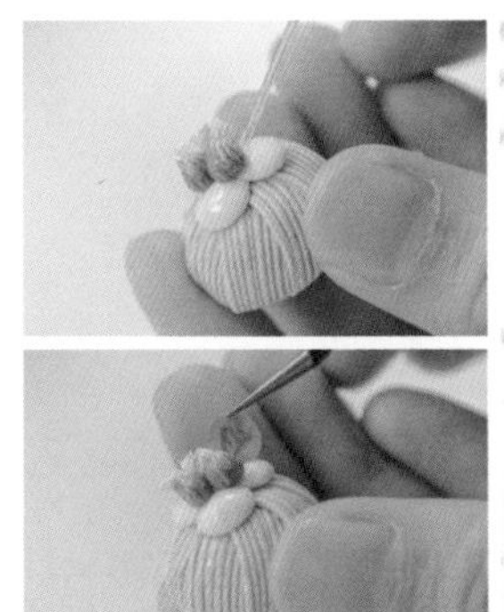

13

将字牌贴在栗子旁边。

# 十一月·万圣节南瓜蛋糕

**黏　　土** 日清Grace系列轻量树脂黏土，日清Grace color系列白色、黄色、红色、土黄色、褐色、黑色树脂黏土

**上色材料** 土黄色、黑色丙烯颜料，绿色系、棕色系印泥

**工　　具** 调色尺、羊角刷、圆形压模（2cm直径）、脱模油、刀片、管状胶水、黏土刀、压痕笔、细毛笔、细节剪刀、镊子、丸棒（1.5cm直径）

## 蛋糕基础形

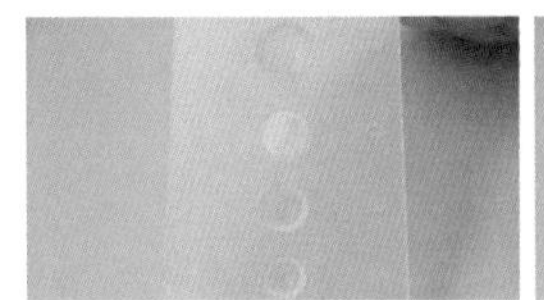
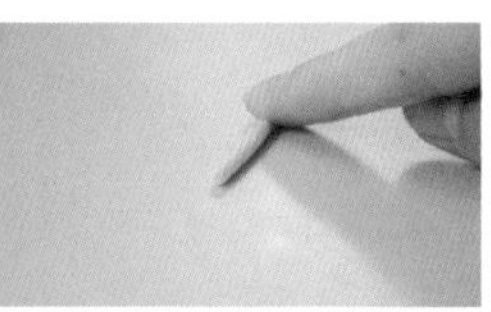
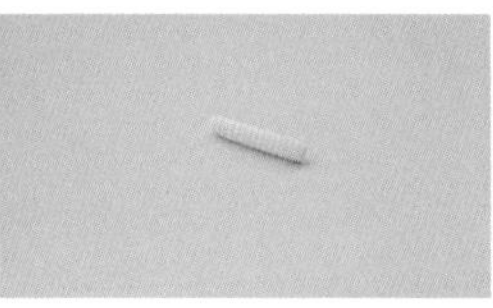
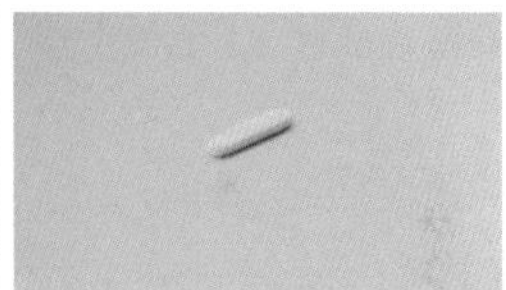

**01** 用调色尺量取指定分量（D格）的淡黄色树脂黏土，用指腹搓成短棒，再轻压成长饼。

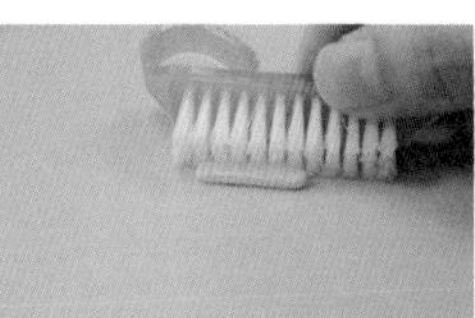
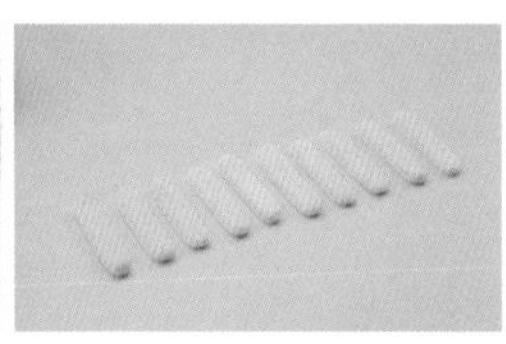

**02** 用羊角刷在长饼上拍印，增加长饼的粗糙质感；重复以上步骤，制作约10块长饼备用。

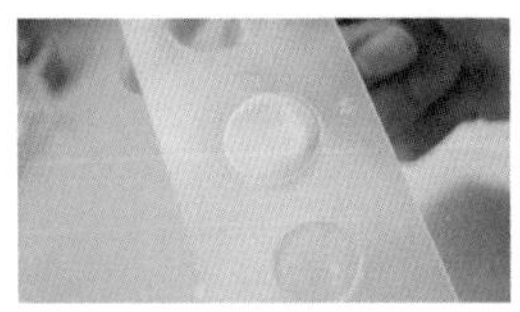
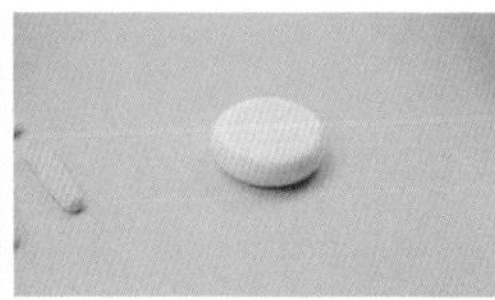
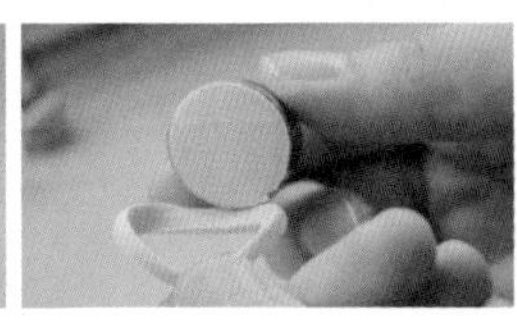
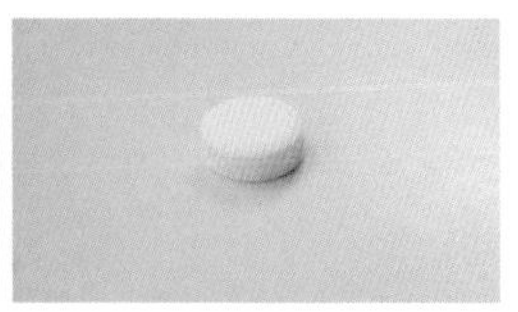

**03** 用调色尺量取指定分量（H格）的淡黄色树脂黏土，压成饼状，用直径为2cm的圆形压模取形，得到蛋糕坯。

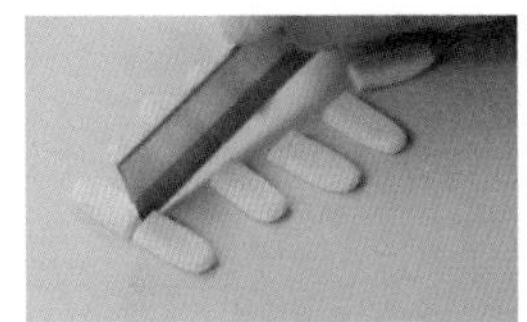
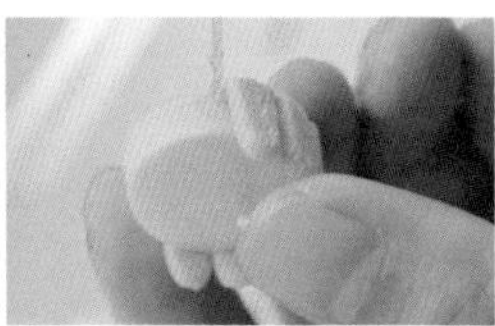
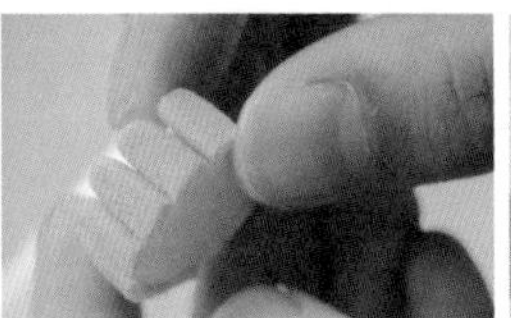

**04** 用刀片将在步骤02制成的长饼对半切，用胶水贴在步骤03制成的蛋糕坯侧面，围成一圈。

## 南瓜

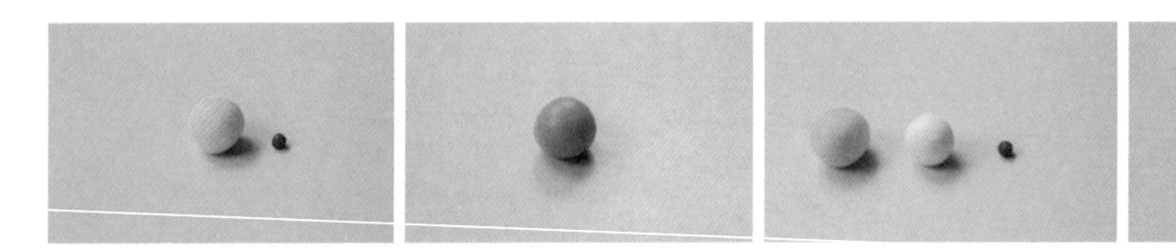

05 制作3种色调的南瓜，需调3种层次的橘色。首先取适量黄色树脂黏土和少量红色树脂黏土，得橘色1；在橘色1的基础上，加入不同量的白色树脂黏土，分别调出橘色2、橘色3。

06 用调色尺分别量取指定分量的橘色1黏土（F格），橘色2黏土（C格），橘色3黏土（A格），揉成圆球，再压平顶部。用黏土刀从中心向四周压出一道道呈放射状的压痕；再用压痕笔在中心压一小孔。重复以上步骤，制作大、中、小3个南瓜的基础形。

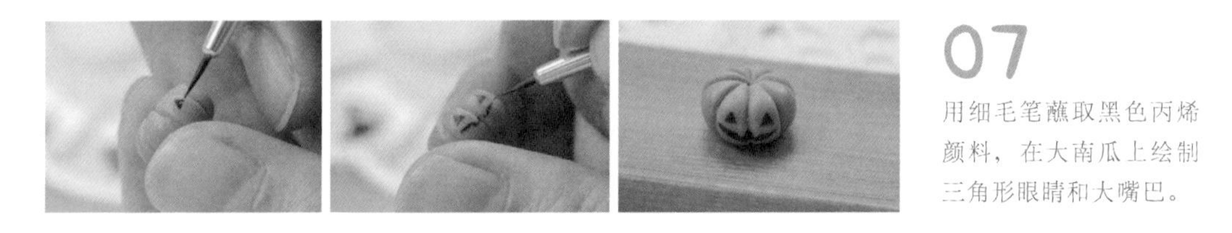

07 用细毛笔蘸取黑色丙烯颜料，在大南瓜上绘制三角形眼睛和大嘴巴。

08 取白色树脂黏土或半透明树脂黏土，染深绿色印泥，混合均匀，再染深棕色印泥，混合均匀，搓成长条，做出一粗一细的两个瓜蒂。

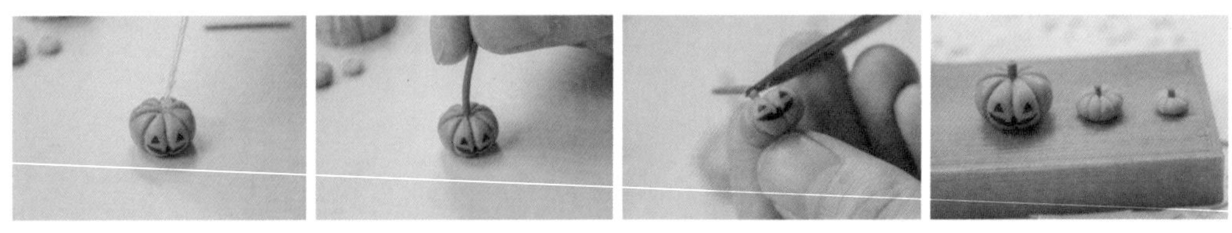

09 在大南瓜顶部滴胶水，将较粗的瓜蒂贴上去，用细节剪刀剪去多余部分；用相同的方法，贴上较细的瓜蒂。

## 扫帚

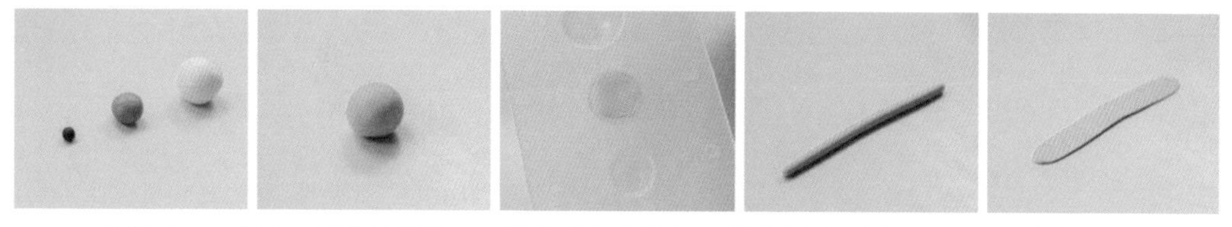

**10** 取白色、土黄色、褐色树脂黏土，混合成栗色黏土，用调色尺量取指定分量（E格），先搓成长条，再压成薄片。

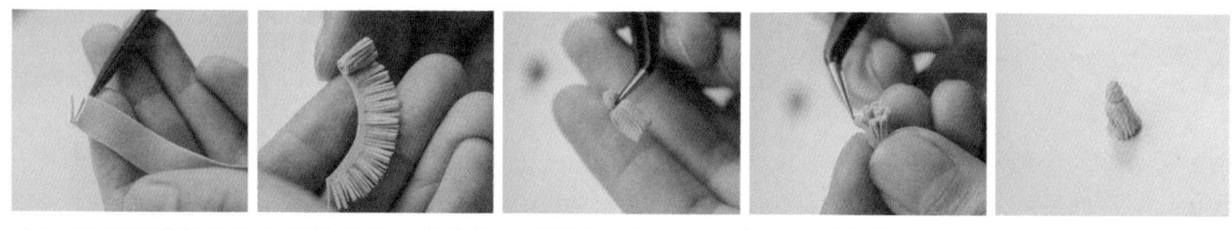

**11** 用细节剪刀把栗色薄片剪出一排流苏，用指腹卷起，多余部分可以剪掉；再用镊子在顶部1/3处夹出凹槽，调整底部流苏，使其向外散开。

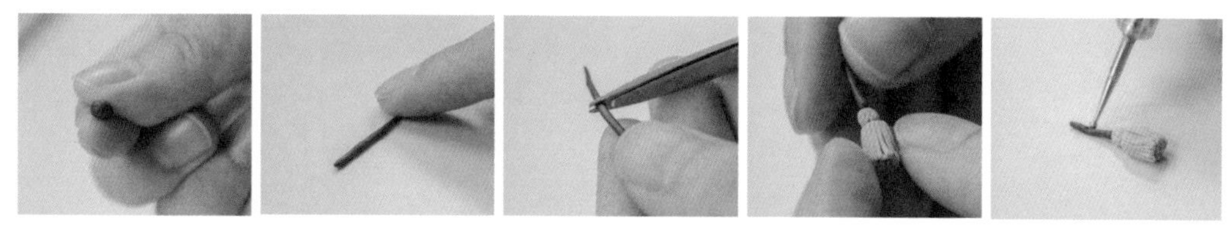

**12** 用指尖捏取褐色树脂黏土，搓成细长条，用细节剪刀剪下一小段作为扫帚的柄，再用压痕笔在柄上压出不平整的压痕。

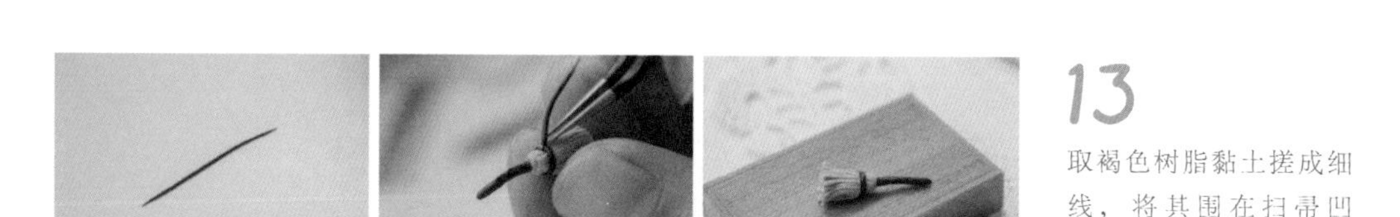

**13** 取褐色树脂黏土搓成细线，将其围在扫帚凹槽处。

## 蛋糕上色

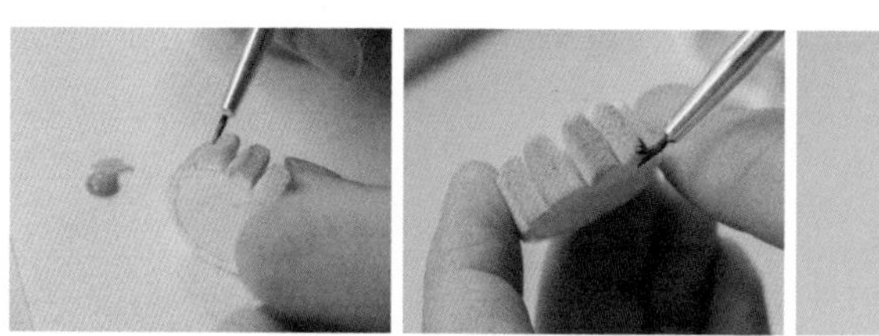

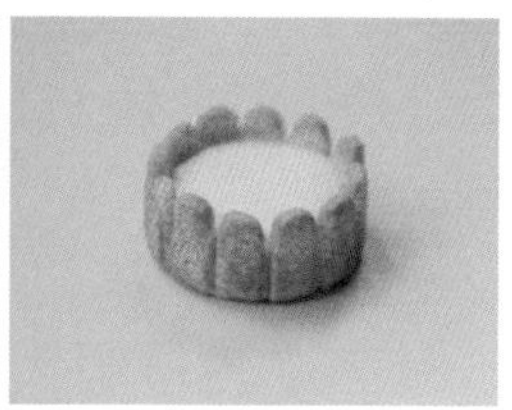

**14** 用细毛笔蘸取土黄色丙烯颜料，涂刷长饼，笔刷要干且下笔力度要轻。

## 蛋糕装饰

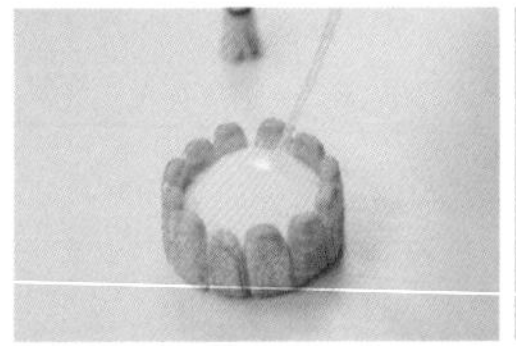 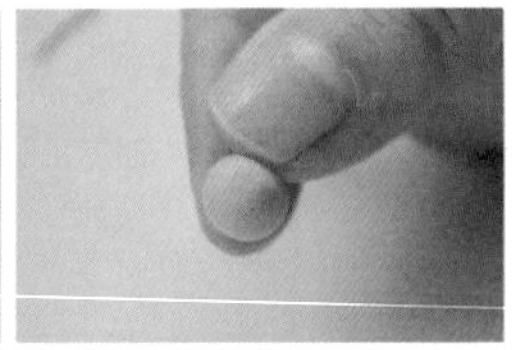 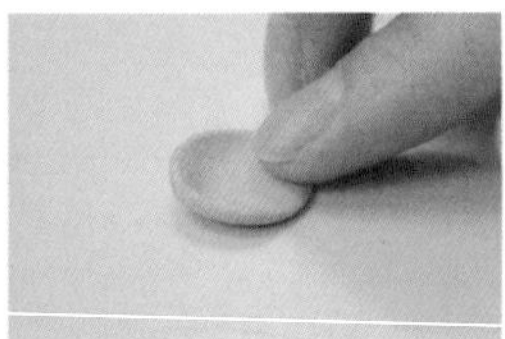 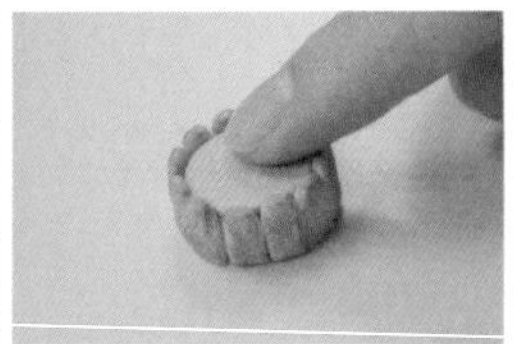

**15** 取适量栗色树脂黏土揉成圆球，再压扁，填充在蛋糕中间。

 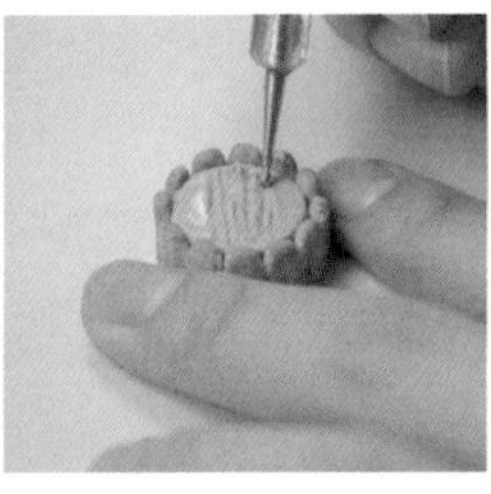 

**16** 在栗色树脂黏土表面刷上脱模油以便塑形，用压痕笔在黏土上来回划，制作出具有泥泞感的表面。

  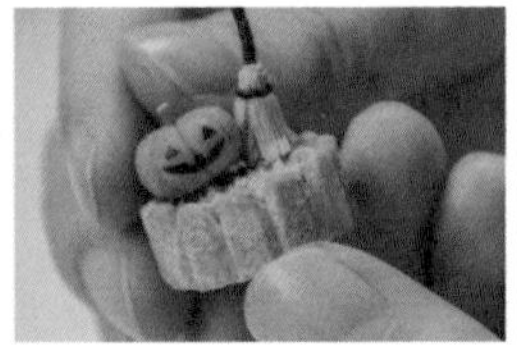 

**17** 用胶水将扫帚、南瓜装饰在蛋糕上。

▼ 小幽灵

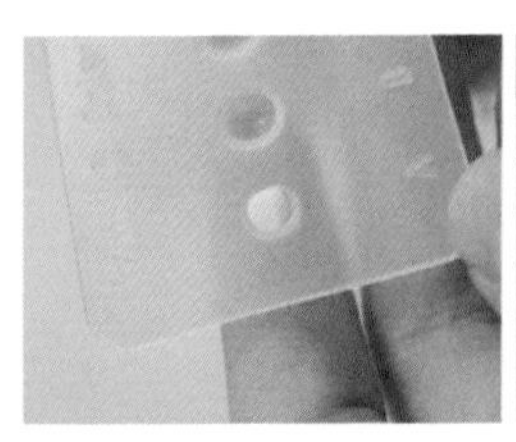 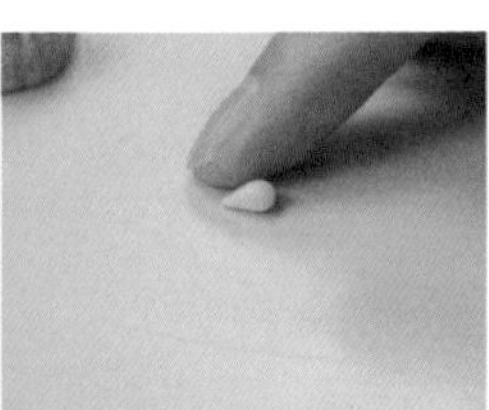 

**18** 用调色尺取白色树脂黏土量取指定分量（A格），先搓成水滴，再压扁。

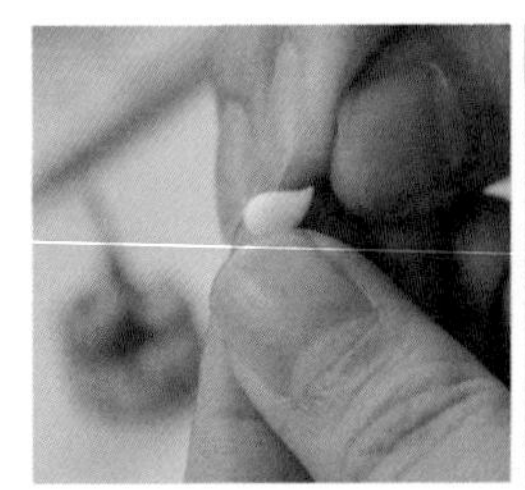 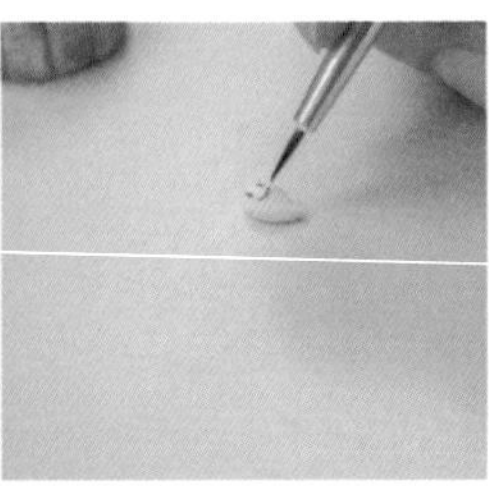 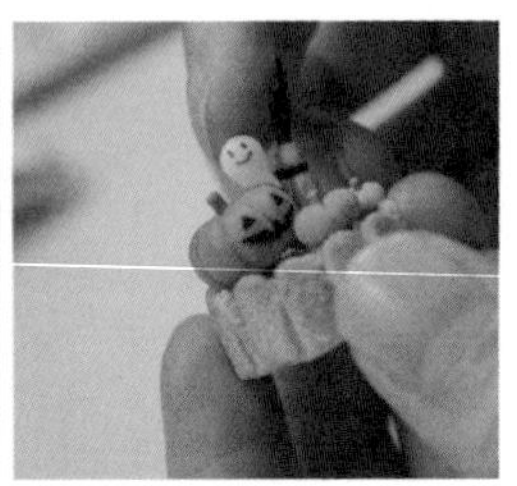

**19** 用指尖将水滴尾部弯曲，用细毛笔蘸黑色丙烯颜料绘制眼睛和嘴巴，尾部朝下将其贴在南瓜上。

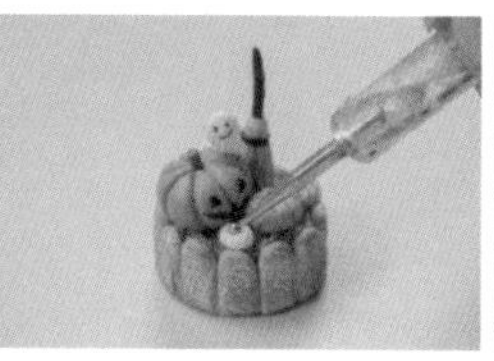

20 制作淡栗色、淡紫色、白色麦圈，装饰在南瓜下方，蛋糕边缘。（麦圈制作方法参考第3章 周五·彩虹牛奶麦圈。）

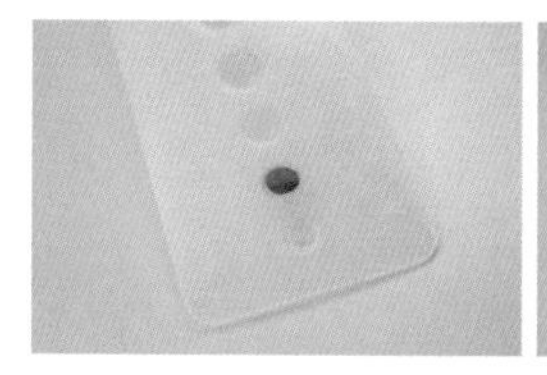
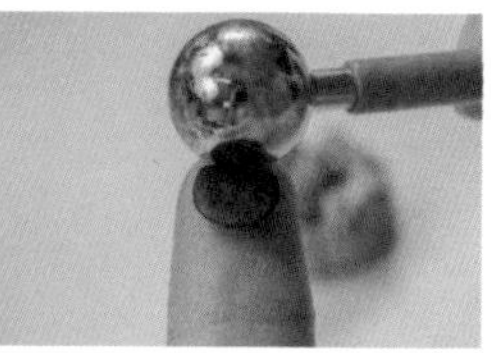
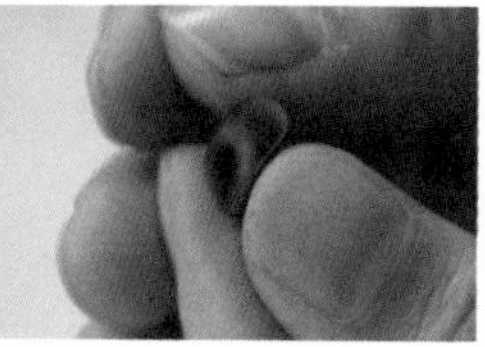

21 取黑色树脂黏土量取制定分量（B格），用丸棒将其擀成薄片；用指腹捏薄片两侧，做出凹形帽檐。

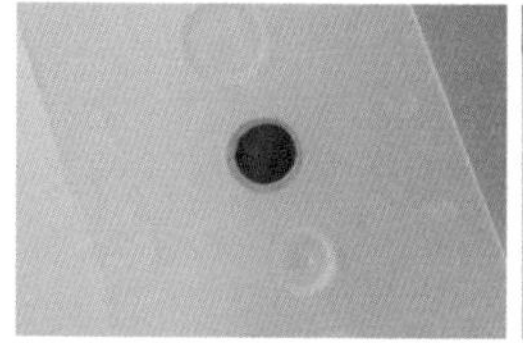
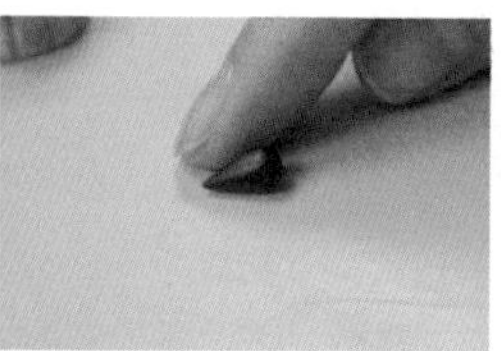
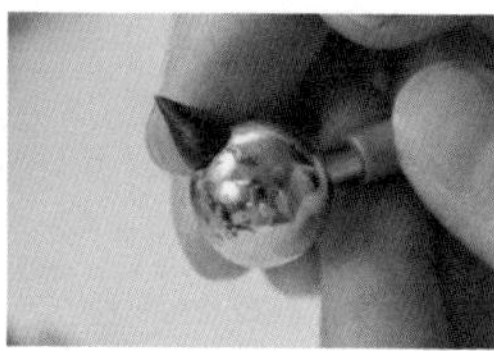

22 用调色尺量取制定分量（C格）的黑色树脂黏土，先搓成水滴，再用丸棒压平一端，捏成圆锥形帽尖。

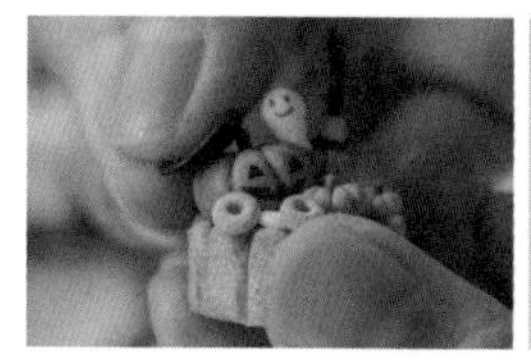
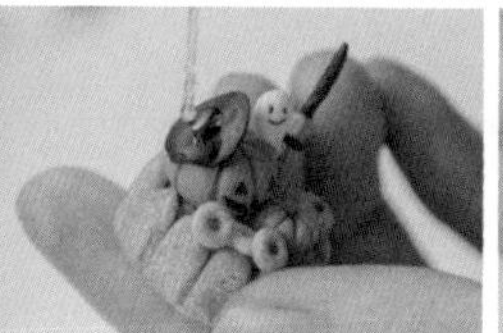
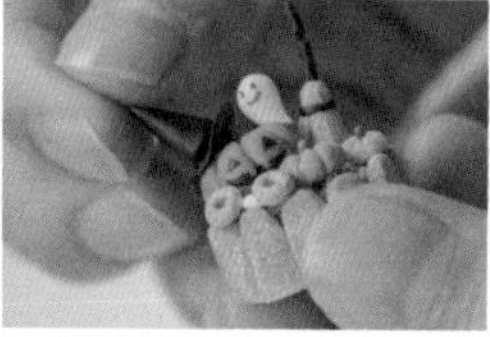

23

用胶水将帽檐、帽尖组合在南瓜左侧头上。

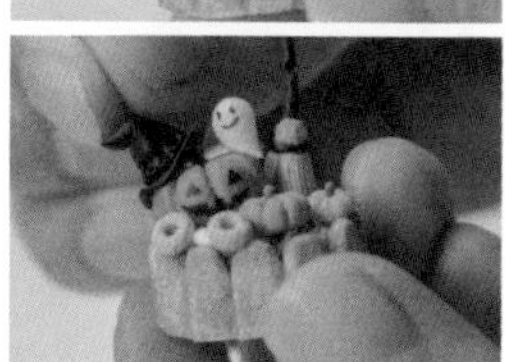

24

用压痕笔在帽尖和帽檐衔接处压出小褶皱，再用指腹弯折帽尖顶部。

## 4.12 十二月·圣诞姜饼屋

**黏　土** 日清Grace系列轻量树脂黏土、日清Grace color系列褐色树脂黏土

**上色材料** 土黄色、白色、深棕色、红色丙烯颜料，绿色系、紫色系、蓝色系、黄色系印泥

**工　具** 白色卡纸、细节剪刀、调色尺、黏土擀棒、羊角刷、平头毛笔、调色盘、海绵块、管状胶水、压泥板、硅胶软头笔、液体树脂黏土、透明亮光油、油画铲、压痕笔、细节针、仿真糖粉、黏土刀、笔状刷、牙签、细毛笔、镊子

## 姜饼屋基础形

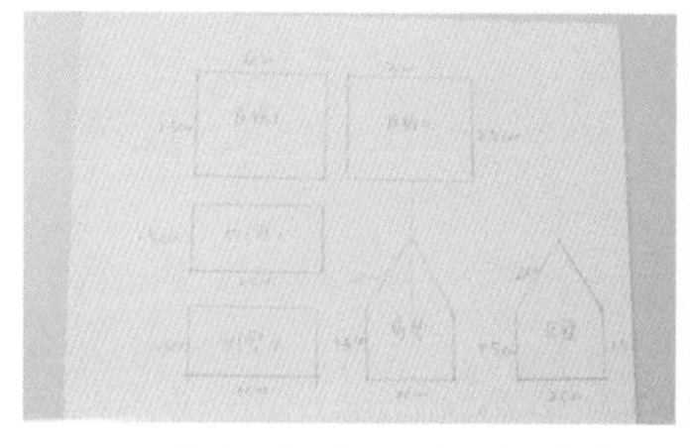

01 在白色卡纸上绘制房屋，包括2个长方形屋檐（3cm × 2.5cm），2个长方形侧壁（3cm × 1.5cm），2个前后壁（底为2cm，两侧为1.5cm，两斜线为2cm）。用细节剪刀将绘制内容剪下备用。

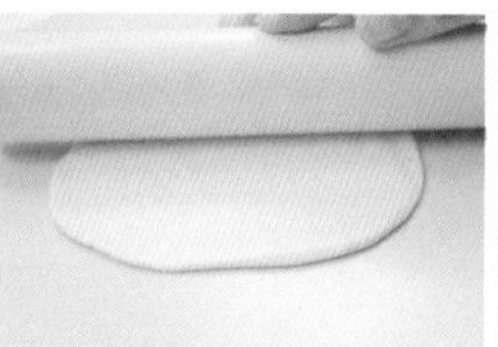
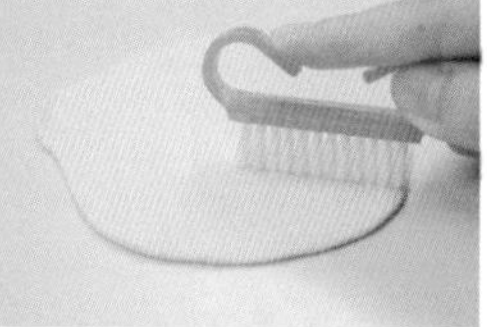
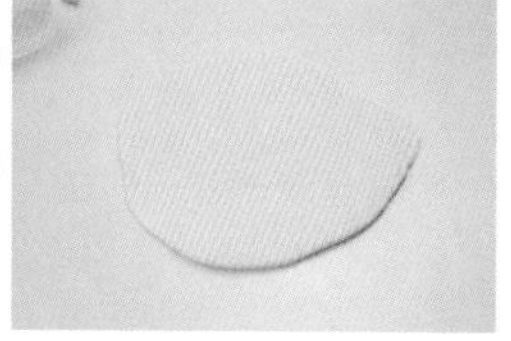

02 取淡黄色树脂黏土，用黏土擀棒将其擀成片状，再用羊角刷拍印，增加饼干质感。

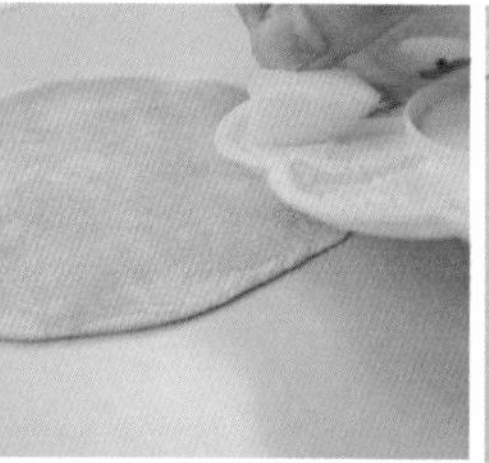

03 用平头毛笔蘸取土黄色丙烯颜料，涂刷薄片；再用海绵块蘸白色丙烯颜料拍印，增加糖霜质感。

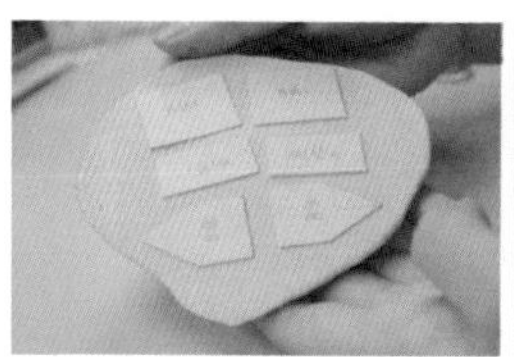
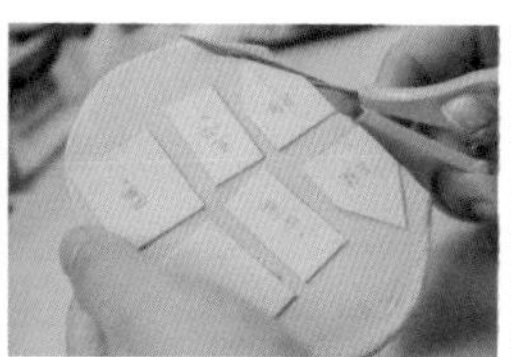
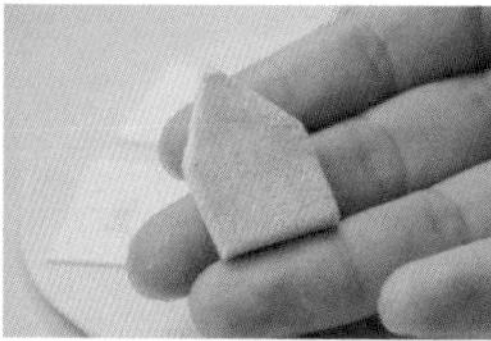

04 将纸板贴在上色后的薄片上，用细节剪刀沿着纸板裁剪黏土。

05 用胶水组合侧壁和前后壁。

06 用胶水组合两侧的屋檐。

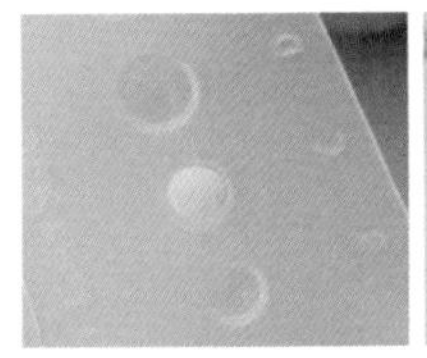

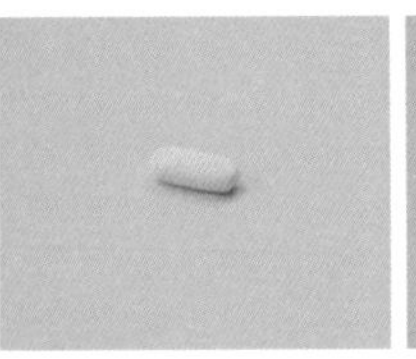

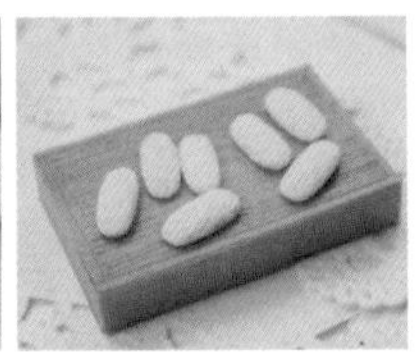

07 用调色尺量取指定分量（C格）的淡黄色树脂黏土，用压泥板搓成小短棒，再轻压成扁状；用羊角刷拍印，增加质感；重复以上步骤制作约50块小饼干。

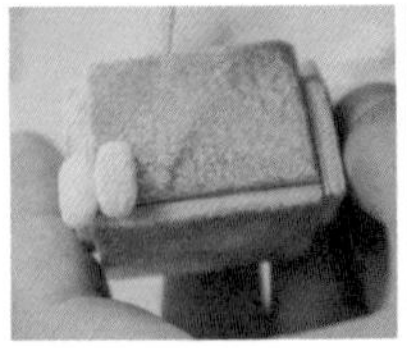
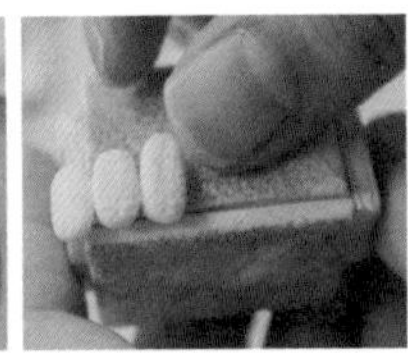
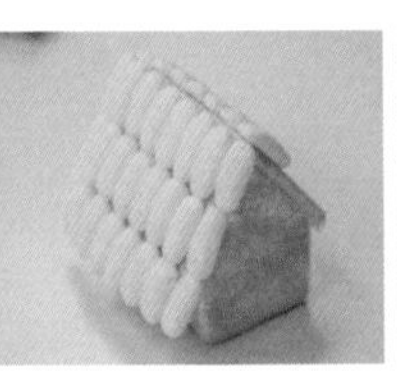
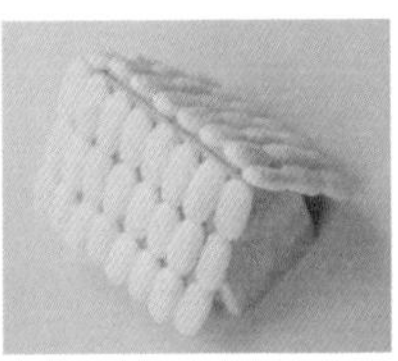

08 从屋顶开始，用胶水将小饼干整齐排列在屋檐上，再用平头毛笔蘸取土黄色丙烯颜料，涂刷饼干。

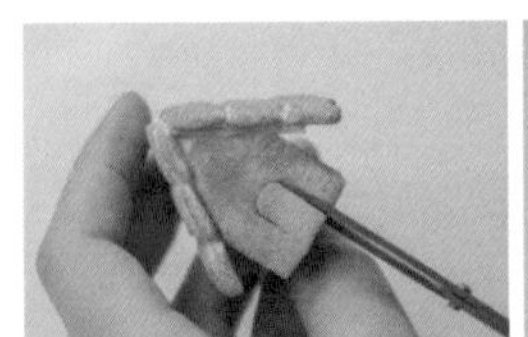
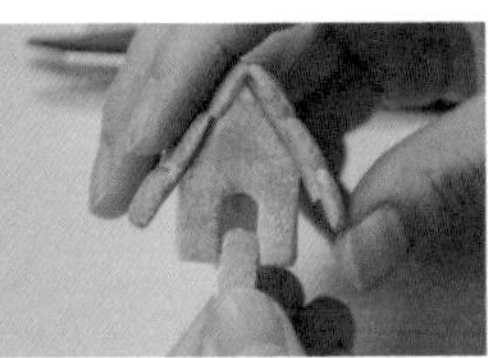
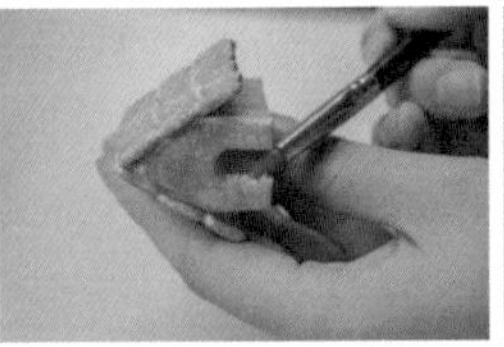

09 用细节剪刀在前壁上剪下“n”形房门，再用硅胶软头笔将门框修复平整。

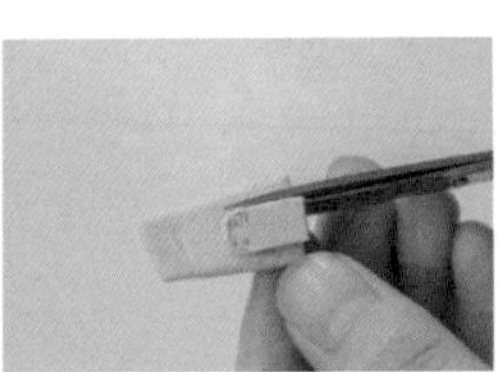
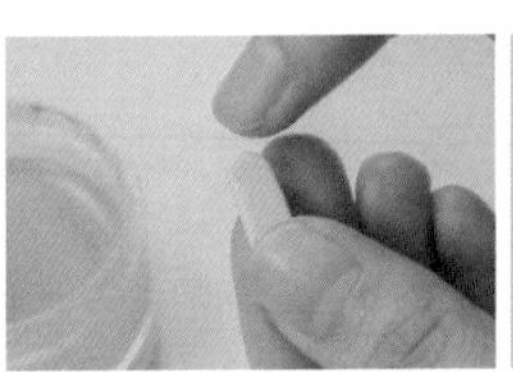
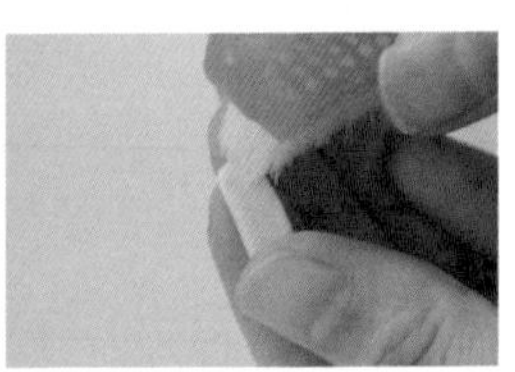

10 将裁剪下来的房门贴在黏土上用细节剪刀裁剪，仿制一个“n”形房门，在其表面抹水以便塑形，再用羊角刷拍印，增加饼干质感。

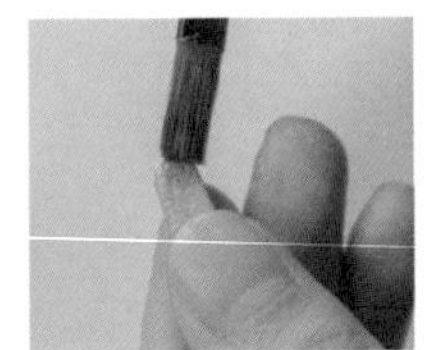
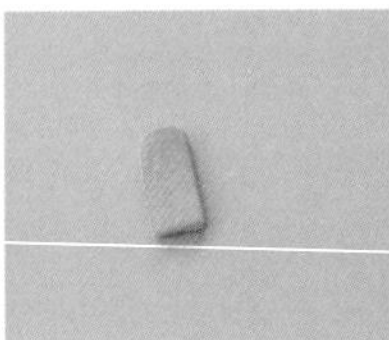
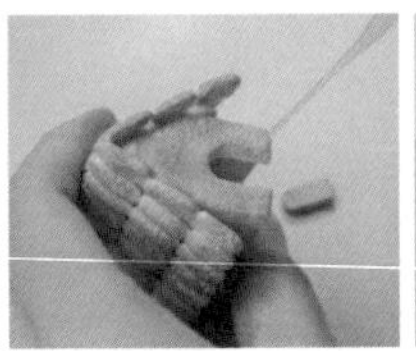
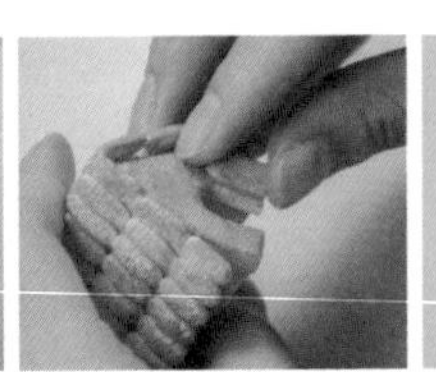

11 用平头毛笔在“n”形房门的两面都涂刷土黄色丙烯颜料，并用胶水将其贴在门框右侧。

## 姜饼屋装饰

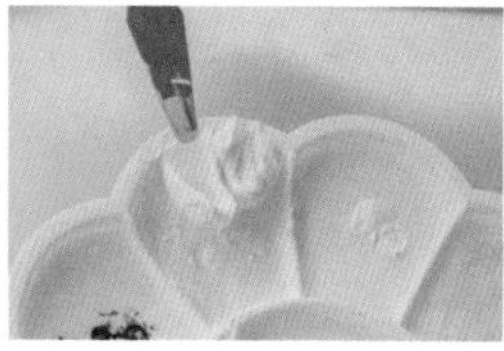
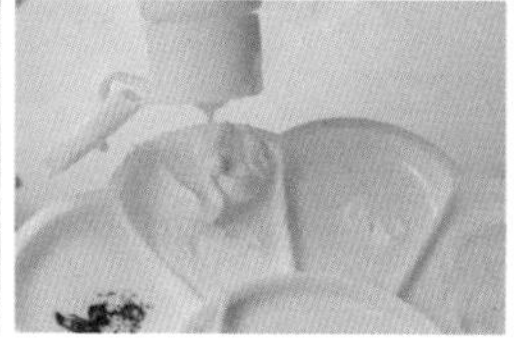

12 取液体树脂黏土、白色丙烯颜料和透明亮光油，用油画铲调制出白色奶油。

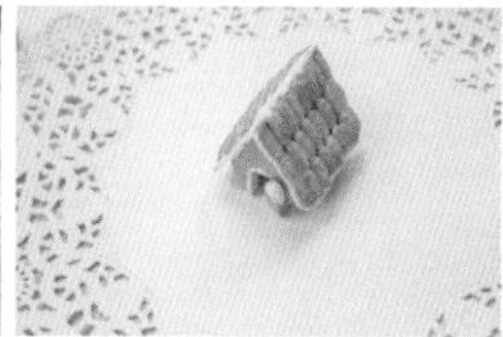

13 用压痕笔将屋顶、屋檐边界、门框、门顶处涂封上奶油装饰。

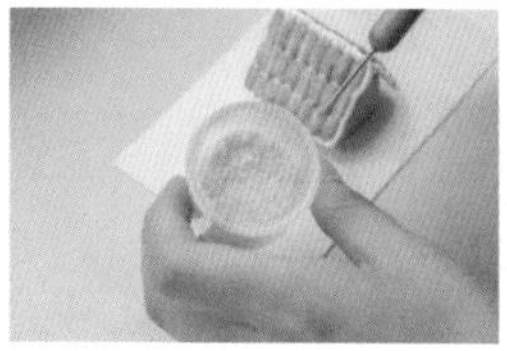
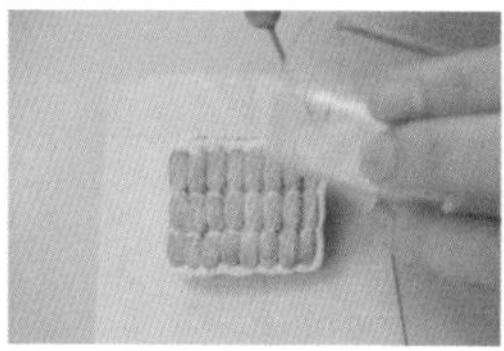
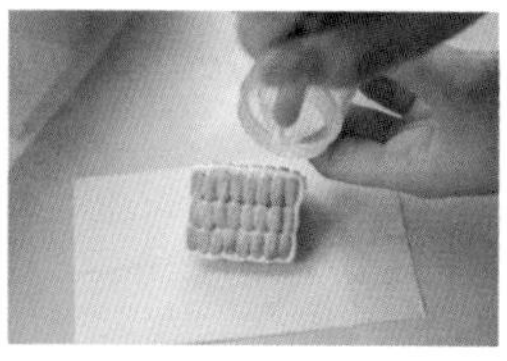
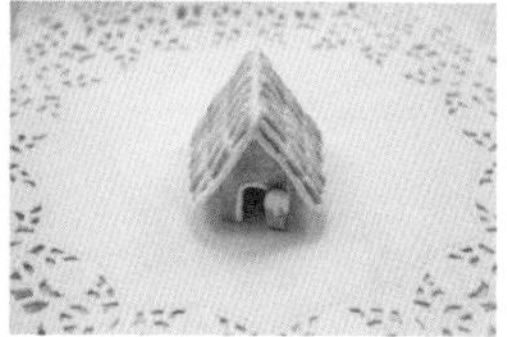

14 用细节针刮取仿真糖粉，撒在两侧屋檐上。

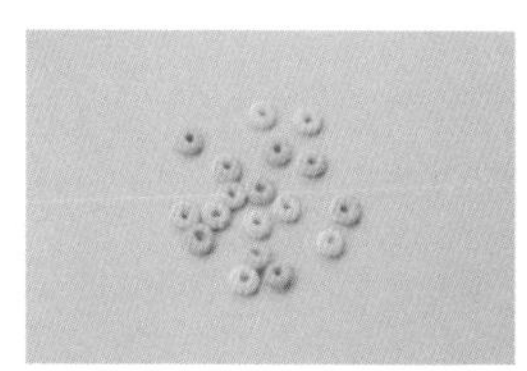
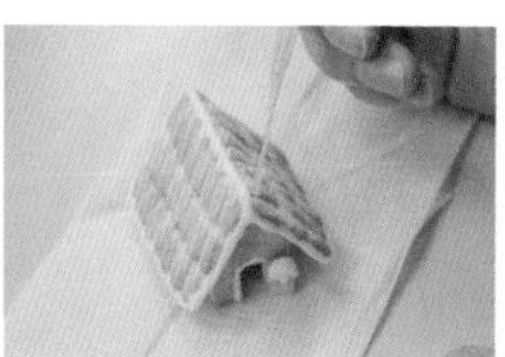

15 制作马卡龙色系麦圈（马卡龙色黏土调色参考第2章制作迷你黏土食物的基础技法及窍门、麦圈制作参考第3章 周五·彩虹牛奶麦圈），并用胶水将其装饰在屋顶和前壁上。

## 姜饼屋底板

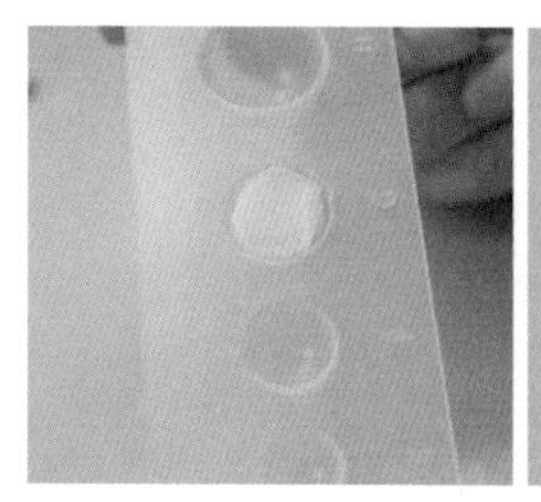

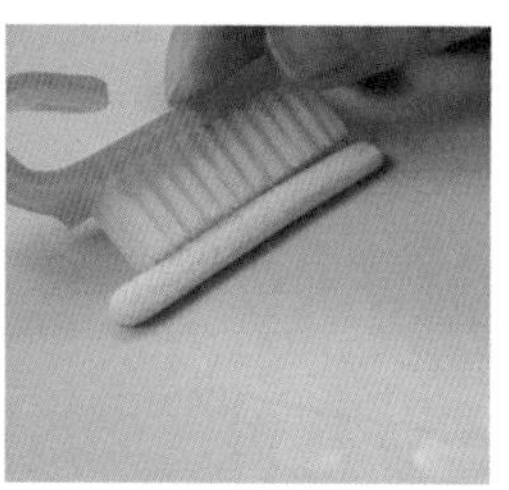

16 用调色尺量取指定分量（G格）的淡黄色树脂黏土，再用压泥板搓成长条，然后用羊角刷拍印，增加质感。

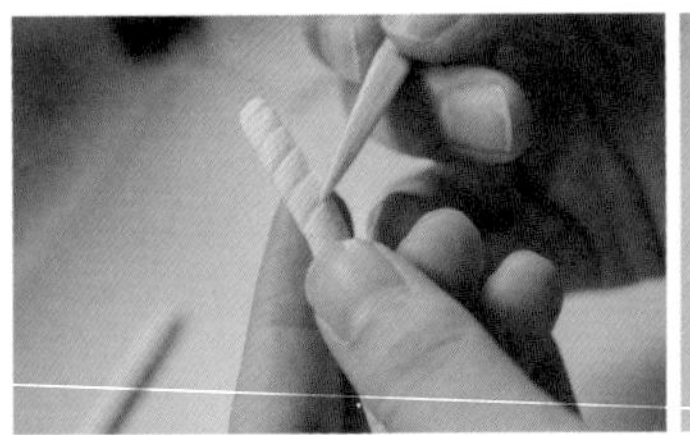
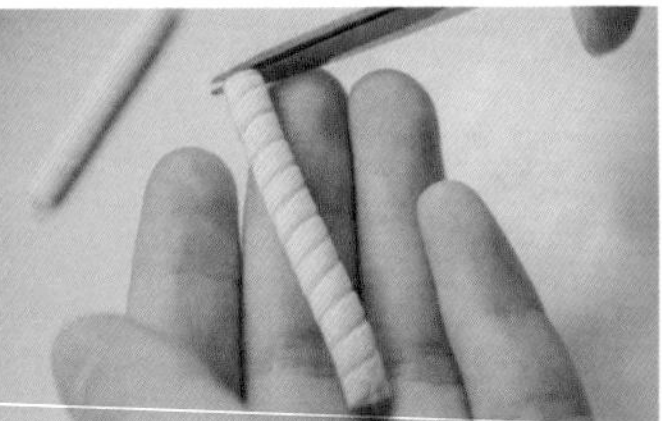
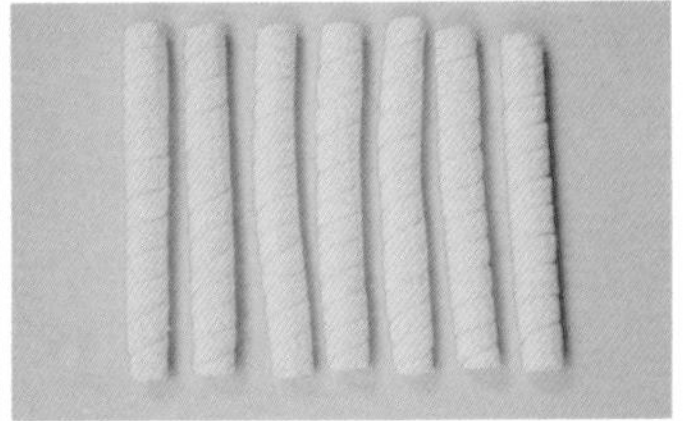

17 用黏土刀在长条上划一排短斜线，再用细节剪刀剪平头尾两端；重复以上步骤，制作7个斜纹饼干条。

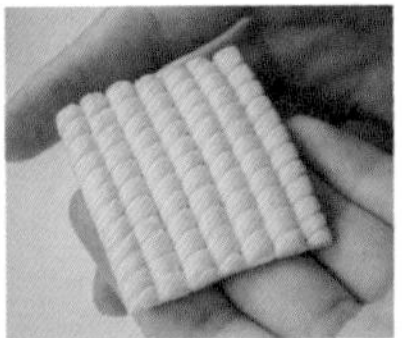
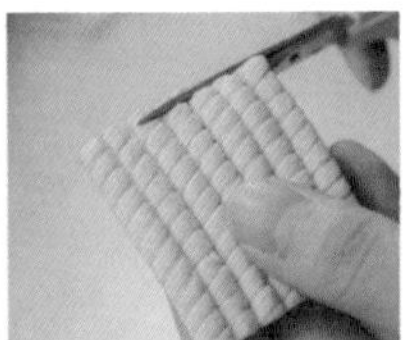
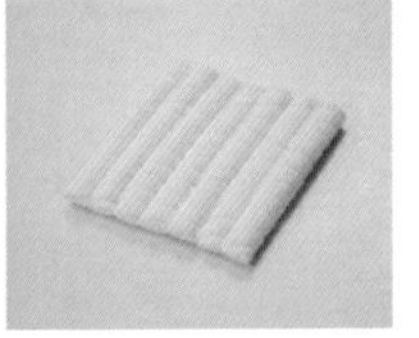

18 用胶水将饼干条组合成一排，再用细节剪刀将边线修剪整齐。

19 用平头毛笔蘸取土黄色丙烯颜料，涂刷在饼干条上。

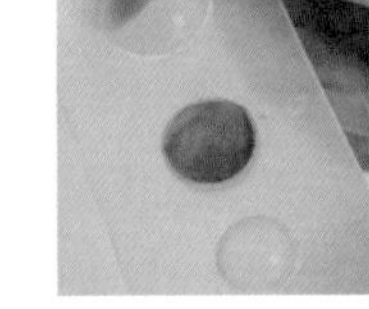

20 用调色尺量取指定分量（G格）的褐色树脂黏土，再用压泥板搓成长条，然后用羊角刷拍印，增加质感。

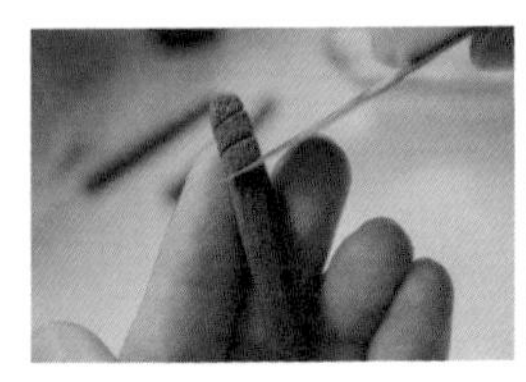

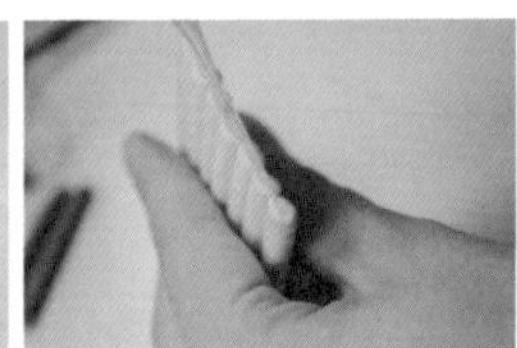
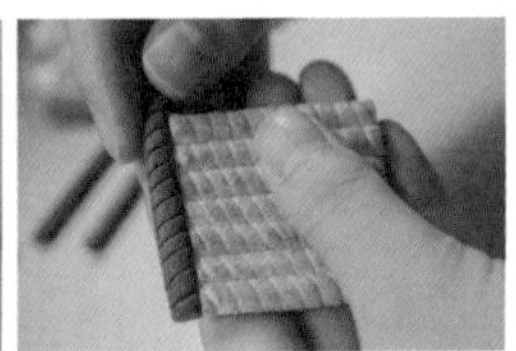

21 用黏土刀在长条上划一排短斜线，再用细节剪刀剪平头尾两端；重复以上步骤，制作若干个斜纹饼干条，贴在步骤19制成的饼干条两边或四边。

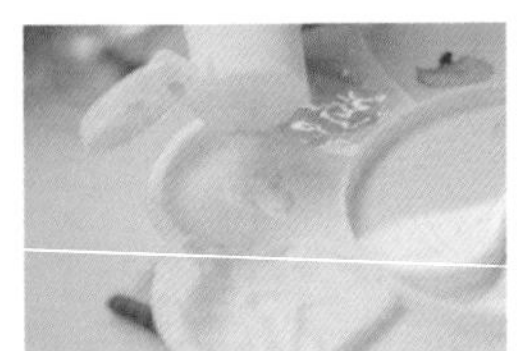
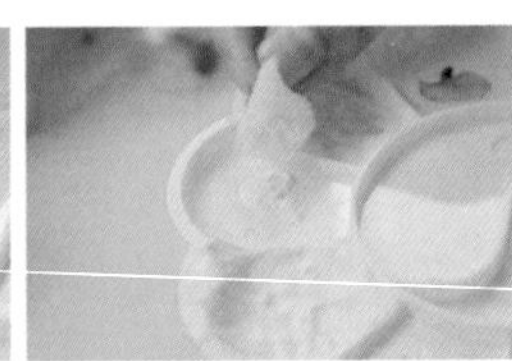

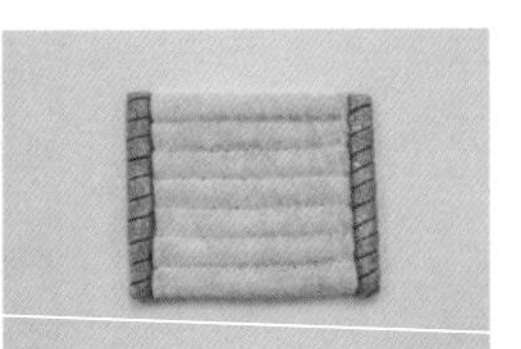

22 用海绵块蘸取白色丙烯颜料，拍印底板，增加糖霜质感。

## 雪人

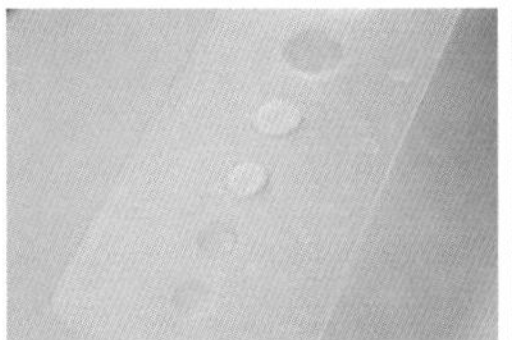
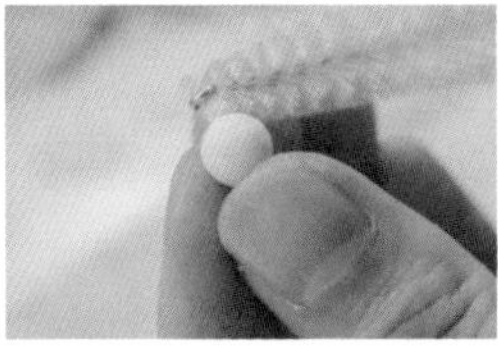
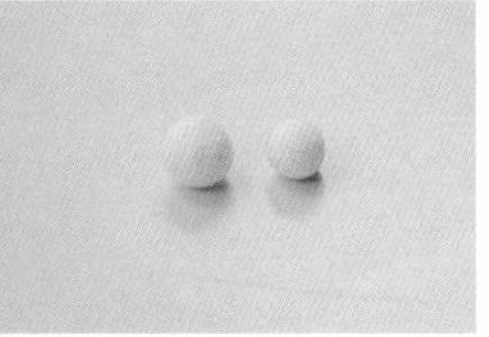
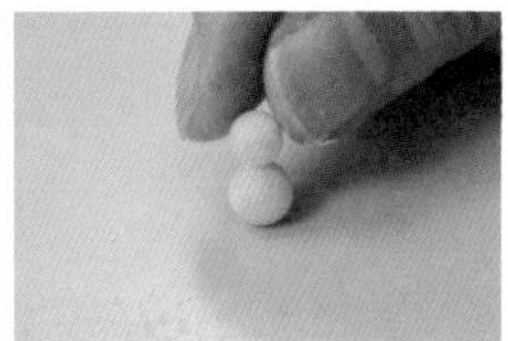

23 用调色尺量取指定分量（C格、D格）的白色轻量树脂黏土，并揉成圆球，用笔状刷拍印增加质感，大圆球在下，小圆球用胶水叠加粘贴在上面。

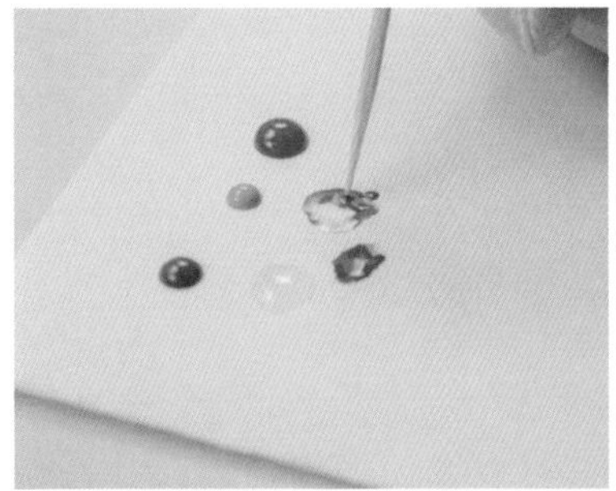
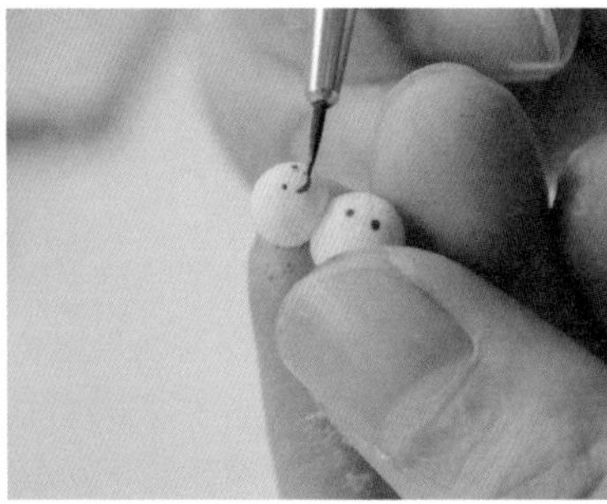

24

混合深棕色、土黄色、红色丙烯颜料，再加入少量透明亮光油，混合成半透明的咖色酱汁，用牙签蘸取酱汁为雪人点绘眼睛和身上的纽扣，再用细毛笔绘制嘴巴弧线。

25

在雪人的头顶滴胶水，贴一个淡蓝色麦圈作为帽子。

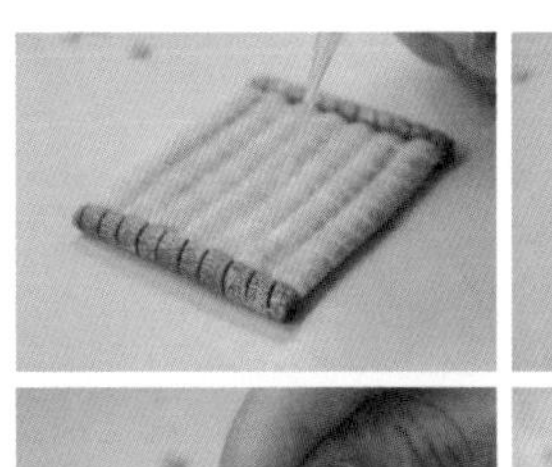

26 在底板上滴胶水，用镊子夹取麦圈放在上面作为装饰，固定雪人，最后放上姜饼屋。

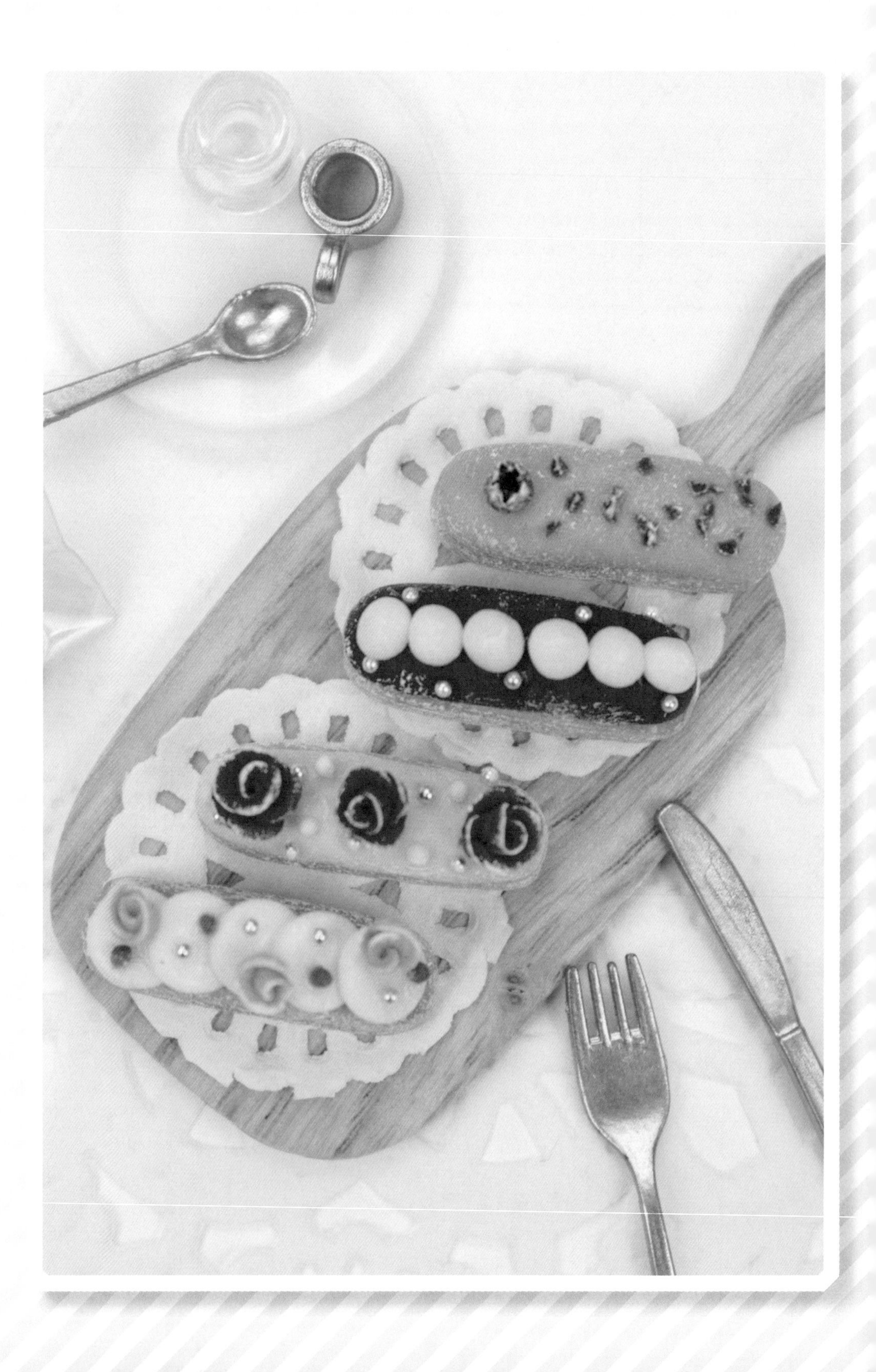

# 第5章

## 聚在一起
## 日子

## 生日·缤纷生日派对

**黏　　土**　日清Grace系列轻量树脂黏土、日清Grace color系列黄色树脂黏土、帕蒂格MODENA系列半透明树脂黏土

**上色材料**　土黄色、白色丙烯颜料，绿色系印泥

**工　　具**　调色尺、调色盘、细节针、压泥板、圆形压模（2cm直径）、脱模油、羊角刷、镊子、管状胶水、美纹纸胶带、金属丝、剪钳、深蓝色签字笔、彩色圆形贴纸、细节剪刀、细毛笔、透明光亮油

## 蛋糕坯

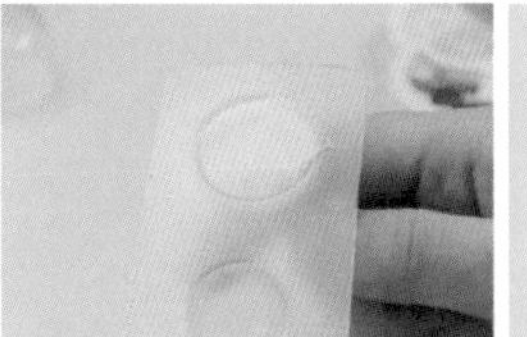
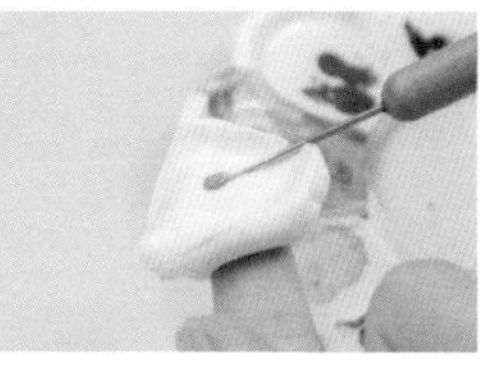
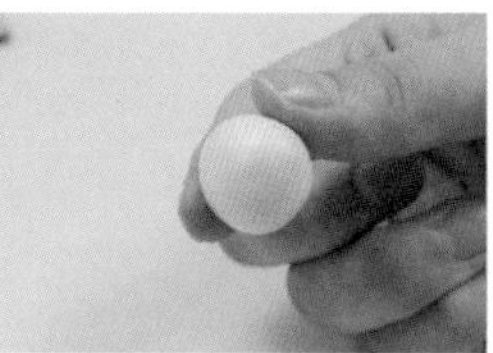
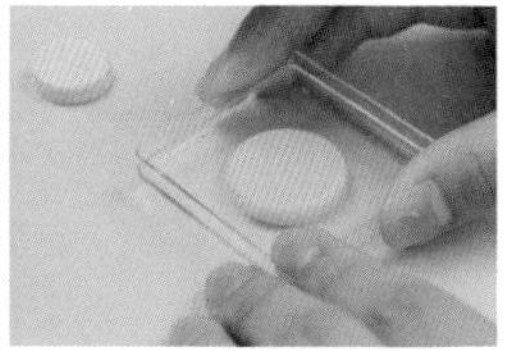

01 取白色轻量树脂黏土，用调色尺量取指定分量（1格），用细节针蘸取土黄色内烯颜料与黏土混合，得到淡黄色黏土，用压泥板压成饼状。

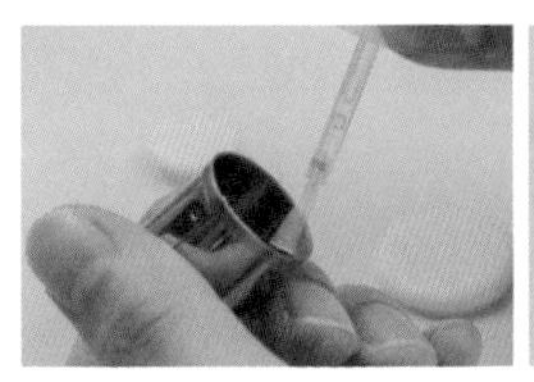

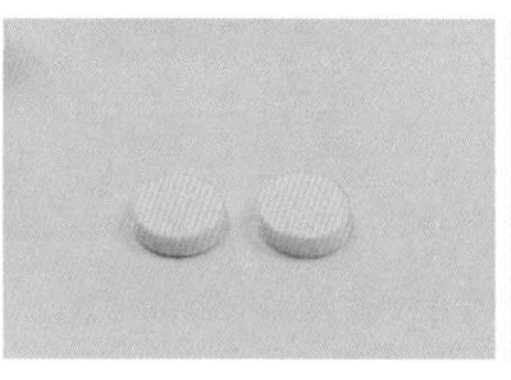
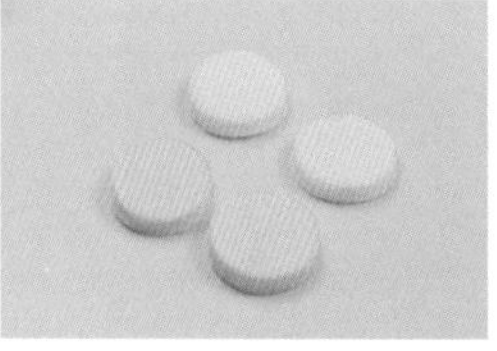

02 在圆形压模上刷脱模油，压于饼状黏土上取形；重复以上步骤制作2个淡黄色、2个白色扁圆柱。

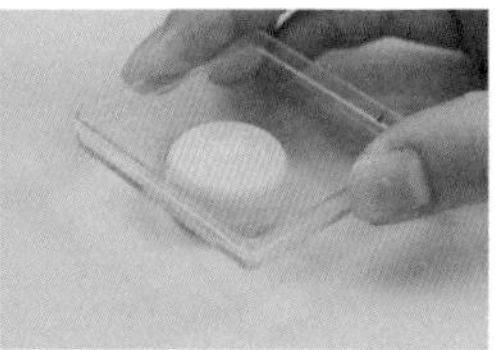
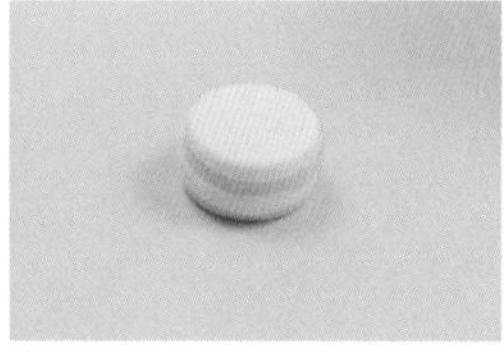
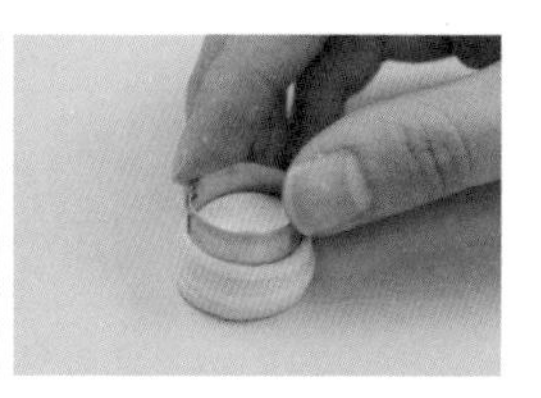

03 将两种颜色的扁圆柱交叉整齐叠放，再用压泥板将柱体压至1.5cm厚度，再次用圆形压模取形。

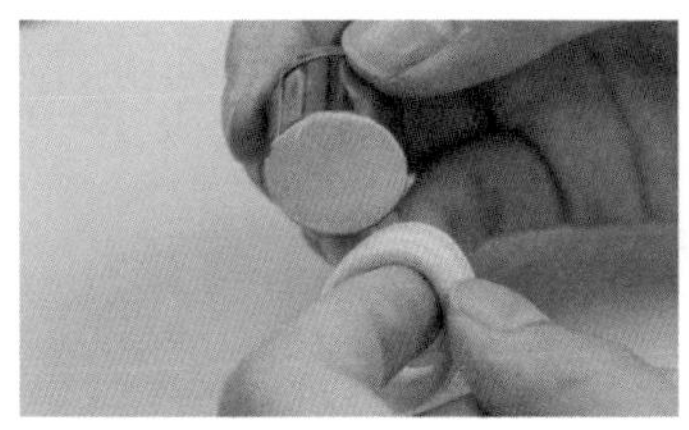
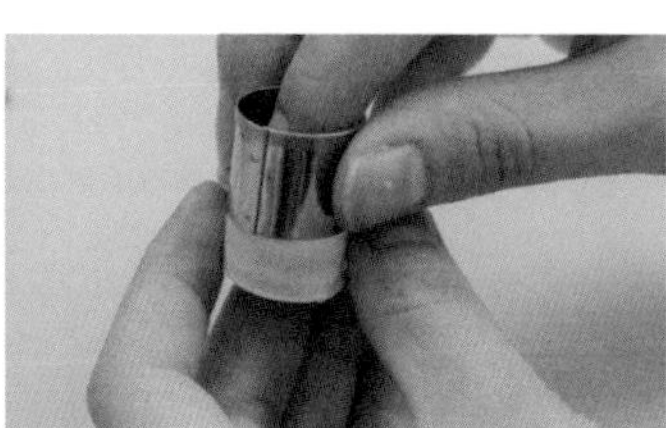
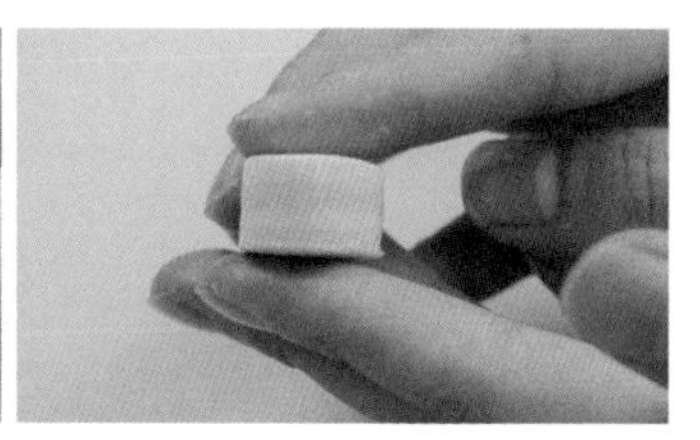

04 将多余部分取下，用指腹轻推黏土脱模，得到扁圆柱形蛋糕坯。

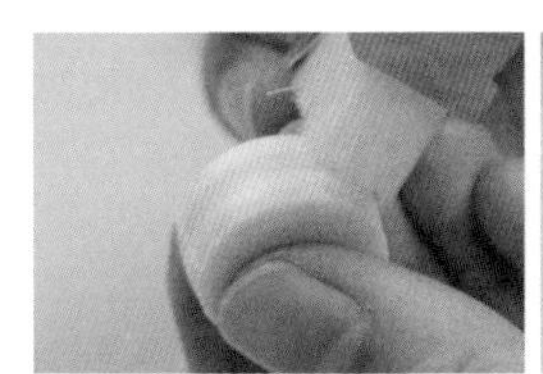
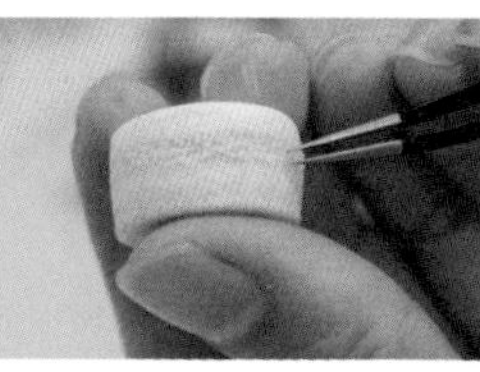
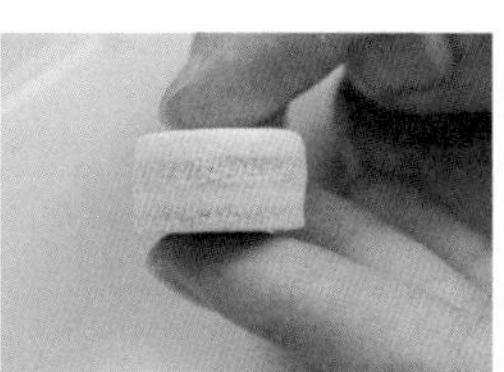

05 用羊角刷在蛋糕坯上压出纹理，再用镊子捏夹，一边捏夹一边将粘连在镊子上的黏土碎贴回原位，增加蛋糕坯的质感。

## 奶油裱花

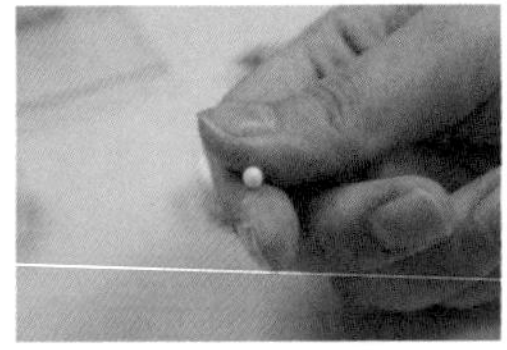
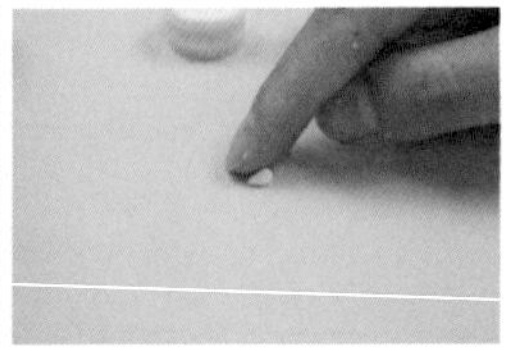
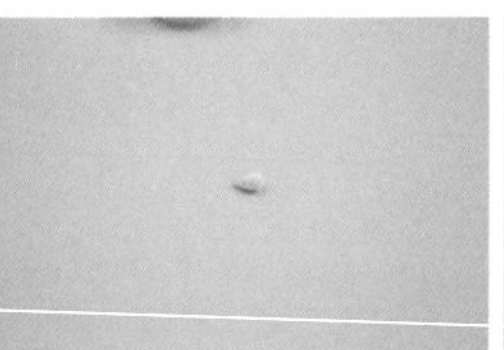
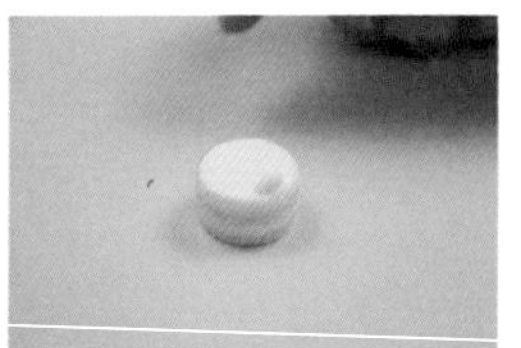

06 用指尖捏取少量白色轻量树脂黏土，揉成圆球，手指倾斜压向黏土球，搓尖一端，使黏土呈水滴状；将水滴状黏土球贴于蛋糕坯顶层边缘。

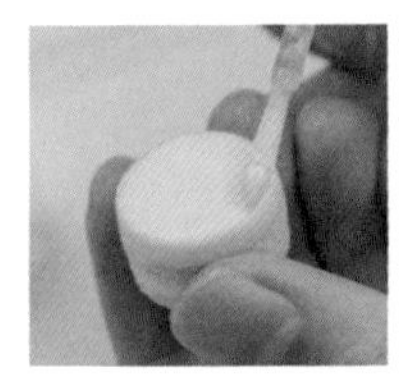
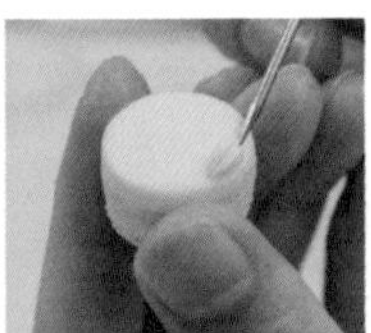
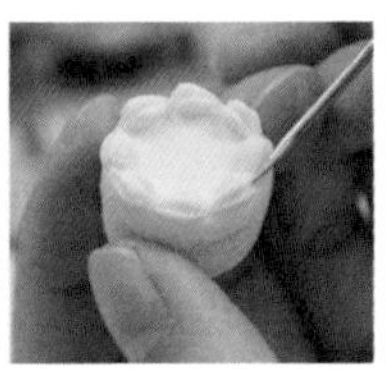

07 在水滴状黏土球上涂刷脱模油以便塑形，用细节针在水滴状黏土球上从尖部到尾巴划2～3道完整的压痕，并适当加深每一道压痕。重复以上步骤制作奶油裱花，使其首尾相连，围成一圈。

## 蛋糕装饰

▼ 青葡萄

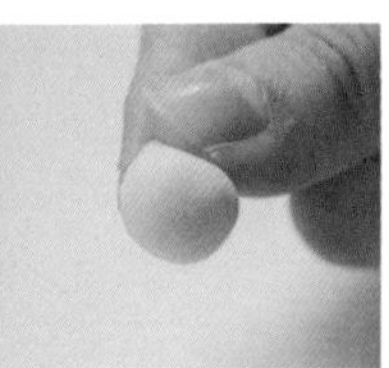
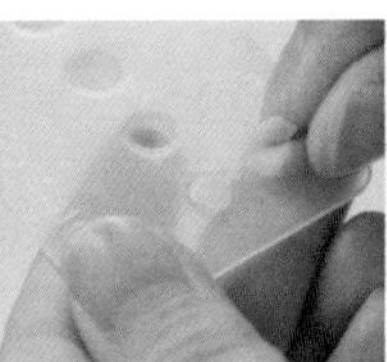
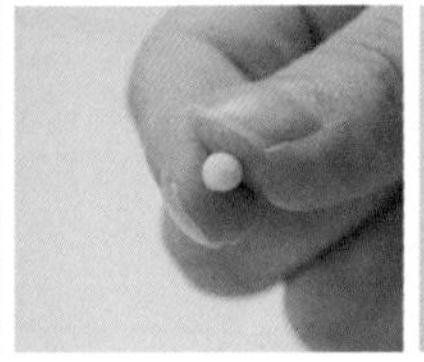
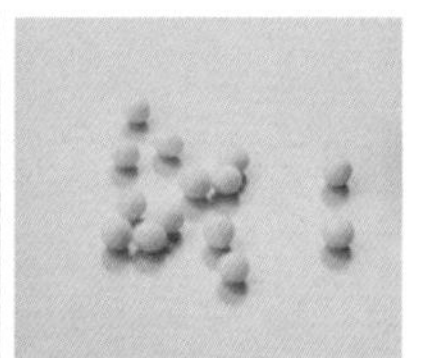

08 取半透明树脂黏土染上绿色印泥，充分揉捏，得到绿色黏土，用调色尺量取指定分量（A格），搓成圆球，制作若干颗，静置待干。

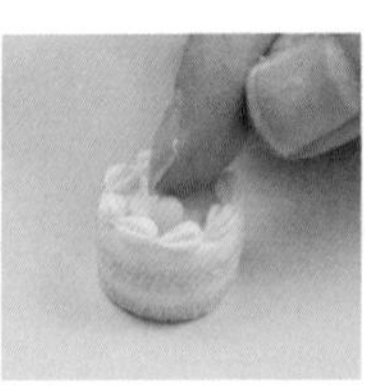

09 用胶水将青葡萄装饰于蛋糕顶层，先组合底层青葡萄，再逐层向上堆叠。

▼ 小白花

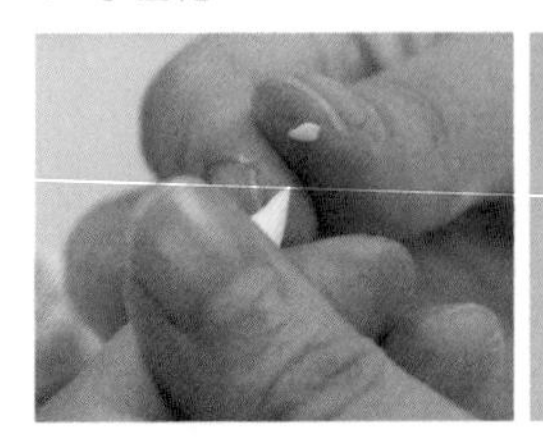
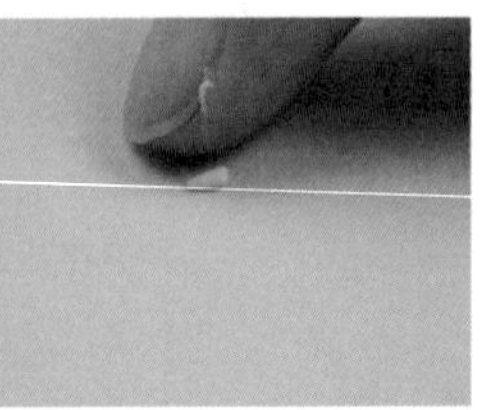
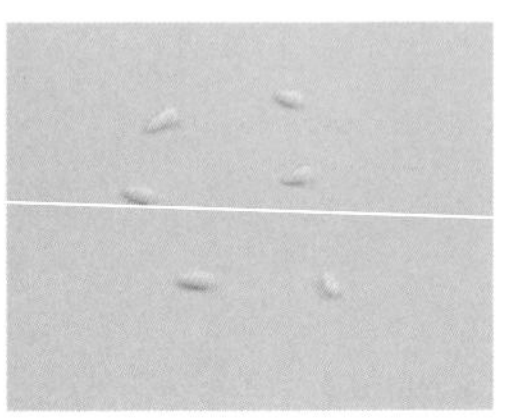

10 用指尖捏取极少量白色轻量树脂黏土，搓成细长水滴状，制作若干个，作为花瓣备用。

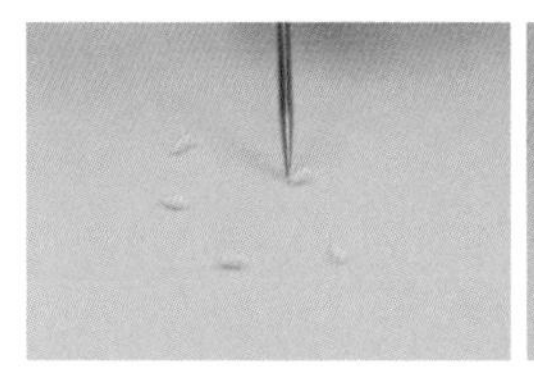
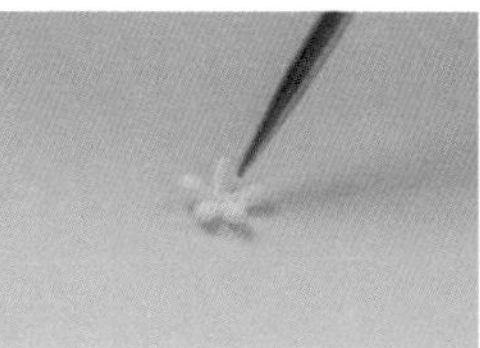

11

借助细节针的针尖移动并组合花瓣，将小白花装饰在蛋糕上。

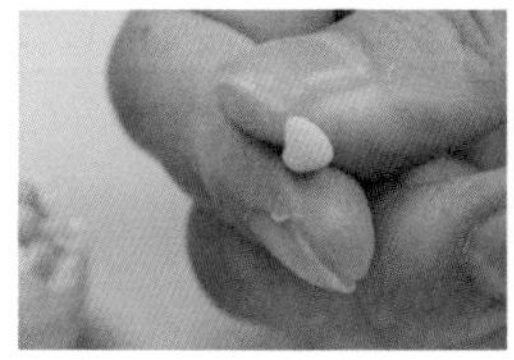
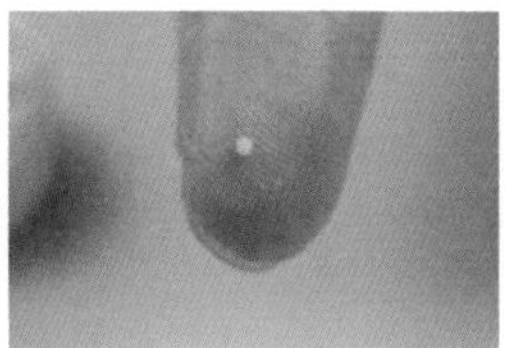
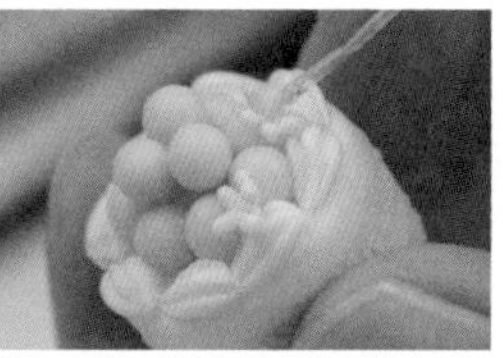

12 用指尖捏取极少量黄色树脂黏土，揉成球状颗粒，用胶水贴在小白花中心。

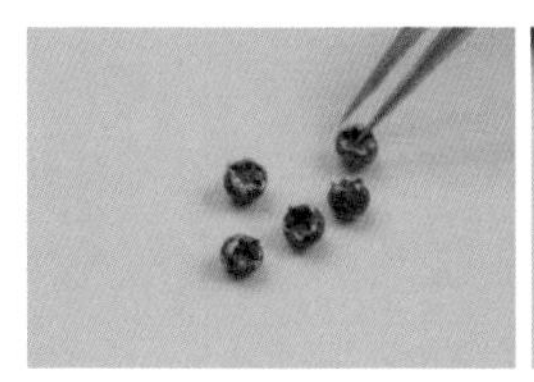
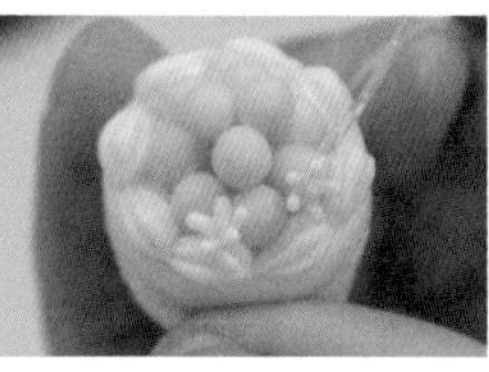
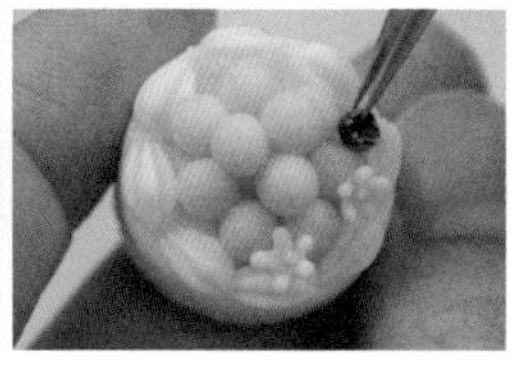

13 制作蓝莓若干颗（蓝莓制作方法参考第3章 周二·水果丹麦酥-水果蓝莓），并装饰在蛋糕上。

▼ 生日三角旗

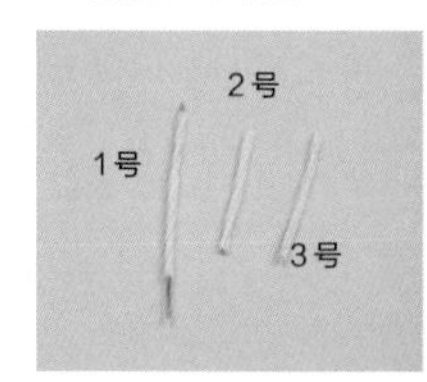

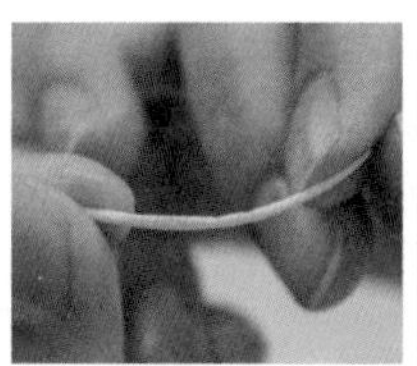
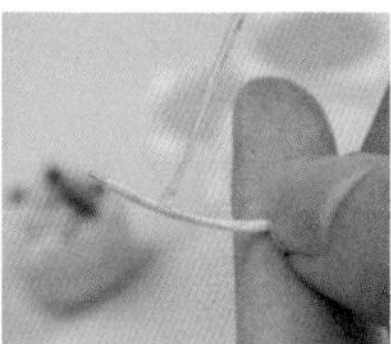
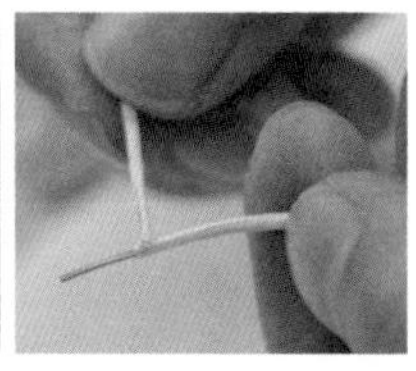
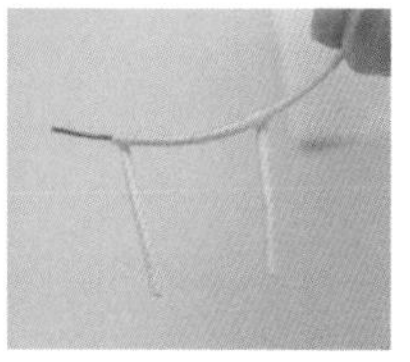

14 用美纹纸胶带包裹金属丝，1号纸棒长3～4cm，2号和3号纸棒长2cm；将1号纸棒轻轻弯曲下凹，用胶水组合2号、3号纸棒，得到一门形框。

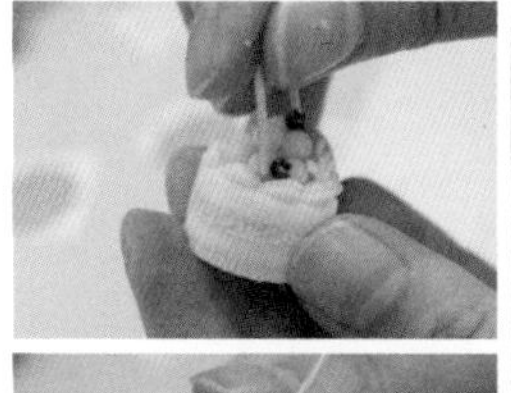

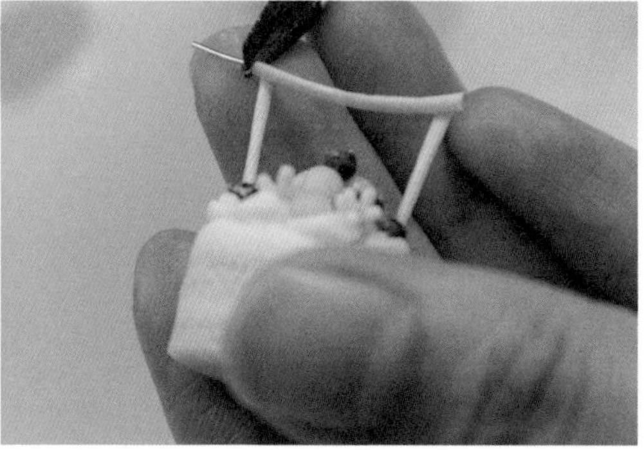

15

将门形框插入蛋糕，用剪钳将1号纸棒多余的部分剪去。

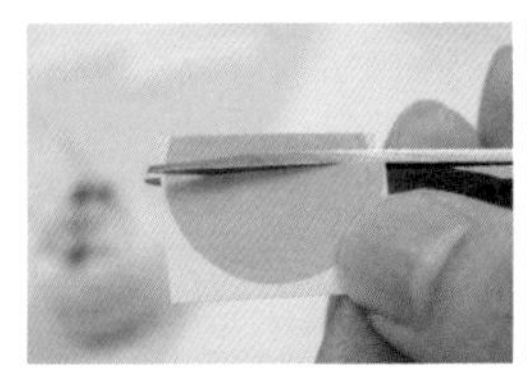

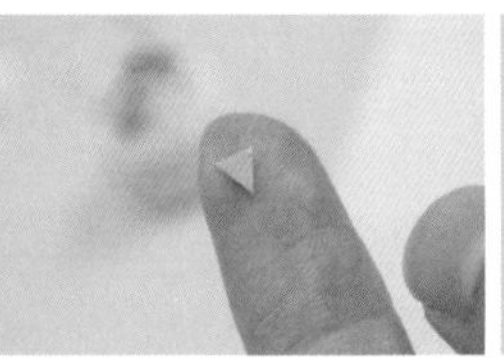

16 用细节剪刀将彩色圆形贴纸裁剪成若干个迷你三角旗。

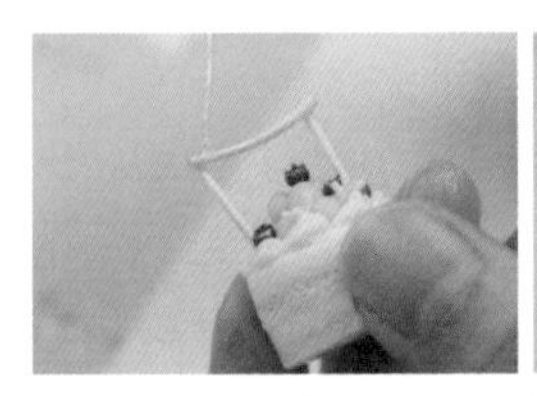
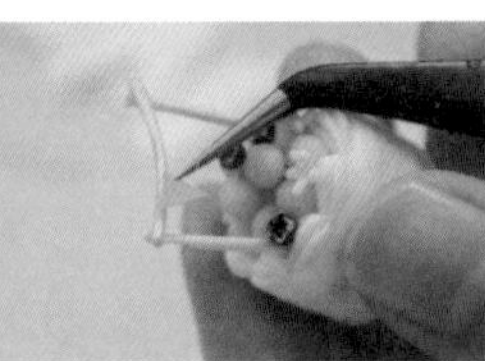
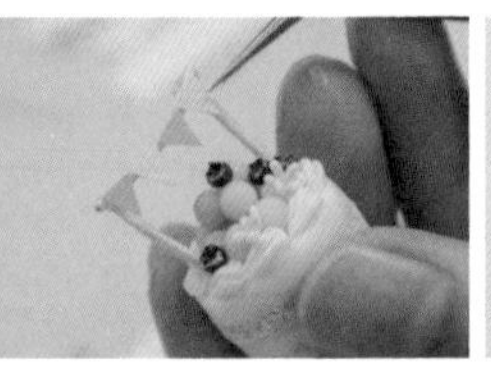

17 在门形框的横杆上滴上胶水，用镊子夹取三角旗贴在横杆上。

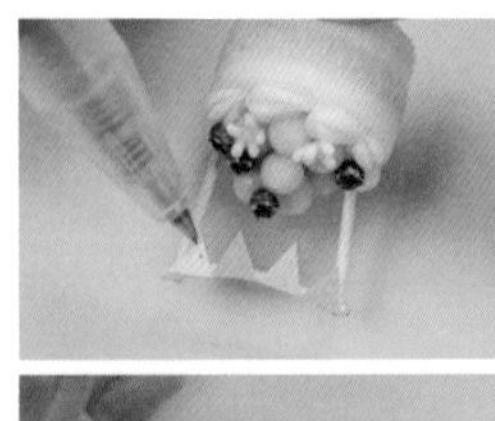
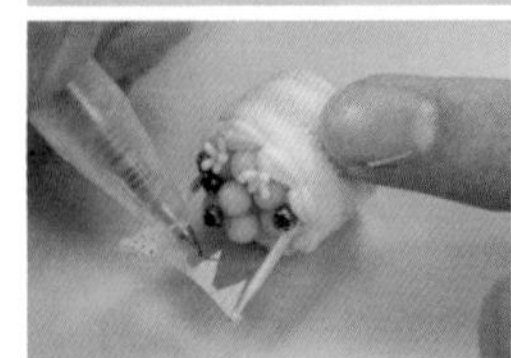

18 用深蓝色签字笔在三角旗上绘制简单线条、圆点等作装饰花纹。

▼ 生日帽

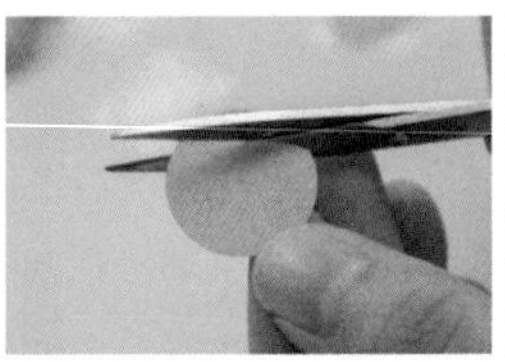
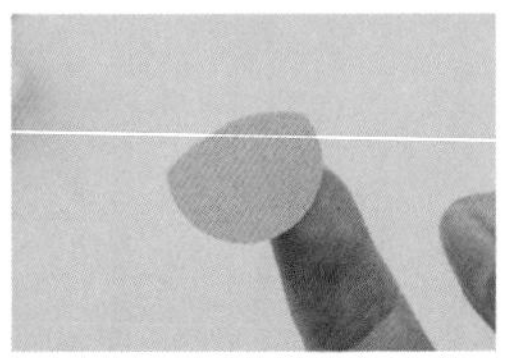

19 用细节剪刀将彩色圆形贴纸剪成圆形，再剪去一部分形状。

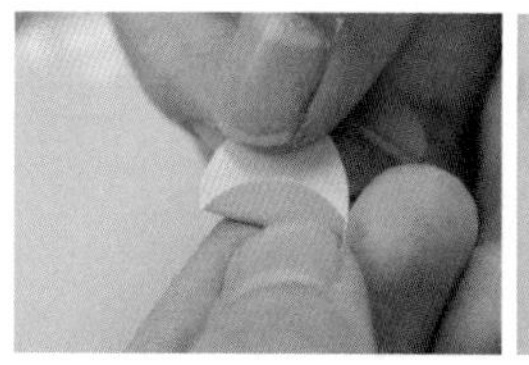
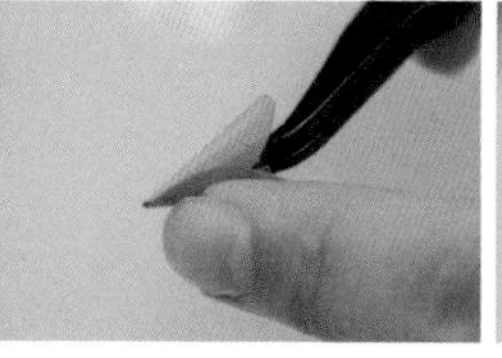
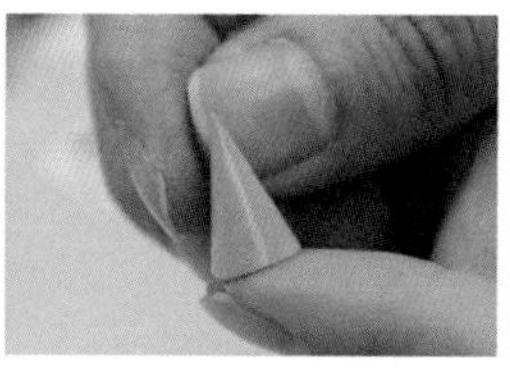

20 用指腹卷起彩色贴纸，借助镊子固定首尾，得到圆锥；用相同的方法再做一个其他颜色的圆锥。

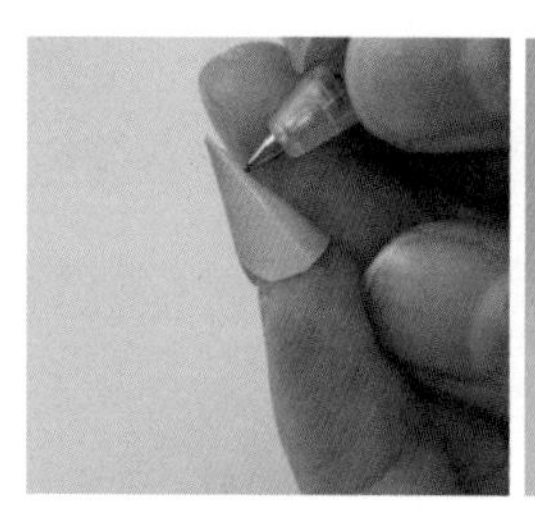
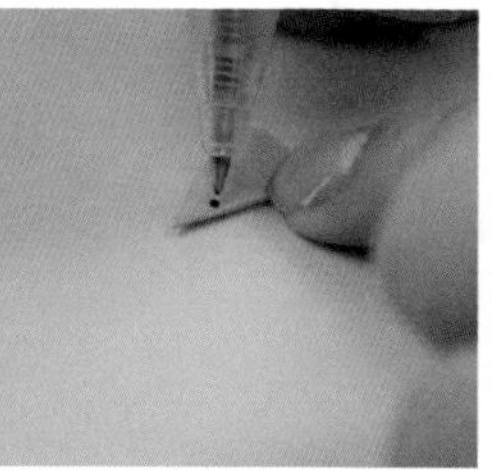
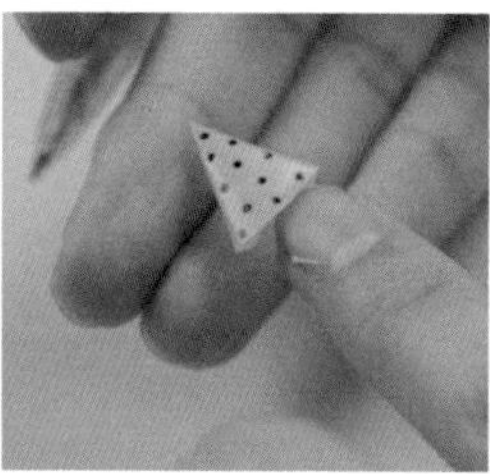

21 在圆锥上绘制简单的线条或花纹作为生日帽。本案例中，在淡蓝色生日帽上，用深蓝签字笔绘制点状装饰。

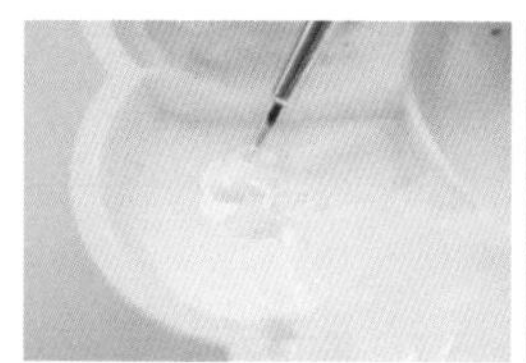
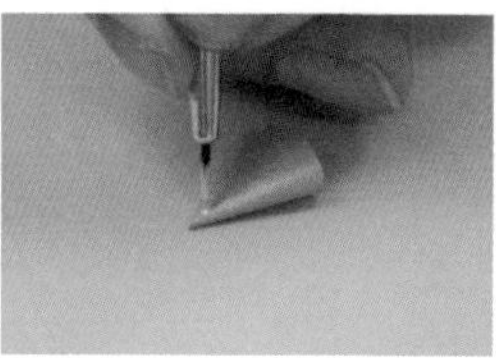
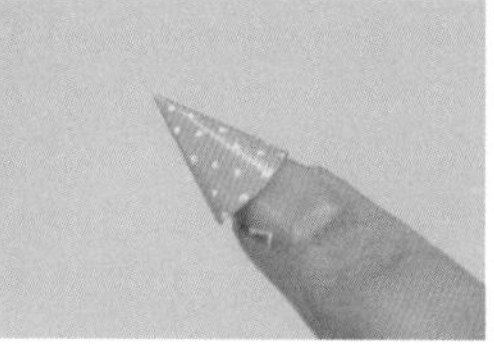

22 在橘黄色生日帽上，用细毛笔蘸取白色丙烯颜料绘制点状装饰。

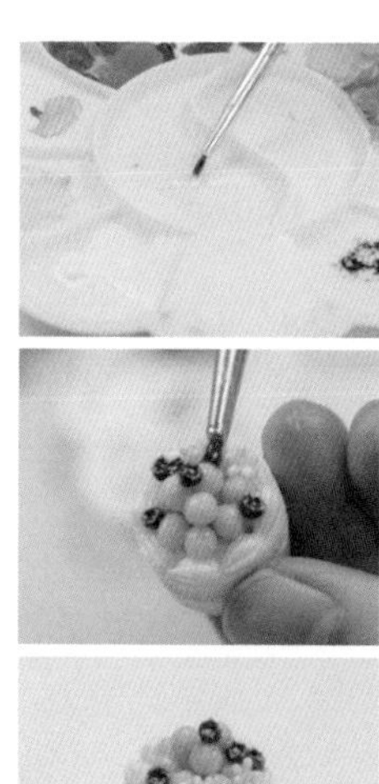

23 用细毛笔在蛋糕表面刷上透明亮光油。

# 春节·喜庆迎春节

**黏　　土** 半透明树脂黏土、日清Grace系列轻量树脂黏土、帕蒂格MODENA系列

**上色材料** 绿色系印泥，白色、土黄色丙烯颜料，烧烤达人色粉盒

**工　　具** 压泥板、刀片、海绵块、调色尺、细节针、压痕笔、色粉毛刷

## 糖冬瓜基础形

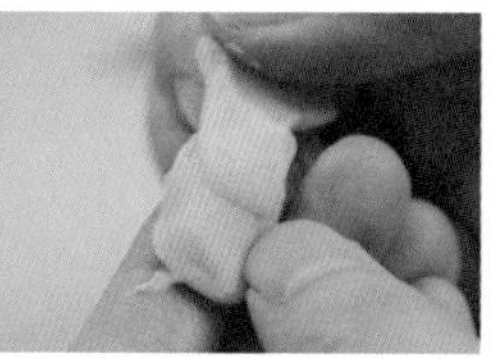
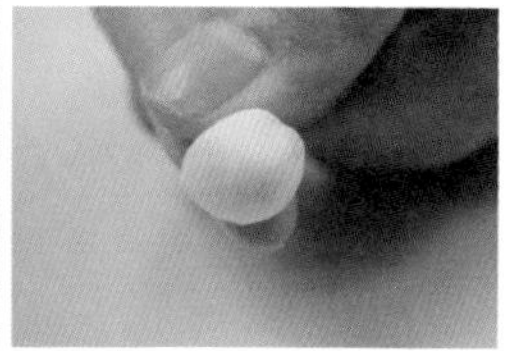

01 取半透明树脂黏土，染上绿色印泥，揉搓均匀，得到淡绿色黏土。

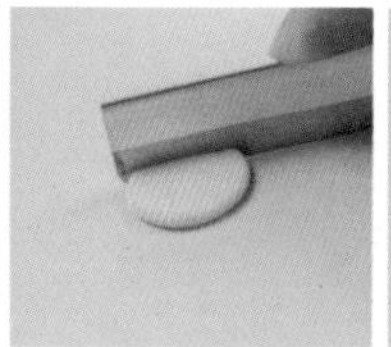

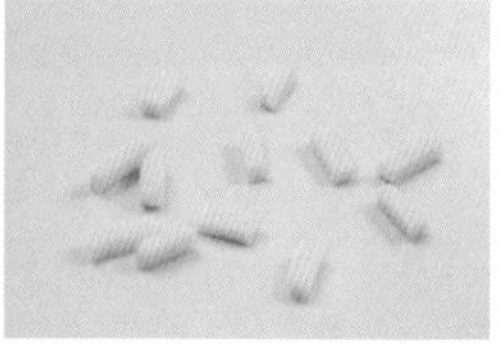

02 将淡绿色黏土用压泥板压扁，用刀片切成长条，再切成小段。

▼ 糖冬瓜上色

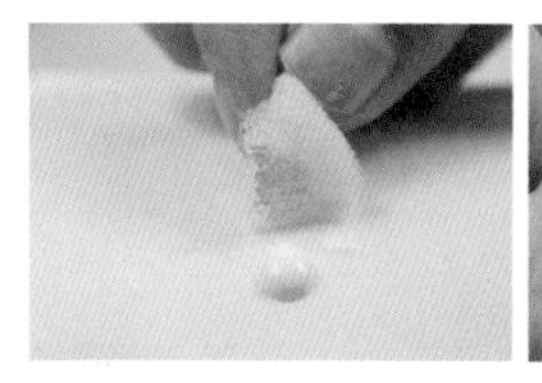
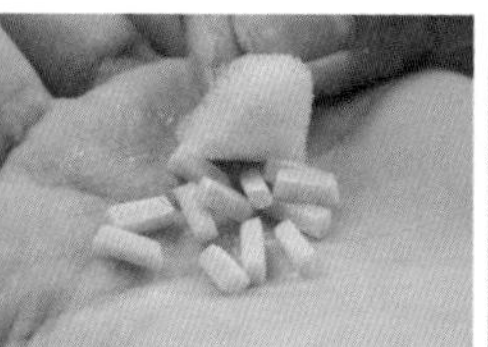

03

用海绵块蘸取白色丙烯颜料，拍印在糖冬瓜上，增加糖霜质感。

## 糖莲藕基础形

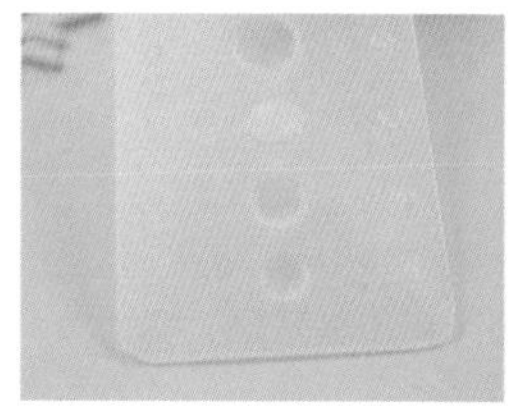
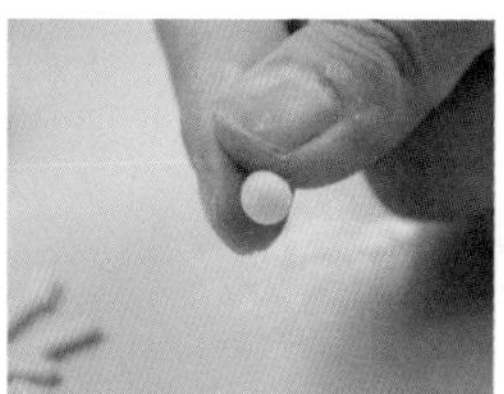

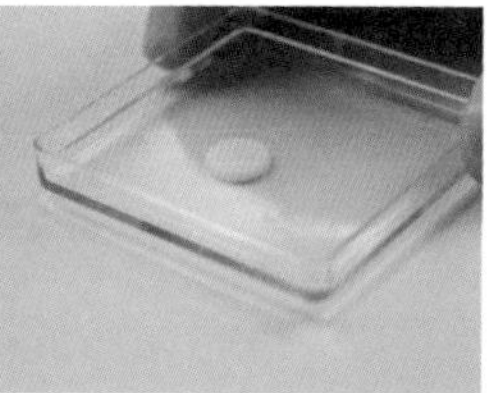

04

取半透明树脂黏土，用调色尺量取指定分量（C格），揉成圆球，再用压泥板压成饼状。

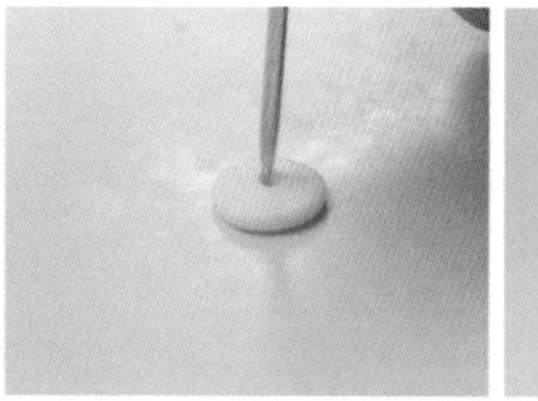

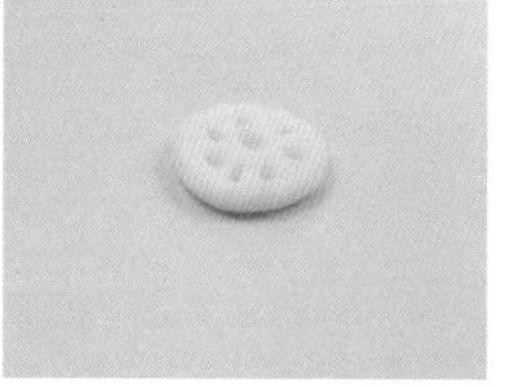

05

用细节针在饼状黏土表面戳孔，轻微拨动针尖以扩大针孔，表现糖莲藕的镂空效果。

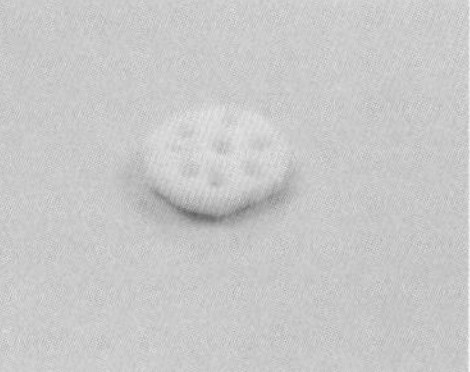
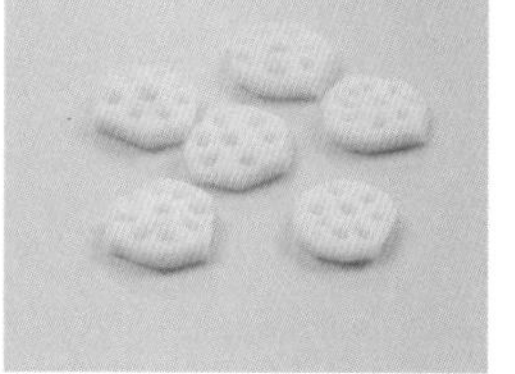

06

用刀片切割糖莲藕的边缘，让边缘呈现不规则的效果。用相同的方法制作若干块糖莲藕。

## 糖莲藕上色

07 用海绵块蘸取白色丙烯颜料，拍印在糖莲藕上，增加糖霜质感。

## 花生基础形

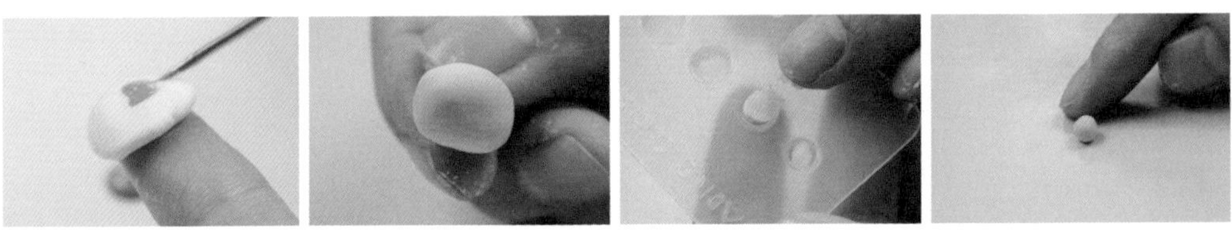

08 在白色轻量树脂黏土中加入少量土黄色丙烯颜料，充分揉捏，得到淡黄色黏土，用调色尺量取指定分量（B格），揉成圆球。

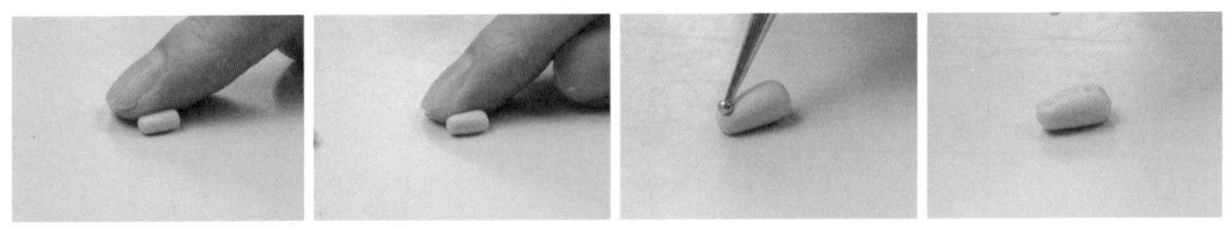

09 用指尖将圆球搓成短棒，轻压前端再次搓动黏土，让短棒前窄后宽；用压痕笔沿中线压出浅坑。

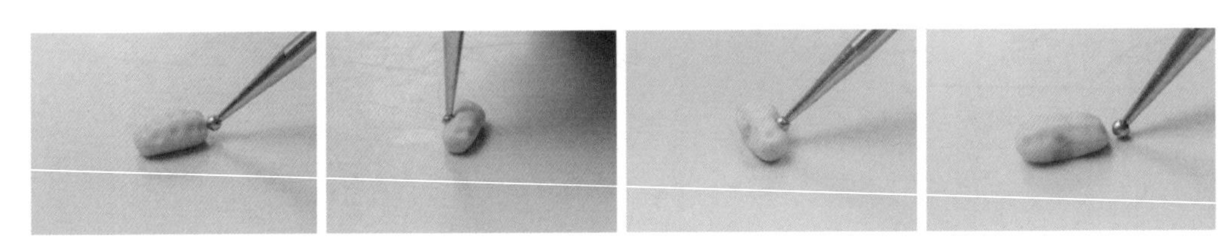

10 用压痕笔在短棒两侧压出浅坑，推窄腰部以压出凹陷，制成花生基础形。

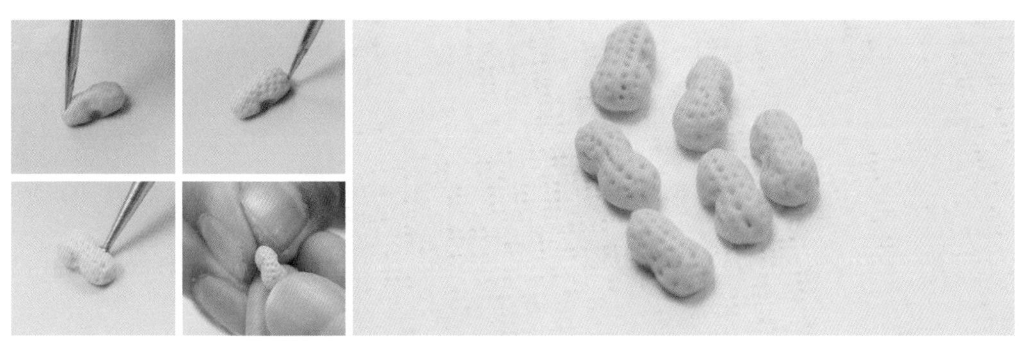

11 用细节针沿浅坑表面纹路压孔，再用压痕笔调整花生外形；用指腹轻捏花生顶部，花生制作完成。

## 花生上色

12 用色粉毛刷蘸取深棕色色粉涂刷花生表面。

13 用白色、土黄色丙烯颜料调色，用海绵块蘸取丙烯颜料拍印在花生上。

# 中秋·团圆过中秋

**黏 土** 日清Grace系列轻量树脂黏土、日清Grace color系列黄色、土黄色、红色树脂黏土

**上色材料** 土黄色、深棕色、红色、白色丙烯颜料

**工 具** 调色盘、细节针、调色尺、压泥板、脱模油、建筑模型镂空花纹木板、钢尺、压痕笔、细毛笔、透明亮光油、丸棒（0.3cm直径）、镊子、海绵块

## 月饼基础形

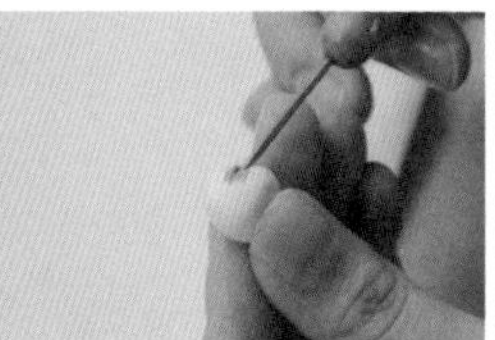
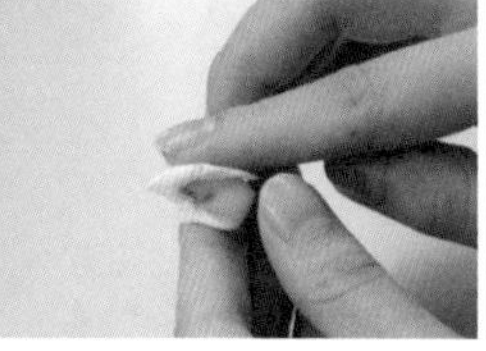
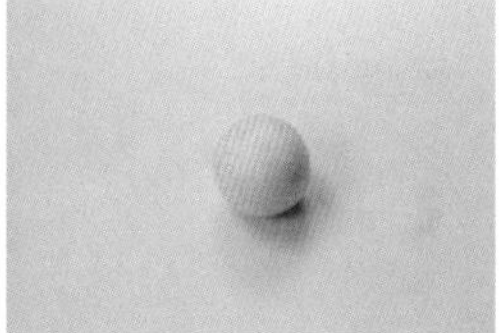

01 用细节针蘸取土黄色丙烯颜料加入白色轻量树脂黏土中，充分揉捏，得到土黄色黏土。

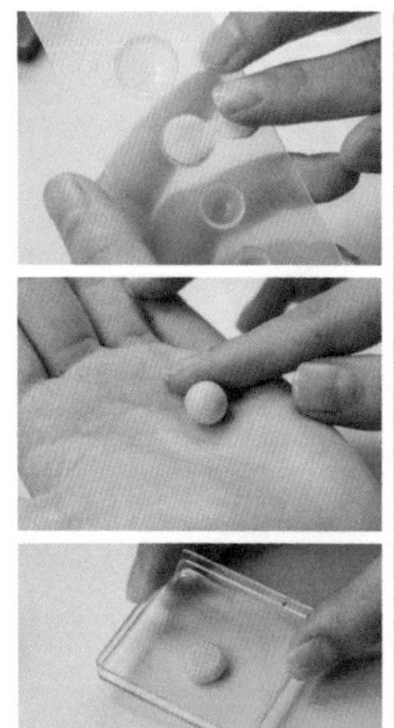
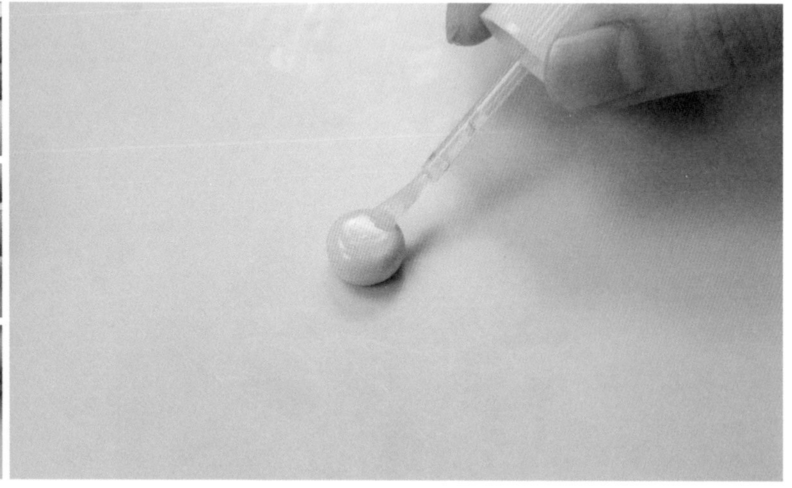

02 用调色尺量取指定分量（F格）的土黄色黏土，揉成圆球，再用压泥板轻压成厚饼状；在饼状黏土顶面刷上脱模油。

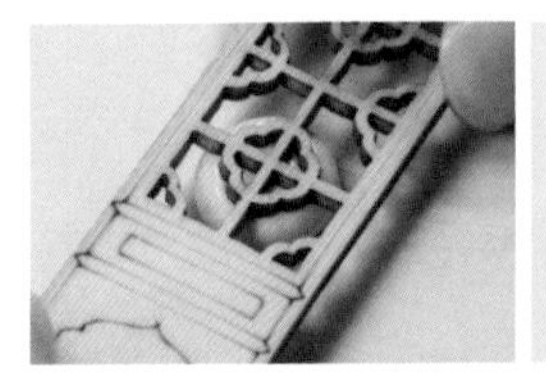
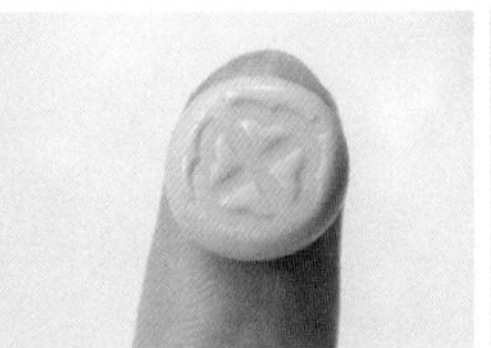
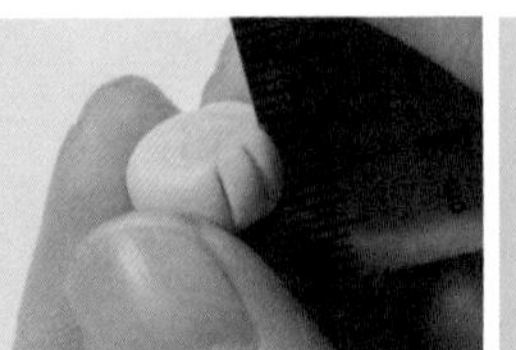

03 用建筑模型镂空花纹木板在饼状黏土顶面压印图案，用钢尺在饼状黏土侧面压出竖纹。

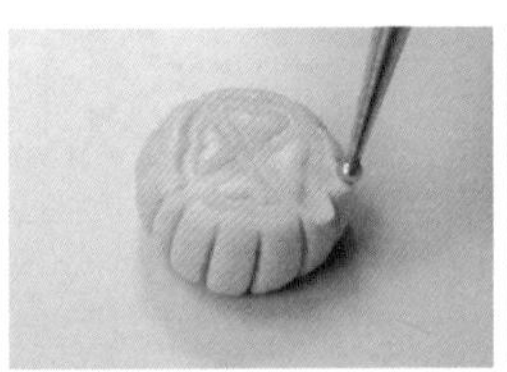
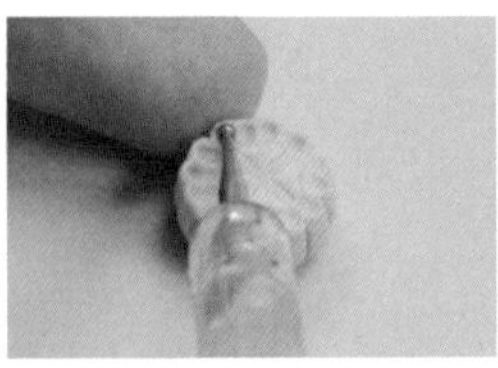
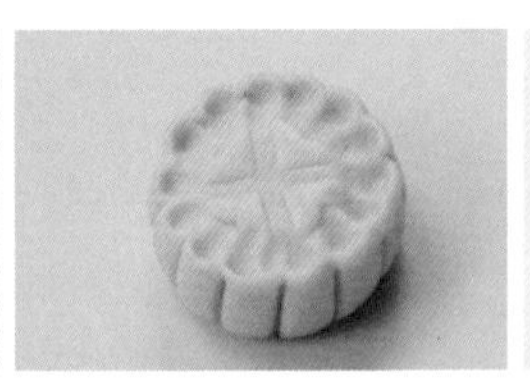

04 用压痕笔将黏土顶面的边缘部分推出花边，用相同的方法制作3个月饼基础形。

## 月饼上色

▼ 第一层色

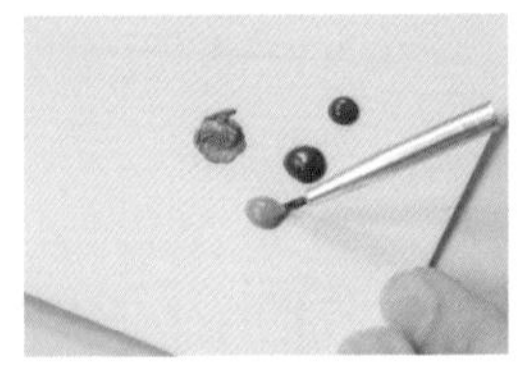
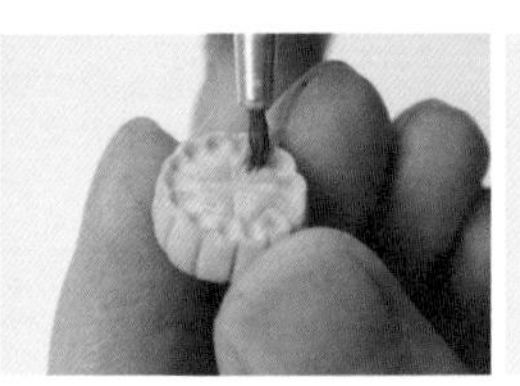
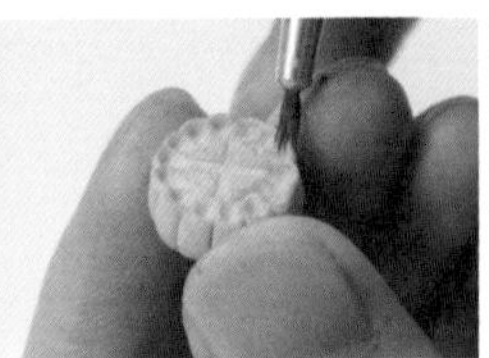

05 用细毛笔蘸取土黄色丙烯颜料刷在月饼表面（避开凹陷位置），边缘部分加深颜色。

▼ 第二层色

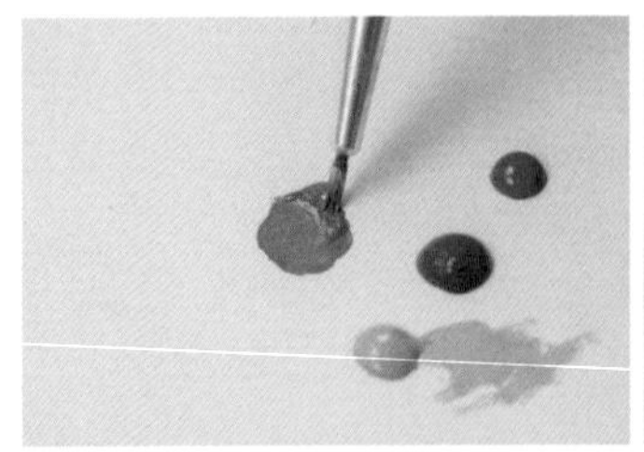
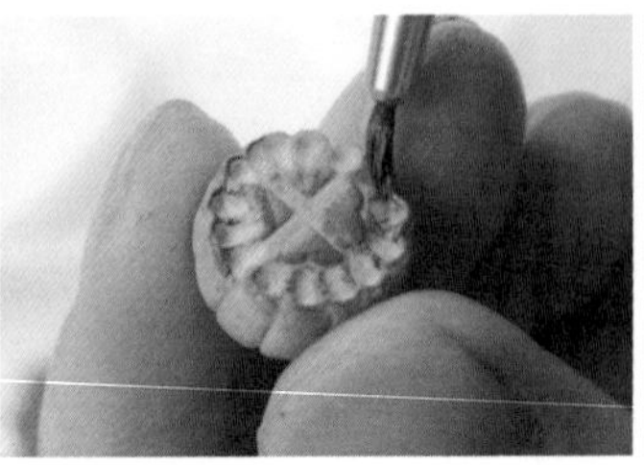

06 用土黄色、深棕色、红色丙烯颜料调色，用细毛笔蘸取丙烯颜料，刷在月饼侧面以及表面的凸起部分，静置待干。

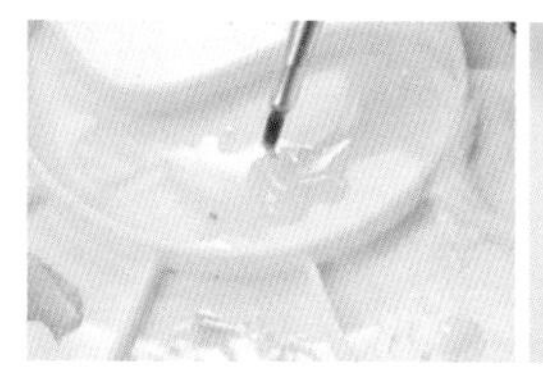
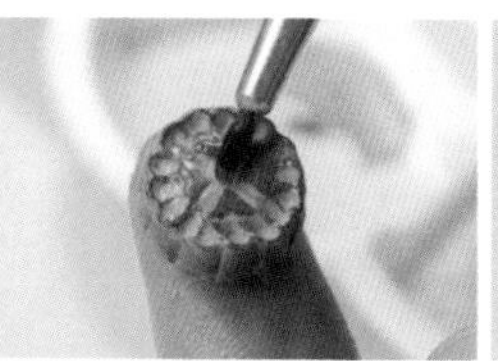
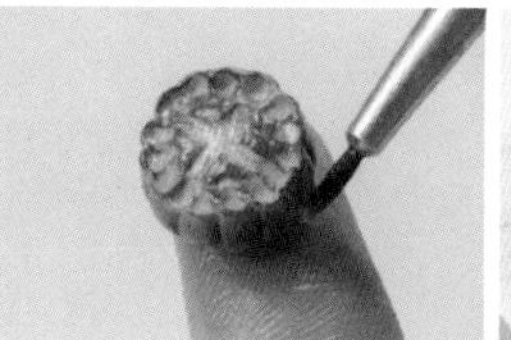

07 用细毛笔蘸取透明亮光油，刷在月饼表面。

## 柿饼基础形

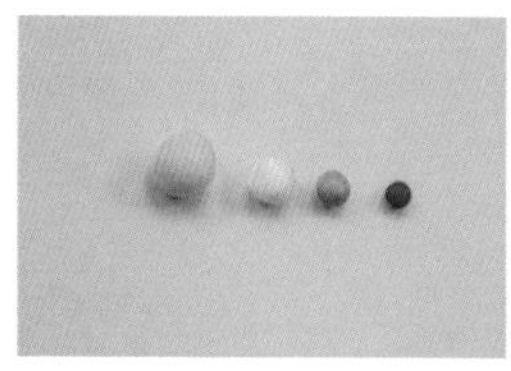
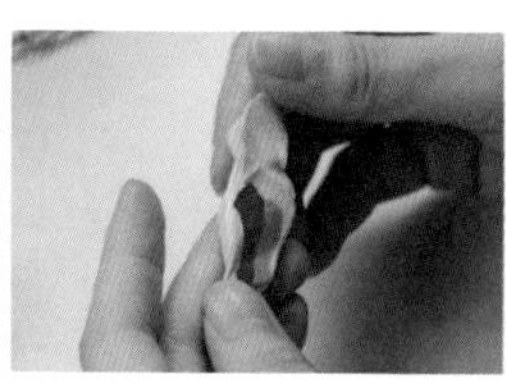
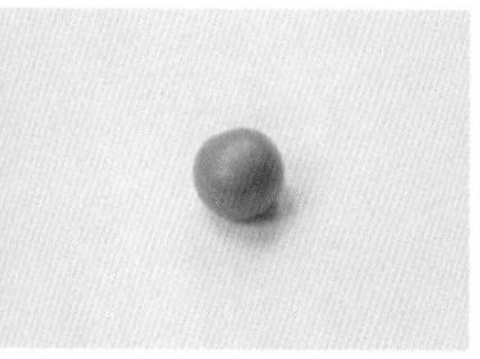
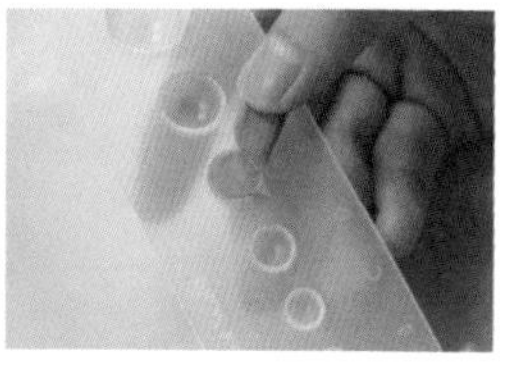

08 取白色轻量树脂黏土和黄色、土黄色、红色树脂黏土，按图示比例混合，调成橘红色黏土，用调色尺量取指定分量（E格）。

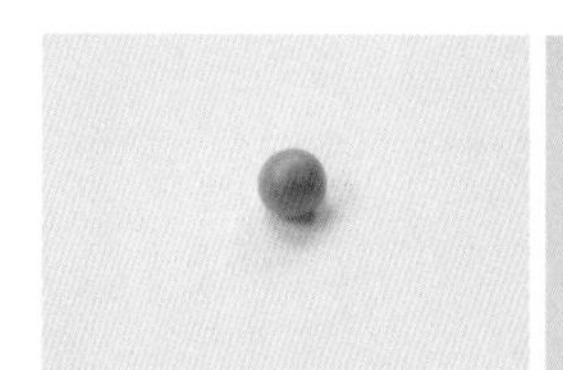
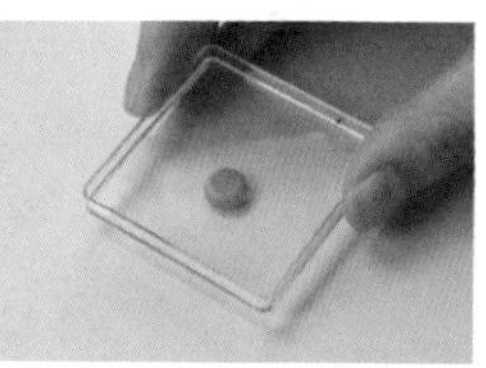
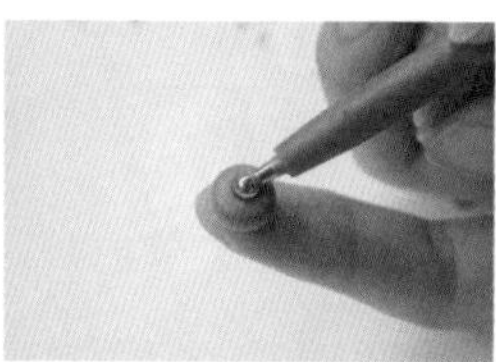
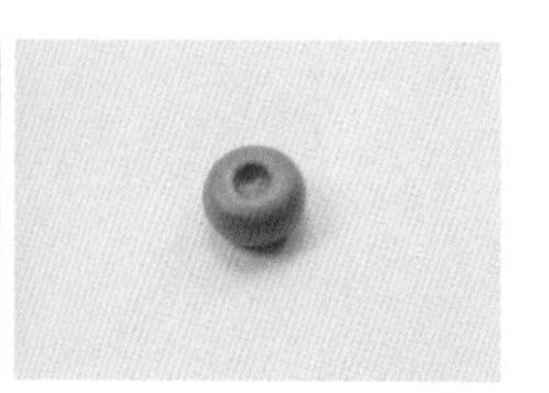

09 揉成圆球，用压泥板压成饼状，用丸棒在中央压出浅坑。

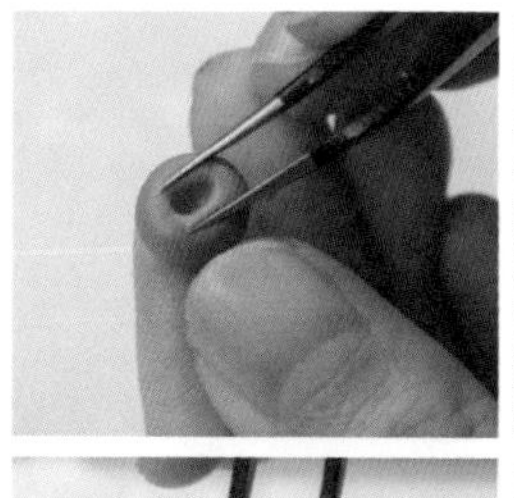
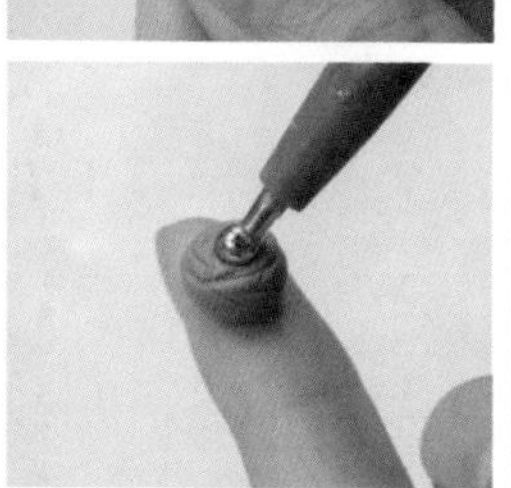
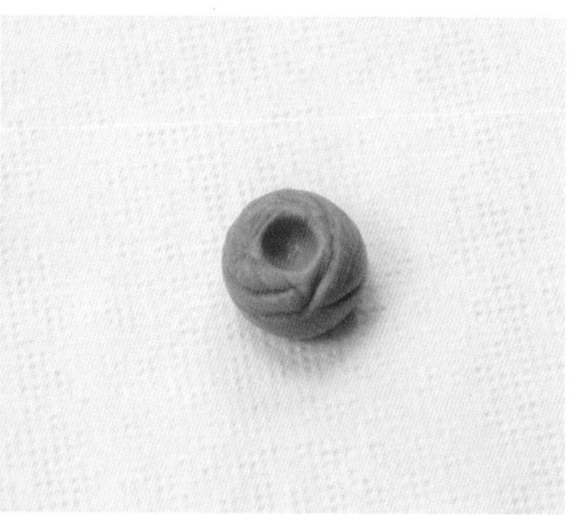

10 用镊子尖挤压浅坑顶部，换个方向重复以上步骤，扩宽镊尖，在柿饼表面压印褶皱，再用丸棒加深凹陷。

## 柿饼上色

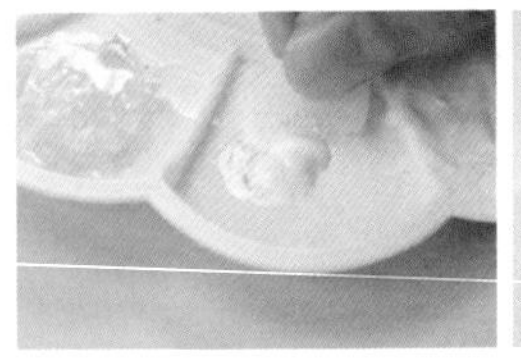
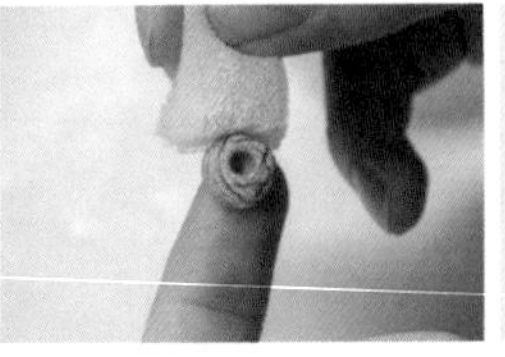
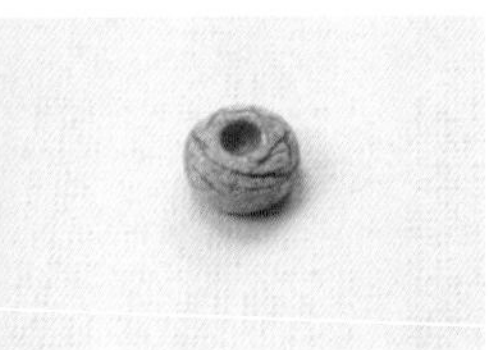

11

用海绵块蘸取白色丙烯颜料，拍印在柿饼上，增加糖霜质感。

## 柿饼叶萼基础形

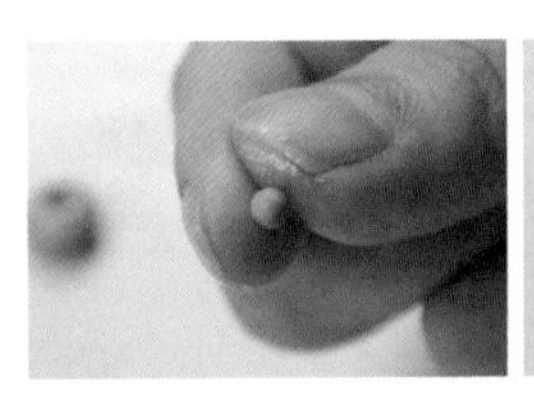
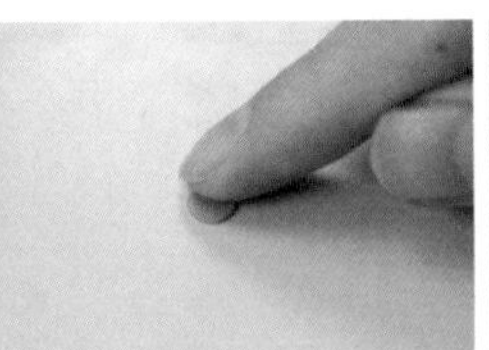
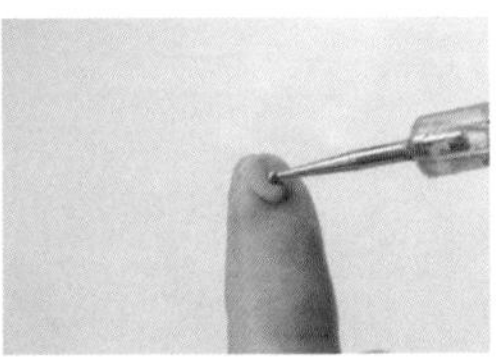

12

用指尖取少量土黄色树脂黏土，压成薄片，用压痕笔在中心轻戳。

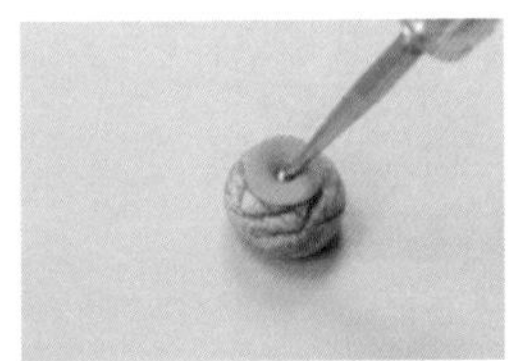
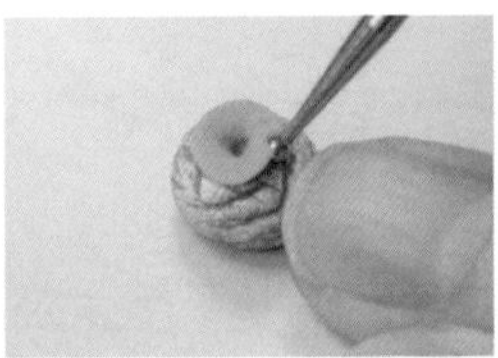
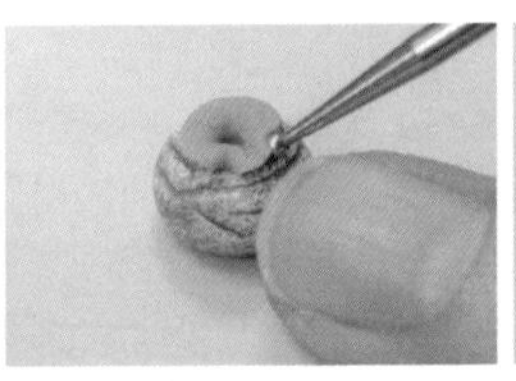
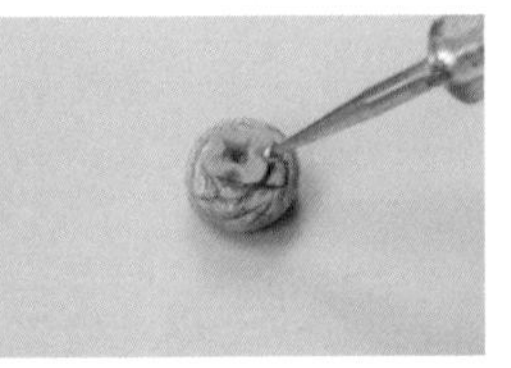

13 将土黄色薄片组合在柿饼上，用压痕笔的笔头从外向内推出凹陷，完成叶萼雏形。

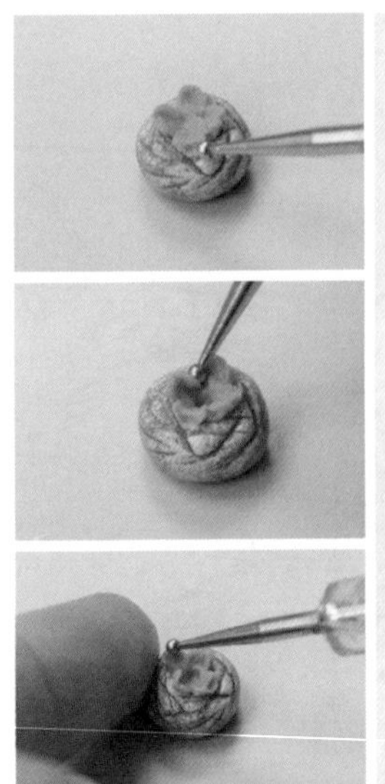
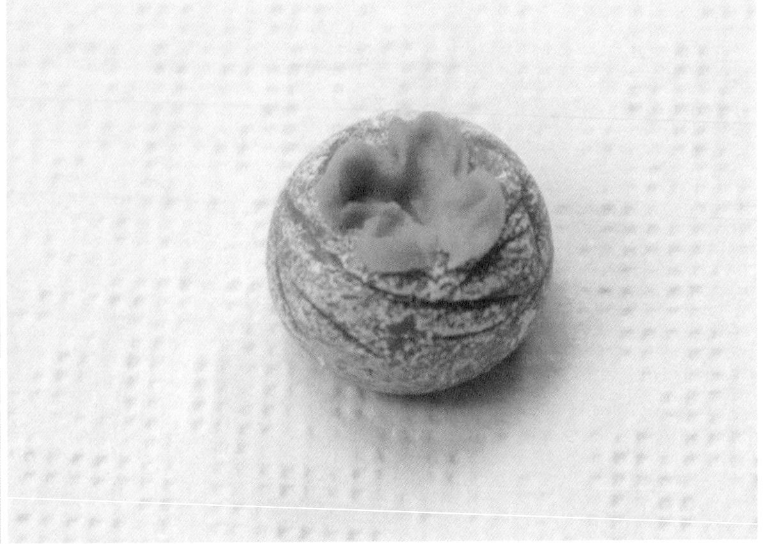

14 用压痕笔将叶萼压薄，将部分叶萼轻推翻起，调整造型。

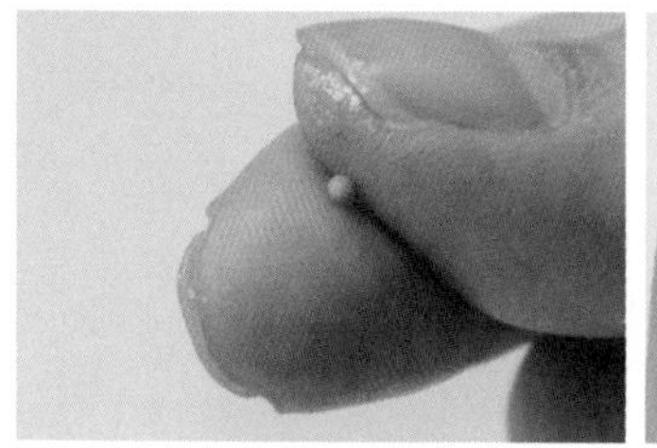
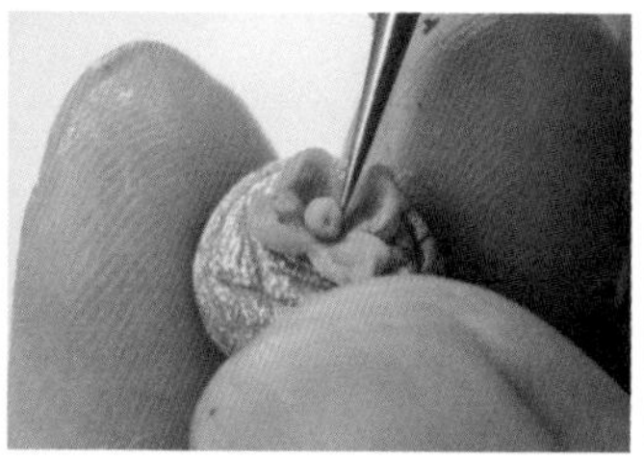

15 将土黄色树脂黏土搓成小圆颗粒，组合在叶萼中央，用细节针轻搓颗粒。

## 柿饼叶萼上色

16 用白色、土黄色丙烯颜料调色，用细毛笔蘸取丙烯颜料涂刷叶萼;用深棕色、白色丙烯颜料调色，用细毛笔蘸取丙烯颜料涂刷叶萼中央部分以及边缘。用同样的方法制作3个柿饼。

# 第6章

# 餐具及其他容器的制作

## 6.1 调料容器

黏土　日清Grace color系列白色树脂黏土

上色材料　蓝色、白色丙烯颜料

工具　调色尺、脱模油、丸棒、细节剪刀、压痕笔、管状胶水、细毛笔、透明亮光油

## 调料容器基础形

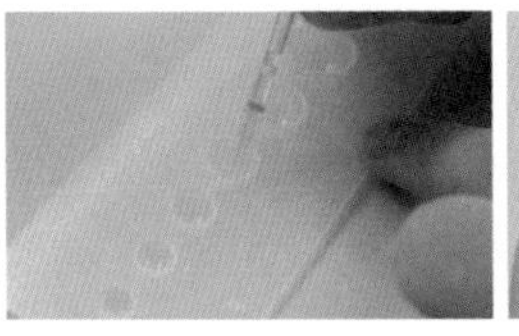
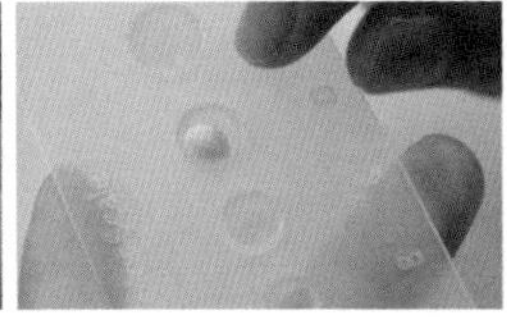
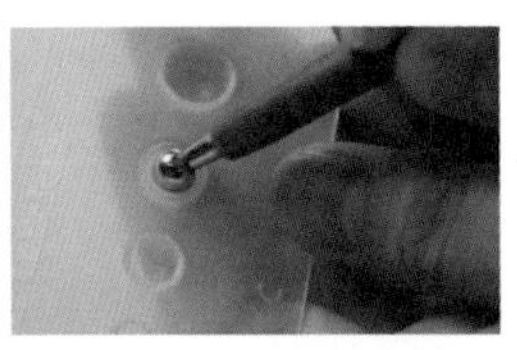

01

在调色尺的D格中刷脱模油，填入少量白色树脂黏土，用丸棒压向黏土球。

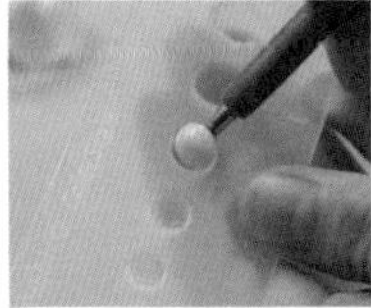
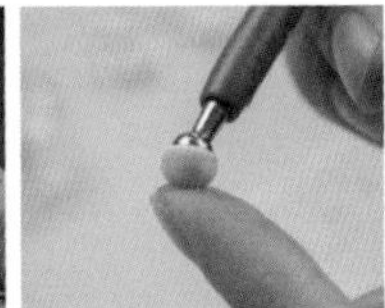
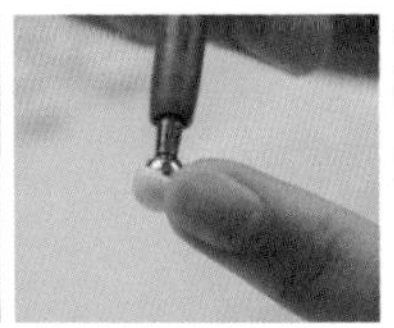
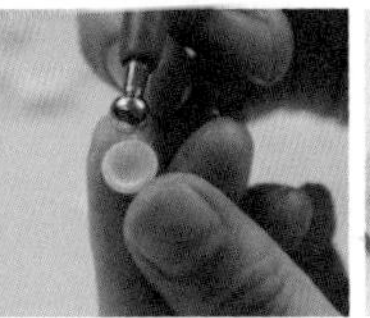
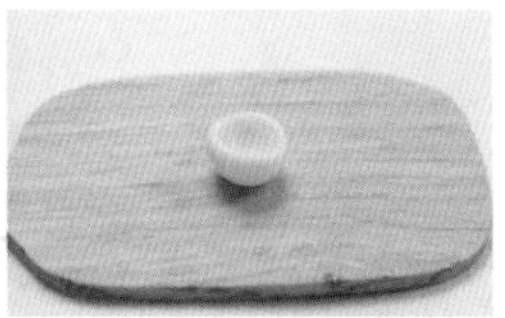

02 将黏土脱模取出，得到空心半球，作为容器。

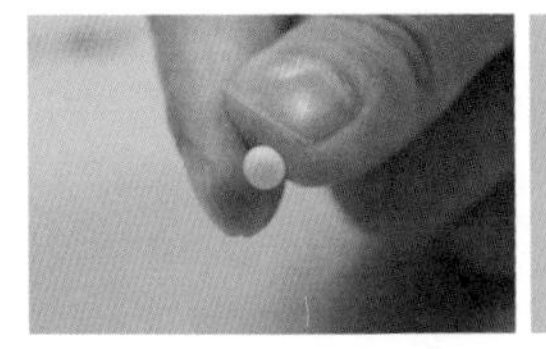
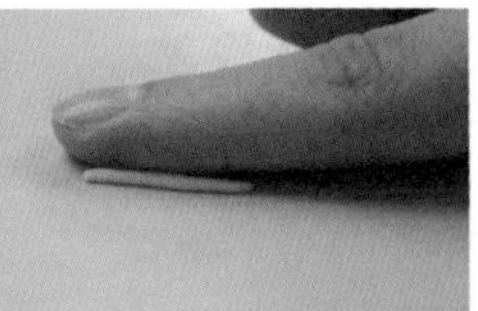
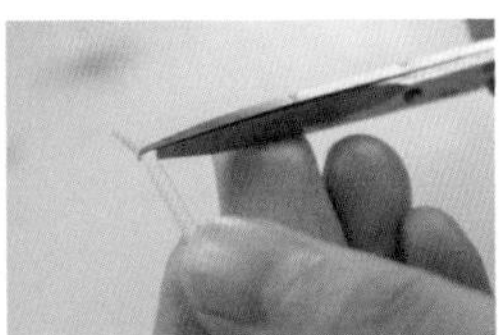

03

取少量白色树脂黏土，用手指搓成细长条，用细节剪刀将一端剪平。

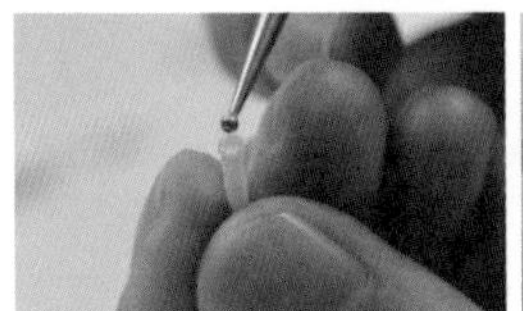
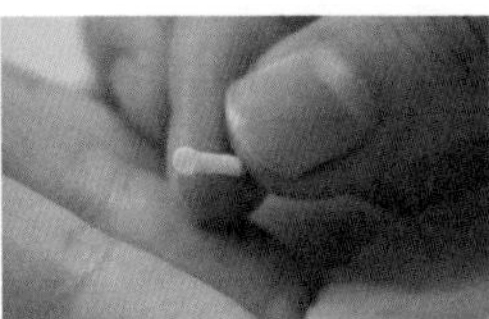
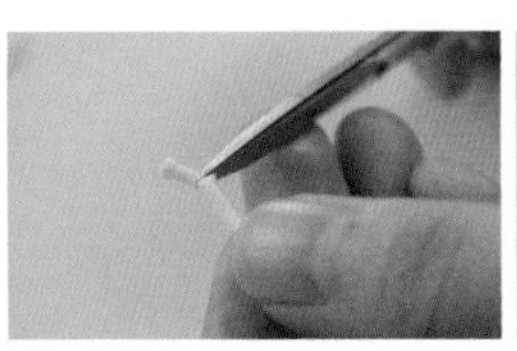

04 用压痕笔的笔头在顶端轻压浅坑，剪下一小段作为容器的手柄。

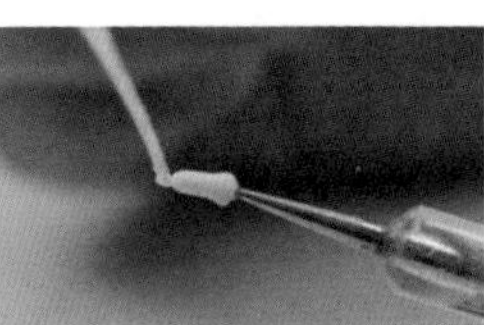
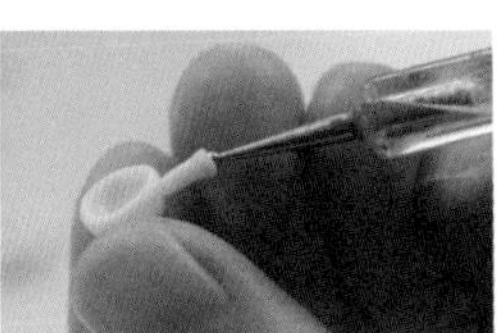
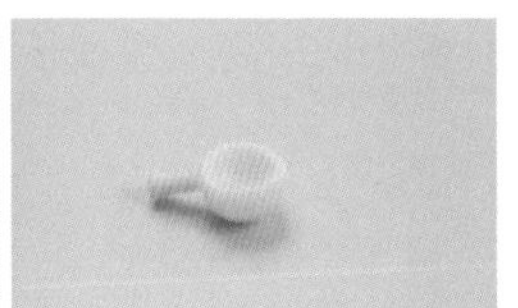

05 将容器与手柄用胶水组合起来。

## 调料容器上色

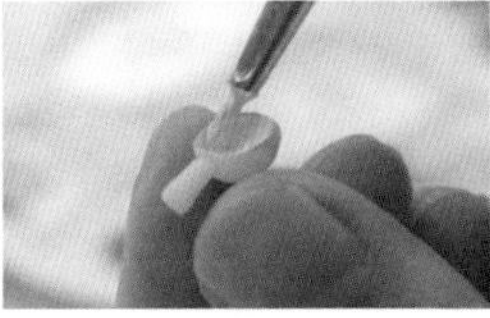
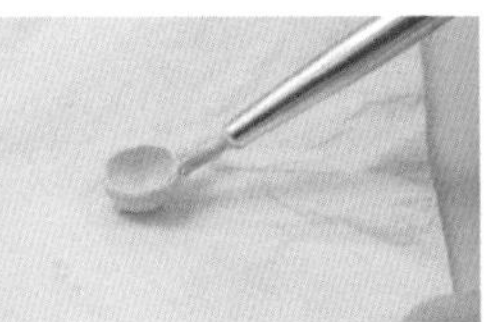
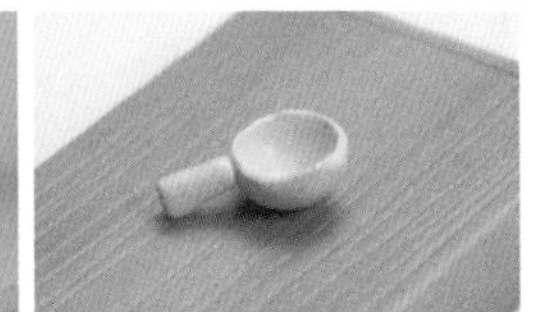

06 取蓝色、白色丙烯颜料调色，用细毛笔蘸取丙烯颜料，涂刷在容器表面，静置干燥后，可在其表面涂刷透明亮光油增加光泽。

## 6.2 茶杯

**黏　　土**　日清Grace color系列白色树脂黏土

**上色材料**　绿色、白色丙烯颜料

**工　　具**　调色尺、脱模油、丸棒、刀片、管状胶水、压泥板、细节剪刀、细毛笔、透明亮光油

## 茶杯基础形

▼ 杯身

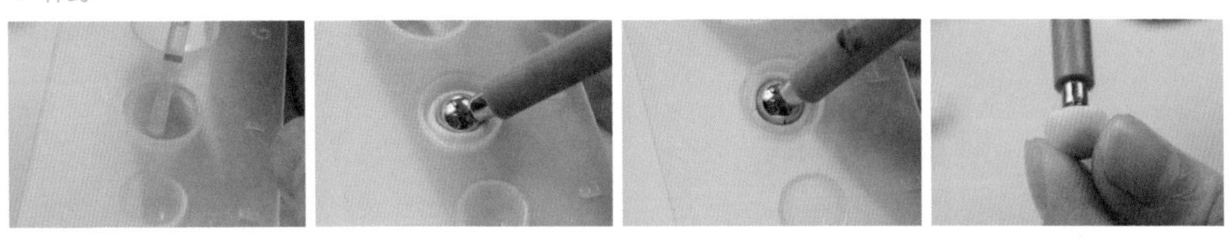

01 在调色尺的F格中刷脱模油，填入少量白色树脂黏土，用丸棒压向黏土球，将黏土脱模取出。

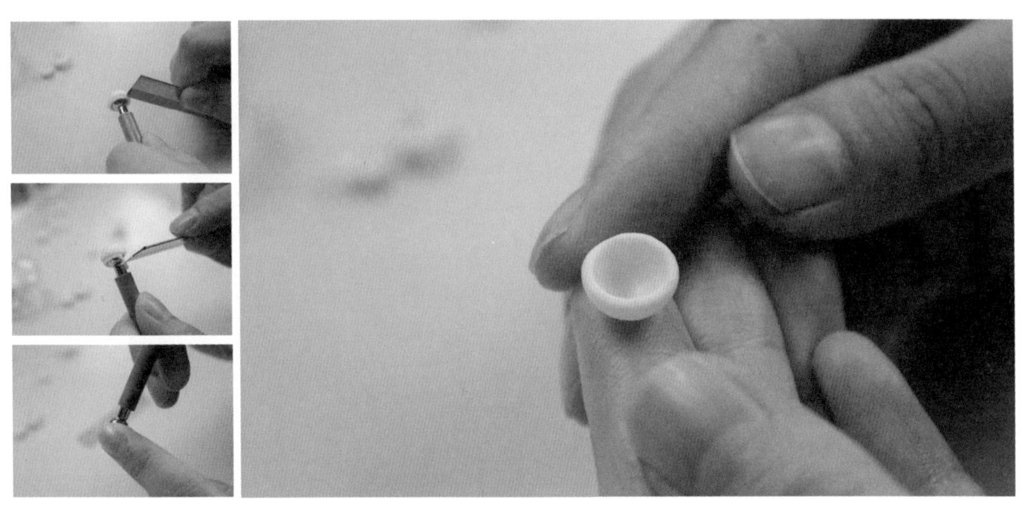

02 用刀片将茶杯口边缘切割平整，去掉多余的黏土，将黏土从丸棒上取下。

03 用丸棒和手指调整杯身形状，让杯口区域微微向外展开。

▼ 杯底

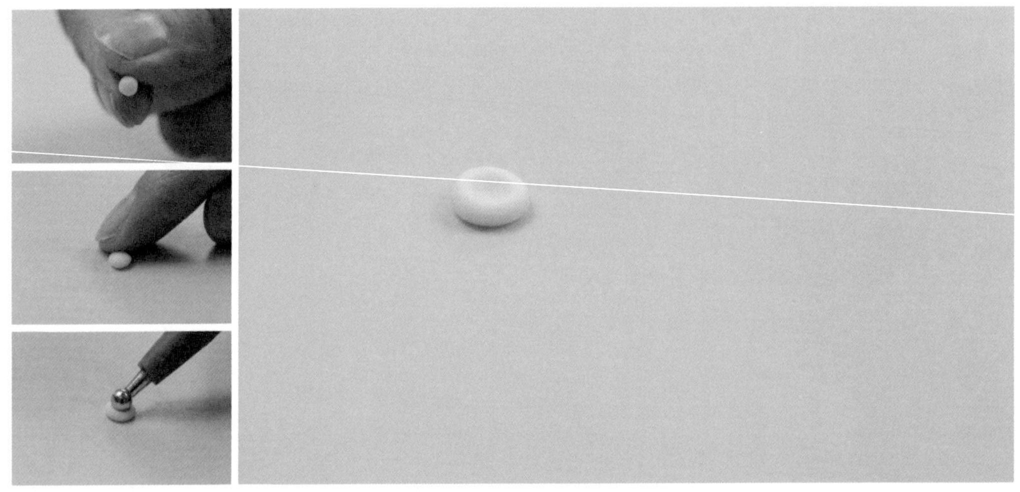

04 取少量白色树脂黏土揉成圆球，用指腹压平，再用丸棒轻轻压出浅坑。

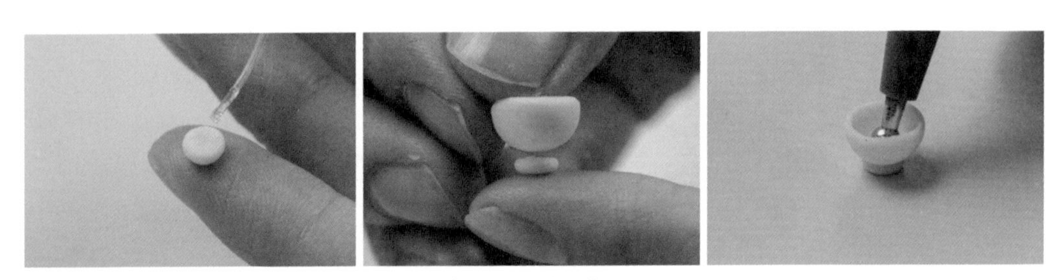

05 用胶水组合杯底与杯身，可用丸棒轻压，使其固定。

▼ 把手

06 将少量白色树脂黏土搓成细长条，再用压泥板压平，用细节剪刀将一端剪平。

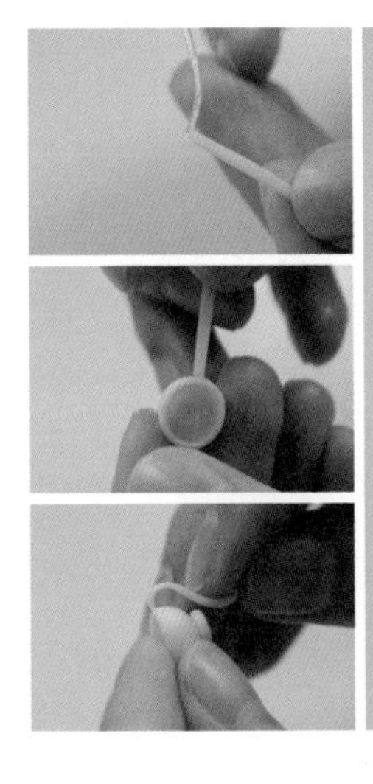
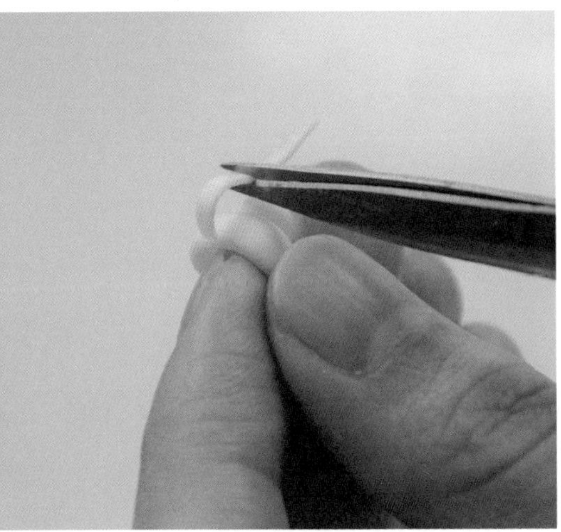

## 07

在细长条的一端涂上胶水，贴于杯身上沿，弯曲黏土，量取把手所需长度，用细节剪刀剪去多余部分。

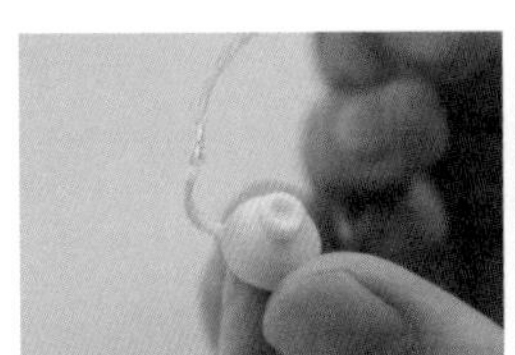
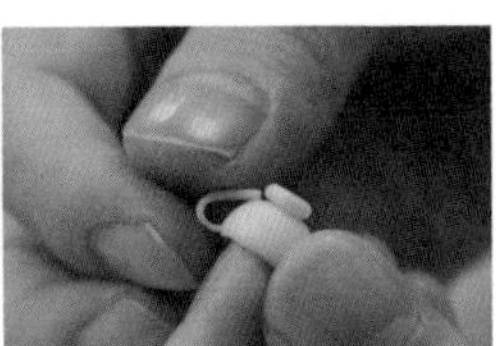

## 08

将细长条的另一端贴于杯身下沿。

## 茶杯上色

▼ 上色

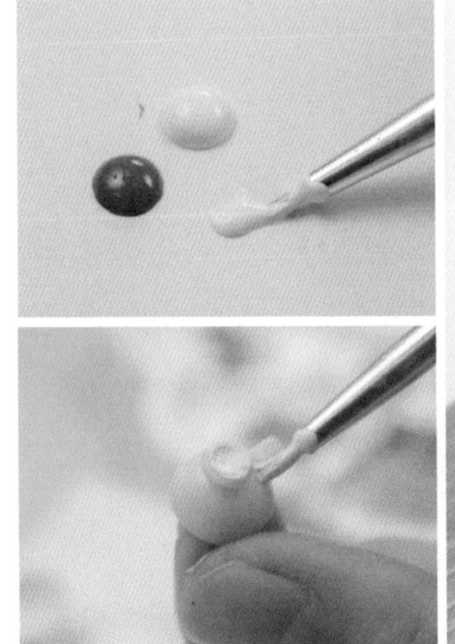

## 09

取绿色、白色丙烯颜料调色，用细毛笔蘸取丙烯颜料，涂刷在茶杯表面，静置干燥后，可在其表面涂刷透明亮光油增加光泽。

# 6.3 碗

**黏　　土** 日清Grace color系列白色树脂黏土

**上色材料** 黄色、白色丙烯颜料

**工　　具** 调色尺、脱模油、丸棒、刀片、管状胶水、细毛笔、透明亮光油

## 碗基础形

▼ 碗身

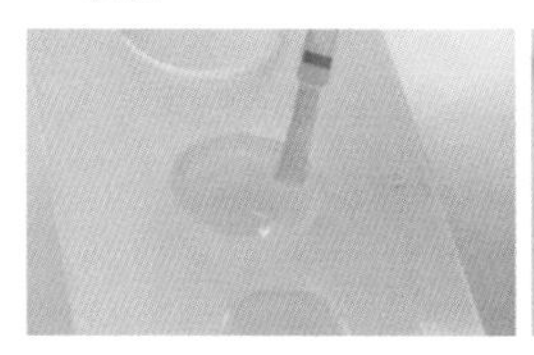
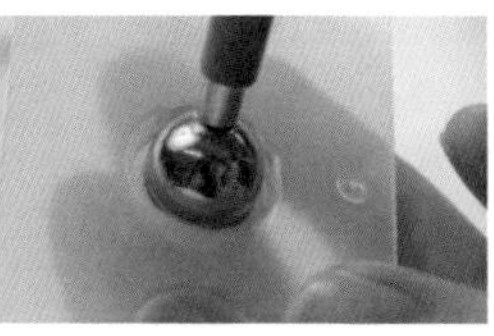
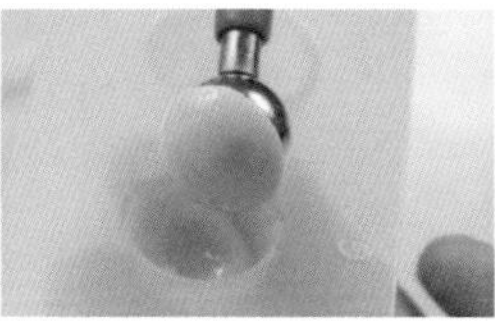
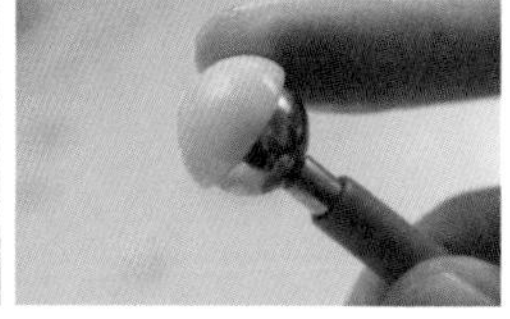

01 在调色尺的G格中刷脱模油，填入少量白色树脂黏土，用丸棒压向黏土球，将黏土脱模取出。

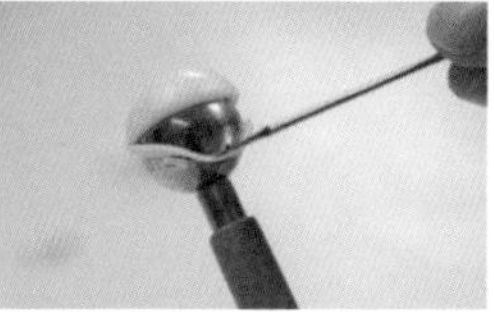
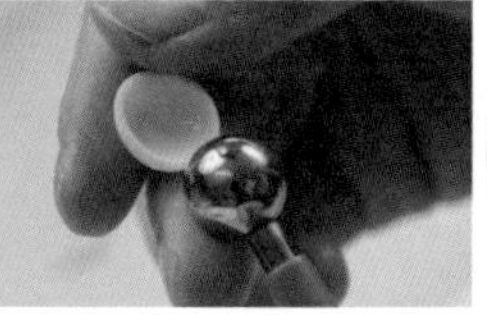

02 用刀片将碗口边缘切割平整，去掉多余黏土，并将黏土从丸棒上取下。

▼ 碗底

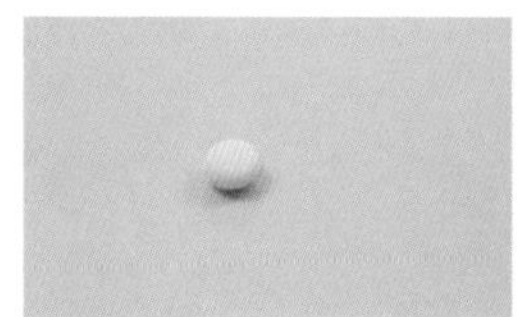

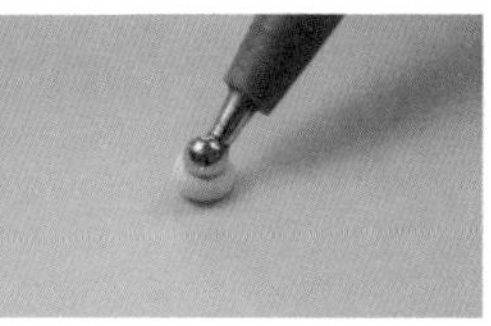
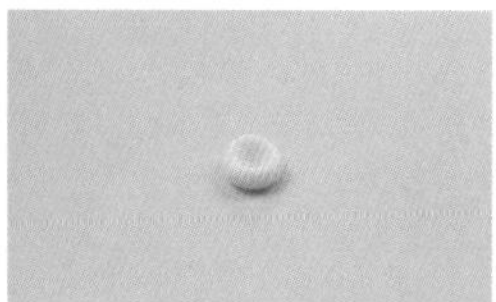

03 取少量白色树脂黏土揉成圆球，用指腹压平，再用丸棒轻轻压出浅坑。

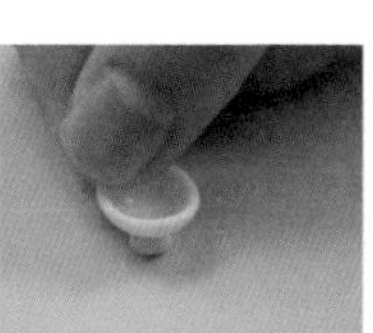
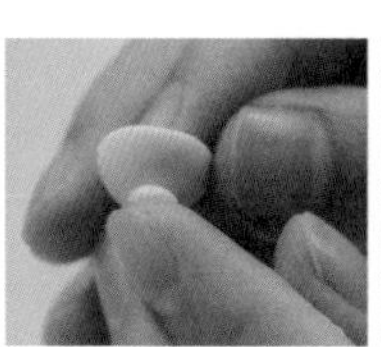
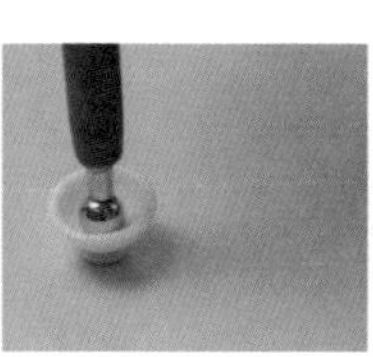

04 用胶水组合碗底与碗身，用手调整碗身形状，用丸棒轻压碗身底部，让其与碗底粘牢。

## 碗上色

▼ 上色

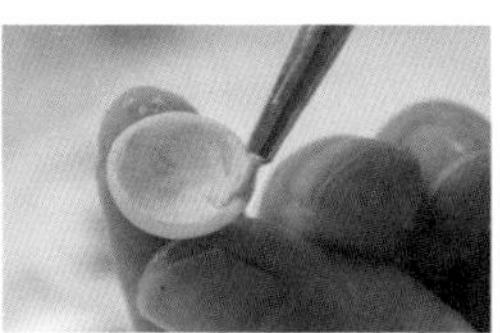
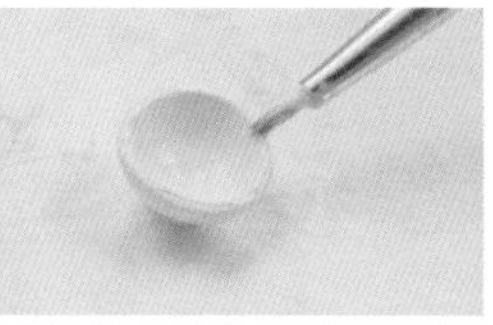

05 取黄色、白色丙烯颜料调色，用细毛笔蘸取丙烯颜料，涂刷整个碗，静置干燥后，可在其表面涂刷透明亮光油增加光泽。

# 6.4 碟

**黏　土** 日清Grace color系列白色树脂黏土

**上色材料** 红色、白色丙烯颜料

**工　具** 调色尺、压泥板、圆形压模、硅胶软头笔、丸棒、管状胶水、细毛笔、透明亮光油

## 碟基础形

▼ 碟身

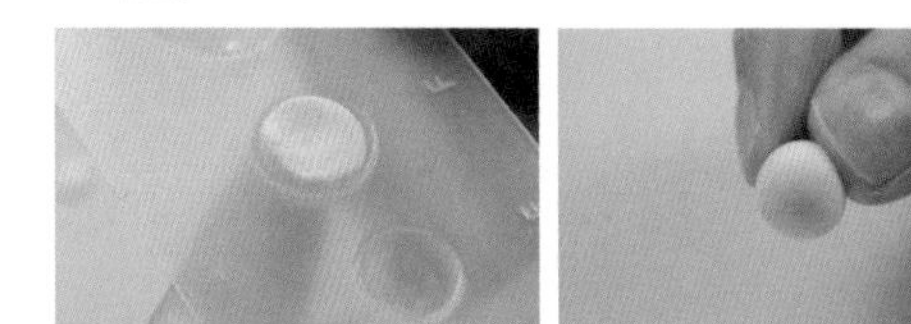

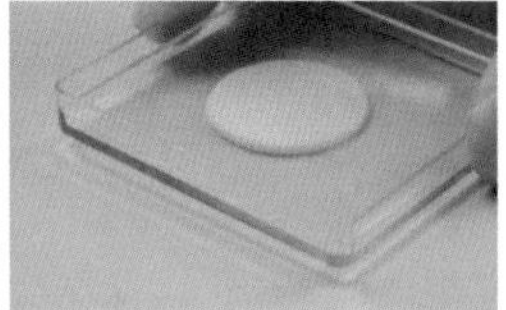

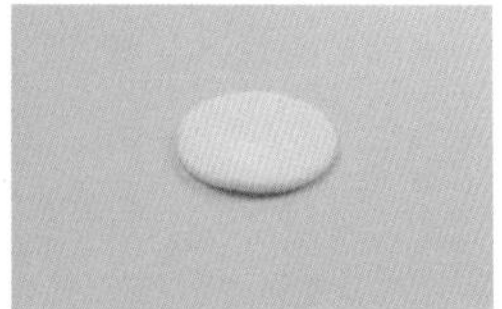

01 取白色树脂黏土，用调色尺量取指定分量（F格），先揉成圆球，然后用压泥板压扁。

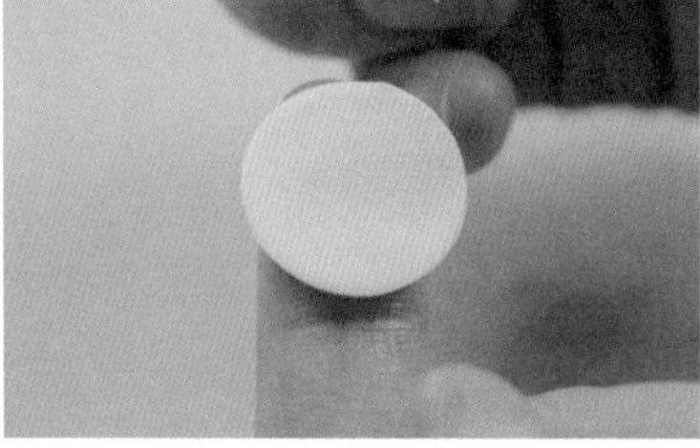

02 用圆形压模取形，去除多余部分，得到边缘平滑整齐的圆形。

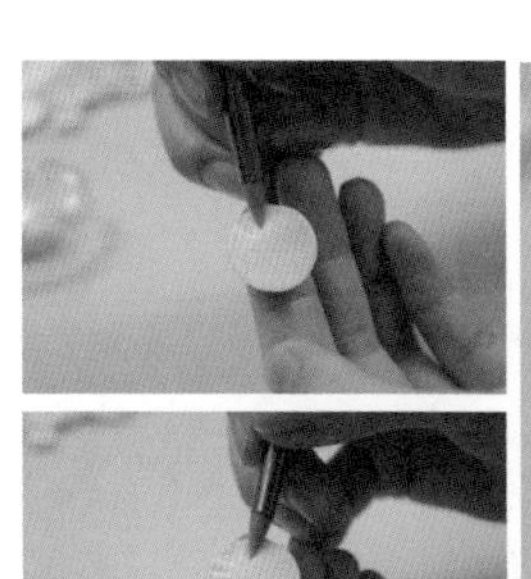

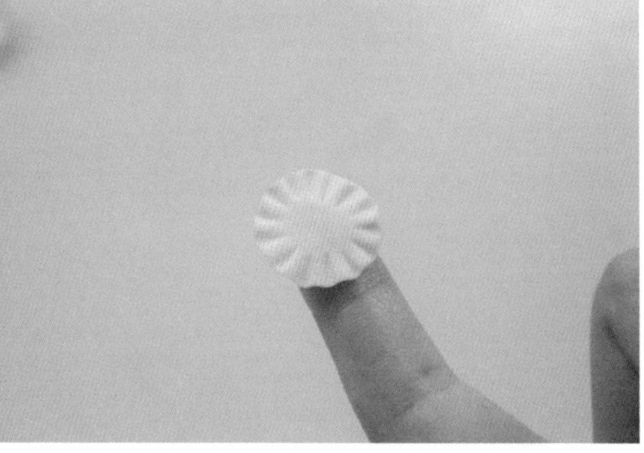

03 用硅胶软头笔沿着圆形边缘印压花边。

▼ 碟底

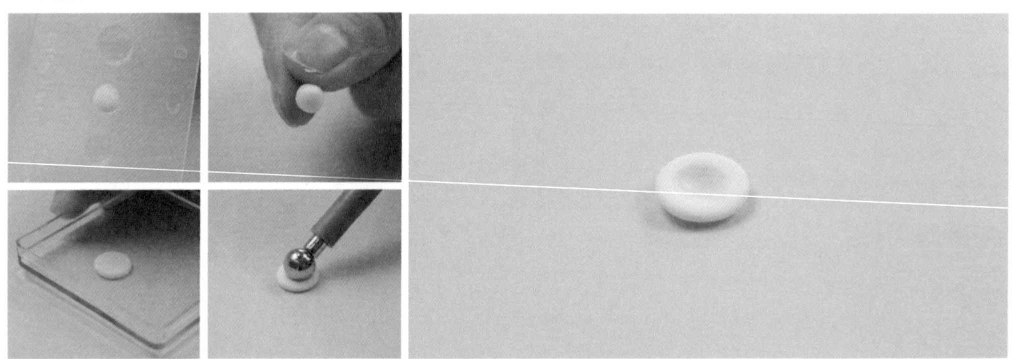

04 用取白色树脂黏土，用调色尺量取指定分量（C格），揉成圆球后用压泥板压至扁平，再用丸棒轻轻压出浅坑。

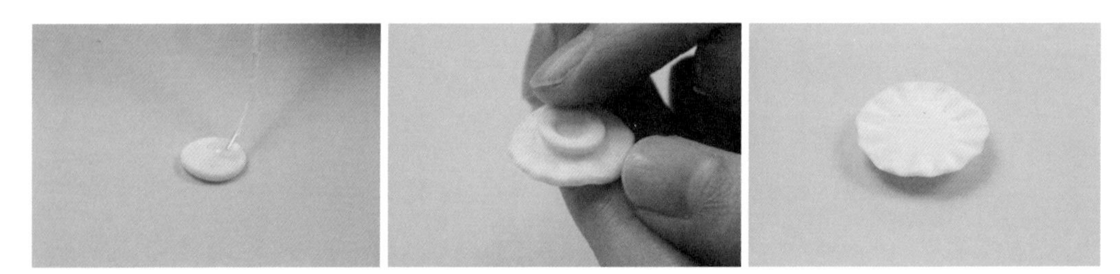

05 用胶水组合碟底与碟身。

## 碟上色

06 取红色、白色丙烯颜料调色，用细毛笔蘸取丙烯颜料，涂刷在碟的表面，静置干燥后，可在其表面涂刷透明亮光油增加光泽。

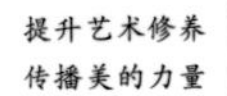

**微信扫码关注绘客**

**在公众号后台回复“56494”**

**获取图书配套视频的观看链接**

**投稿与交流信箱**

songqian@ptpress.com.cn

策划出品

分类建议：生活 / 手工
人民邮电出版社网址：www.ptpress.com.cn

ISBN 978-7-115-56494-8

定价：59.80 元